科学哲学的历史导论

·第四版·

〔美〕约翰·洛西 著　　张卜天 译

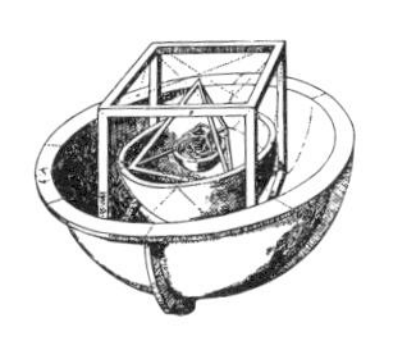

序　言

本书对科学方法观点的发展做了历史概述，侧重于1940年以前的发展。我并未尝试再现关于科学哲学的各种当代立场。我的目标是阐述而非批判，并力图避免对大科学哲学家的成就随意做出评价。

希望学习科学哲学和科学史的学生都能对本书感兴趣。如果通过阅读本书，有学生愿意查阅本书结尾参考书目中的一些著作，我的努力也就值得了。

在准备本书的过程中，格尔德·布赫达尔（Gerd Buchdahl）、乔治·克拉克（George Clark）和罗姆·哈瑞（Rom Harré）提出过很多有益的建议。非常感谢他们的鼓励和批评。当然，责任由我一人承担。

约翰·洛西

拉法耶特学院，1971年7月

第二版序

第二版重新组织和扩展了关于“二战”之后发展的讨论，增加的几章讨论了卡尔纳普、亨普尔和内格尔的逻辑重建主义、对这种导向的批评反应，以及库恩、拉卡托斯和劳丹的其他进路。

1979年8月

第三版序

第三版补充的新材料讨论了科学进步理论、因果解释、贝叶斯的确证理论、科学实在论以及对规定性科学哲学的替代方案。

1992年9月

第四版序

自第三版问世以来，这门学科的成果一直层出不穷，发展呈加速之势。第四版的第十二章到十九章加入了最近的一些工作，包括理论评价、实验操作、解释理论、规范自然主义、关于科学实在论的争论以及生物学哲学等。

目　录

导　言……………………………………………………………………………1
第一章　亚里士多德的科学哲学…………………………………………………4
第二章　毕达哥拉斯主义倾向……………………………………………………15
第三章　演绎系统化的理想………………………………………………………21
第四章　原子论和背后机制的概念………………………………………………24
第五章　亚里士多德方法在中世纪的确证和发展………………………………26
第六章　关于拯救现象的争论……………………………………………………39
第七章　17世纪对亚里士多德主义哲学的抨击…………………………………47
第八章　牛顿的公理方法…………………………………………………………73
第九章　新科学对科学方法论的暗示……………………………………………87
第十章　归纳主义和假说—演绎的科学观………………………………………131
第十一章　数学实证主义和约定主义……………………………………………142
第十二章　逻辑重建主义的科学哲学……………………………………………157
第十三章　正统学说受到抨击……………………………………………………177
第十四章　科学进步理论…………………………………………………………199
第十五章　解释、因果关系和统一………………………………………………212

第十六章　确证、证据支持和理论评价 …… 222
第十七章　对评价标准的辩护 …… 239
第十八章　关于科学实在论的争论 …… 255
第十九章　描述性科学哲学 …… 268
参考书目 …… 282

导　言

确定科学哲学的范围是撰写科学哲学历史的一个先决条件。不幸的是，关于科学哲学的本质，哲学家和科学家的意见并不一致。甚至连职业的科学哲学家也往往对其学科的固有主题看法不一。这种一致性的缺乏可见于斯蒂芬·图尔敏（Stephen Toulmin）和欧内斯特·内格尔（Ernest Nagel）的意见交流，他们讨论了科学哲学应当研究的是具体的科学成就，还是用演绎逻辑重新表述的解释和确证问题。[1] 为了给后面的历史考察建立基础，我们不妨概述一下关于科学哲学的四种看法。

第一种看法是，科学哲学表述的是在某种意义上基于重要科学理论且与之相一致的世界观。根据这种看法，科学哲学的任务是详细阐述科学更广泛的含义。它可以表现为对谈到“存在本身”时所使用的本体论范畴进行思辨，比如阿尔弗雷德·诺斯·怀特海（Alfred North Whitehead）竭力主张，物理学的新近发展要求用“过程”和“影响”等范畴代替“实体”和“属性”。[2] 它还可以表现为声明科学理论对于评价人类行为的意义，比如社会达尔文主义和伦理相对性理论。本书并不关注这种意义上的“科学哲学”。

第二种看法是，科学哲学阐述的是科学家的预设和倾向。科学哲学家也许会指出，科学家预设了自然不是反复无常的，自然之中存在着研究者可以理解的并不复杂的规律性。此外，他还可能揭示出，科学家偏爱决定论的定律而不是统计定律，或者偏爱机械论解释而不是目的论解释。这种看法倾向于同化科学哲学与社会学。

第三种看法是，科学哲学可以使科学的概念和理论得到分析和澄清。这门学科并不是要对最新的理论作出半通俗的讲解，而是要弄清楚“粒子”、“波”、“势”和“复合”等术语在其科学用法中的含义。

但正如吉尔伯特·赖尔（Gilbert Ryle）所指出的，这种对科学哲学的看法有些自命不凡，就好像科学家需要科学哲学家向他解释科学概念的含义似的。[3] 似乎有两种可能性。要么科学家的确理解他所使用的概念，在这种情况下无须澄清；要么他不理解，在这种情况下他必须研究这个概念与其他概念和测量操作的关系，而这种研究乃是典型的科学活动。没有人会说，每当科学家从事这种研究时，他就是在从事科学哲学。至少我们必须断言，并非对科学概念的任何分析都可以称为科学哲学。但也许某些类型的概念分析应被列为科学哲学的一部分。在考虑关于科学哲学的第四种看法之前，这个问题将会一直悬而未决。

本书采用的看法是第四种看法，即科学哲学是一种二阶判准学（second-order criteriology）。科学哲学试图回答以下这类问题：

1. 哪些特征把科学研究与其他类型的研究区分开来？
2. 科学家在研究自然时应当遵循哪些程序？
3. 正确的科学解释必须满足什么条件？
4. 科学定律和原理的认知地位是什么？

提出这些问题就是远离了科学实践本身，站在一个有利位置来审视它。做科学与思考应该如何做科学是要区分开来的。对科学方法的分析是一门二阶学科，其主题是各门科学的程序和结构，比如：

层次	学科	主题
2	科学哲学	对程序的分析和科学解释的逻辑
1	科学	对事实的解释
0		事实

关于科学哲学的第四种看法包含了第二种和第三种看法的某些方面。例如，对科学家倾向的研究可能与评价科学理论有关。关于解释是否完备

的评判尤其如此。比如爱因斯坦坚持认为，对放射性衰变的统计解释是不完备的。他认为完备的解释将能够对个别原子的行为做出预测。

此外，对概念含义的分析可能关涉科学研究与其他类型研究的划界。例如，如果可以表明，某个术语的用法使我们无法区分它的正确应用和不正确应用，那么就可以把包含此概念的解释从科学领域中排除出去。像“绝对同时性”概念就是这种情况。

前面指出的科学与科学哲学之间的区分并不很清晰。此区分乃是基于内容差异，而不是主题差异。试考虑托马斯·杨的波动说和麦克斯韦的电磁理论谁更恰当这个问题。作为科学家的科学家评价麦克斯韦的理论更好，而科学哲学家（或作为科学哲学家的科学家）则研究这类评价中所蕴含的可接受性的一般标准。显然，这些活动是相互渗透的。对理论评价的先例一无所知的科学家不大可能恰当地评价自己，而对科学实践一无所知的科学哲学家也不大可能对科学方法提出有洞察力的见解。

对科学与科学哲学并非泾渭分明的承认反映在本书的主题选择上。原始文献是科学家和哲学家就科学方法所说的话。在某些情况下这已经足够，比如我们可以只通过休厄尔（Whewell）和密尔（Mill）讨论科学方法的著作来讨论他们的科学哲学。然而在其他情况下，这样做是不够的，比如要想陈述伽利略和牛顿的科学哲学，就需要兼顾他们的科学方法著作和他们实际的科学实践。

此外，科学本身的发展，尤其是引入新型的解释，后来可能会为科学哲学家提供有益的东西。因此，我们也对欧几里得、阿基米德、古典原子论者等的工作做了简要说明。

注释

1 Stephen Toulmin, *Sci. Am.* 214, no. 2 (Feb. 1966), 129–133; 214, no. 4 (Apr. 1966), 9–11; Ernest Nagel, *Sci. Am.* 214, no. 4 (Apr. 1966), 8–9.

2 怀特海本人并未使用“影响”一词。关于他对科学与哲学之间关系的看法，参见 *Modes of Thought* (Cambridge: Cambridge University Press, 1938), 173–232。

3 Gilbert Ryle, ‘Systematically Misleading Expressions’, in A. Flew, ed., *Essays on Logic and Language—First Series* (Oxford: Blackwell, 1951), 11–13.

第一章　亚里士多德的科学哲学

亚里士多德（Aristotle，前 384—前 322）生于希腊北部的斯塔吉拉（Stagira）。他的父亲是马其顿的宫廷御医。亚里士多德 17 岁时被送到雅典的柏拉图学园学习，在那里待了 20 年。公元前 347 年，柏拉图逝世，有数学倾向的斯彪西波（Speucippus）被选做学园的领导人，亚里士多德决定到小亚细亚从事生物学和哲学研究。公元前 342 年，他回到马其顿，担任亚历山大大帝的私人教师，这种关系持续了两三年。

公元前 335 年，亚里士多德回到雅典，在吕克昂（Lyceum）建立了逍遥学派（Peripatetic School）。在教学过程中，他讨论了逻辑学、认识论、物理学、生物学、伦理学、政治学和美学。从这一时期留传下来的著作似乎是讲课笔记的汇编，而不是精心打磨的打算发表的文字。从思考“存在本身”的可谓述属性，到百科全书式地描述博物学材料和希腊城邦政制，这些著作可谓范围广泛。《后分析篇》是亚里士多德在科学哲学方面的主要著作。此外，《物理学》和《形而上学》也讨论了科学方法的某些方面。

公元前 323 年，亚历山大大帝逝世。此后亚里士多德离开了雅典，以免雅典“再度犯下反哲学之罪”，次年亚里士多德便逝世了。

亚里士多德是第一位科学哲学家，他通过分析某些与科学解释有关的问题而创立了这门学科。

亚里士多德的归纳—演绎方法

亚里士多德认为，科学研究是从观察上升到一般原理，然后再返回观察。他主张，科学家应当从所要解释的现象中归纳出解释性原理，再从包含这些原理的前提中演绎出关于现象的陈述。亚里士多德的归纳—演绎程序可以表示如下：

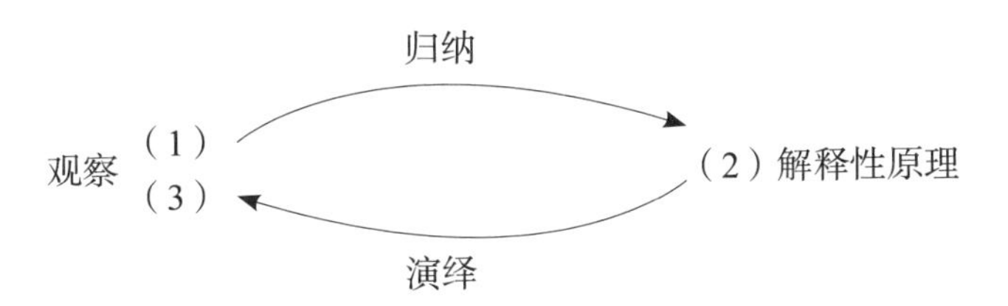

亚里士多德认为，科学研究是从关于某些事件发生或某些属性共存的知识开始的。只有从解释性原理中演绎出关于这些事件或属性的陈述，才能获得科学解释。于是，科学解释是从知道一个事实［上图中的（1）］过渡到知道这个事实的原因［上图中的（3）］。

例如，科学家可能会以如下方式将归纳—演绎程序用于月食。起初，他观察到月亮表面逐渐变暗，然后他从诸如此类的观察中归纳出几条一般原理：光沿直线传播；不透明的物体会投下阴影；发光物体附近的两个不透明物体的特定位形会把一个不透明物体置于另一个不透明物体的阴影中。接着，由这些一般原理以及地球和月亮（它们与发光的太阳有着所要求的几何关系）都是不透明物体这个条件，他演绎出关于月食的陈述。他已经从月球表面变暗这个事实知识上升到对月食发生原因的理解。

归纳阶段

根据亚里士多德的说法，每一个特殊事物都是质料与形式的结合。质料使这个特殊事物成为一个独特个体，形式则使这个特殊事物成为一类相似事物中的一员。指明一个特殊事物的形式就是指明它与其他特殊事物共有的属性。例如，一只特殊的长颈鹿的形式包括拥有四室胃这个属性。

亚里士多德主张，正是通过归纳，我们才从感觉经验中得出了关于形式的概括。他讨论了两种归纳法，它们都具有从特殊陈述上升到一般陈述的特征。

第一种归纳法是简单枚举法，在这种归纳法中，关于个别物体或事件的陈述会被当作关于它们所属的种的概括的基础。或者在更高层次上，关于个别种的陈述会被当作关于属的概括的基础。

亚里士多德的第一种归纳法：

简单枚举法

前提		结论
对若干个体为真的观察	概括 →	被认为对个体所属的种为真
对若干个种为真的观察	概括 →	被认为对种所属的属为真

在简单枚举法的归纳论证中，前提和结论包含有同样的描述项。典型的简单枚举法论证有如下形式：

a_1 有属性 P

a_2 有属性 P

a_3 有属性 P

═════

∴ 所有 a 都有属性 P。[1]

第二种归纳法是对那些由现象例证的一般原理的直接直观。直观归纳法与洞察力有关。它是一种在感觉经验材料中看出“本质”的能力。亚里士多德举的例子是，一个科学家几次注意到月球的亮面朝着太阳，他由此推断，月球发光是通过反射太阳光。[2]

直观归纳的操作类似于分类学家的“眼力”操作。分类学家是学习“看到”属的属性和标本“种差”的科学家。在某种意义上，分类学家能比同一标本的未经训练的观察者“看出更多”。分类学家知道要寻找什么。只有经过广泛的经验，才能获得这种能力。亚里士多德谈及直观归纳法时，想到的可能就是这种“眼力”。亚里士多德本人就是一个成就斐然的分类学家，他曾对 540 个生物物种加以分类。

演绎阶段

在科学研究的第二阶段，通过归纳获得的概括被用作前提，以演绎出关于初始观察的陈述。对于可作为科学中演绎论证的前提和结论而出现的陈述种类，亚里士多德施加了重要限制。他所允许的陈述只能断言，一个类包含在第二个类之内或者被排除在第二个类之外。如果用 S 和 P 来表示这两个类，那么亚里士多德所允许的陈述是：

类型	陈述	关系
A	所有 S 是 P	S 完全包含在 P 中
E	没有 S 是 P	S 完全排除在 P 外
I	有些 S 是 P	S 部分包含在 P 中
O	有些 S 不是 P	S 部分排除在 P 外

亚里士多德认为，类型 A 是这四种类型中最重要的。他相信某些性质本质上内在于某些类的个体之中，“所有 S 是 P”这种形式的陈述再现了这些关系的结构。也许正是出于这个理由，亚里士多德主张，恰当的科学解释应当通过这种类型的陈述来给出。更具体地说，他把巴巴拉式（Barbara）三段论用作科学证明的典范。这种三段论由按照以下方式安排的 A 型陈述所组成：

所有 M 是 P。
所有 S 是 M。

―――――――

∴ 所有 S 是 P。

其中 P、S 和 M 分别是此三段论的大项、小项和中项。

亚里士多德表明，这种类型的三段论是有效的。如果每一个 S 都包含在 M 中、每一个 M 都包含在 P 中为真，那么每一个 S 都包含在 P 中也必定为真。无论“S”、“P”和“M”表示什么类，情况都是如此。亚里士多德坚持论证的有效性只取决于前提与结论之间的关系，这是他的一项伟大成就。

亚里士多德认为，科学研究的演绎阶段是把中项插入所要证明陈述的主项与谓项之间。例如，我们可以把“地球附近的物体”选作中项来演绎出“所有行星都是稳定发光的物体”这则陈述。此证明用三段论形式写出来就是：

所有地球附近的物体都是稳定发光的物体。
所有行星都是地球附近的物体。

∴ 所有行星都是稳定发光的物体。

通过运用科学程序的演绎阶段，科学家从知道关于行星的一个事实上升到理解这一事实为何如此。[3]

对科学解释的经验要求

亚里士多德认识到，谓述某个类项（class term）属性的陈述总能从不止一组前提中演绎出来。选择不同的中项就会给出不同的论证，有些论证要比其他论证更令人满意。例如，前面那个三段论要比以下三段论更令人满意：

所有恒星都是稳定发光的物体。
所有行星都是恒星。

∴ 所有行星都是稳定发光的物体。

这两个三段论拥具相同的结论和逻辑形式，但第二个三段论的前提为假。亚里士多德坚持认为，一则令人满意的解释的前提必须为真。这样一来，那些具有真结论和假前提的三段论便不再属于令人满意的解释。

除逻辑要求以外，前提为真是亚里士多德为科学解释的前提所规定的四个要求之一。其他三个要求是：前提必须是无法证明的，前提必须比结论更为人所知，前提必须是结论中所作归属（attribution）的原因。[4]

虽然亚里士多德的确说过，每一个恰当科学解释的前提都应当是无法证明的，但从其论述的上下文可以清楚地看出，他仅仅是想强调，每一门科学中必定都有一些不能从更基本的原理中导出的原理。科学中必须有一些无法证明的原理，以避免解释的无穷倒退。因此，科学中并非所有知识都能被证明。亚里士多德认为，科学中最一般的规律以及规定这门科学专有属性含义的定义是无法证明的。

要求前提必须比结论"更为人所知"反映了亚里士多德的一种信念，即科学的一般规律应当是自明的。亚里士多德知道，演绎论证所传达的信息不会多于它的前提所蕴含的内容，他坚持认为，证明的第一原理至少要和从这些原理中得出的结论一样明显。

四个要求中最重要的是因果联系。我们可以构造出具有真前提的有效三段论，但其前提未能陈述结论中所作归属的原因。我们不妨对以下两个关于反刍动物的三段论作一比较：

推理事实的三段论

所有四室胃的反刍动物都是没有上门齿的动物。

所有公牛都是四室胃的反刍动物。

∴ 所有公牛都是没有上门齿的动物。

事实的三段论

所有偶蹄的反刍动物都是没有上门齿的动物。

所有公牛都是偶蹄的反刍动物。

∴ 所有公牛都是没有上门齿的动物。

亚里士多德会说，上述推理事实三段论的前提陈述了公牛没有上门齿这一事实的原因。反刍动物能把没有充分咀嚼的食物贮存在一个胃室里，并把食物送回口中作进一步咀嚼，这种能力解释了为什么反刍动物不需要有而且也没有上门齿。而相应的事实三段论的前提却并未陈述没有上门齿的原因。亚里士多德会说，蹄的结构与颚的结构是一种偶然相关。

这里需要有一种标准来区分因果相关和偶然相关。亚里士多德承认有这种需要。他指出，在因果关系中，属性（1）对于主项的每一个事例都为真，（2）精确地对于主项为真，而不是作为更大整体的一部分，（3）对于主项来说是“本质的”（essential）。

亚里士多德关于因果联系的标准远远不能让人满意。运用第一条标准，可以从因果关系的类中消除那些存在着例外的关系。但只有对于主项的类能够完全枚举的那些情形，才能用这条标准来确立一种因果关系。然而，科学家感兴趣的大多数因果关系都有一个开放的谓项范围。例如，比水密度更大的物体会沉入水中，这种关系被认为适用于过去、现在和将来的一切物体，而不仅仅适用于曾被放入水中的少数物体。我们不可能表明主项的每一个事例都有这种性质。

亚里士多德的第三条标准把因果关系等同于把谓项“本质地”归于主项。这就把问题往回推了一个阶段。不幸的是，亚里士多德未能提供一种标准来确定哪些归属是“本质的”。诚然，他的确曾说“动物”是“人”的一个本质谓项，而“有音乐才能”则不是。他还说，切开动物的喉咙与它的死亡是本质相关的，而散步与闪电的发生则并非本质相关。[5]但举出本质谓项和偶然谓项的例子是一回事，规定区分的一般标准则是另一回事。

科学的结构

虽然亚里士多德并未指明把谓项“本质地”归于主项的标准，但他的确坚持认为，每一门特定的科学都有一个独特的主项类（subject genus）和一组谓项。例如，物理学的主项类是物体改变其空间位置这样一类事例。这门科学专有的谓项有“位置”、“速度”、“阻力”等等。亚里士多德强调，对某一现象的令人满意的解释必须使用该现象所属的那门科学的谓项。例如，用“生长”和“发育”这种有生物学特色的谓项来解释抛射体的运动是不恰当的。

亚里士多德认为，一门科学是通过演绎的方式组织起来的一组陈述。一般性层次最高的是**所有**证明的第一原理，即同一律、矛盾律和排中律。这些原理适用于**一切**演绎论证。一般性层次第二高的是特殊科学的第一原理和定义。例如，物理学的第一原理包括：

所有运动要么是自然的要么是受迫的。
所有自然运动都是朝向自然位置的运动。
　例如，固体因其本性而朝着地球的中心运动。
受迫运动是由动因的持续作用而引起的。
（超距作用是不可能的。）
真空是不可能的。

一门科学的第一原理不能从更基本的原理中推导出来。它们是关于这门科学固有谓项所能做出的最一般的真陈述。第一原理本身是这门科学中一切证明的出发点。它们充当着演绎的前提，由此导出一般性层次较低的那些关联。

四因

亚里士多德还给科学解释附加了一个要求。他要求对一个过程的恰当解释应当指明因果关系的所有四个方面，即形式因、质料因、动力因和目的因。

蜥蜴从翠绿色树叶移向暗灰色树枝过程中皮肤颜色的改变就是一个可作这种分析的过程。形式因是这一过程的样式，描述形式因就是概括地指明这种颜色变化在什么条件下发生。质料因是发生颜色变化的皮肤中的物质。动力因是从树叶移向树枝，伴随着反射光的变化和蜥蜴皮肤中相应的化学变化。目的因则是蜥蜴力求避免被它的捕食者发现。

亚里士多德坚持认为，对一个过程的任何科学解释都应该包括对其目的因或“目的”（telos）的说明。目的论解释会使用“为了”（in order that）或与之等价的表达。亚里士多德要求作目的论解释的不仅有生命有机体的生长和发育，而且有无生命物体的运动。比如他认为，火之所以上升是为了到达它的“自然位置”（一个正好在月球轨道内侧的球壳）。

目的论解释并不需要预设有意识的考虑和选择。例如，说“蜥蜴改变颜色以避免被发现”并不是声称蜥蜴在做一种有意识的活动，也不是声称蜥蜴的行为执行了某种“宇宙目的”。

然而，目的论解释的确预先假定，未来的事态决定了目前事态展开的方式。橡子按照目前的方式发育生长，是为了实现它作为一棵橡树的自然目的；石头下落是为了实现它的自然目的——尽可能靠近地心的静止状态；如此等等。在每一种情况下，未来状态仿佛都在“牵引着”导向它的那些相继状态。

亚里士多德批评一些哲学家试图只通过质料因和动力因来解释变化，尤其是德谟克利特（Democritus）和留基伯（Leucippus）的原子论，通过不可分原子的聚散来“解释”自然过程。亚里士多德的批评在很大程度上基于原子论者对目的因的忽视。

亚里士多德也批评了那些毕达哥拉斯主义自然哲学家。这些哲学家认为，如果发现了在某个过程中得到例证的数学关系，他们就解释了这个过程。根据亚里士多德的说法，这种毕达哥拉斯主义进路的问题是只专注于形式因。

不过应该补充的是，亚里士多德的确认识到了数值关系和几何关系在物理科学中的重要性。事实上，他挑选出天文学、光学、和音学（harmonics）和力学这组“混合科学”，它们的主题都是物理对象之间的数学关系。

经验科学的划界

亚里士多德不仅试图划分出每一门科学的主题，而且试图区分整个经验科学与纯粹数学。他把混合科学中使用的应用数学与抽象讨论数和形的纯粹数学区分开来，从而完成了这种划界。

亚里士多德主张，经验科学的主题是变化，而纯粹数学的主题则是不变的东西。纯粹数学家从物理状况中抽象出物体及其关系的某些定量方面，而且只讨论这些方面。亚里士多德认为，这些数学形式并无客观存在性。形式是从物体中抽象出来的，物体毁灭后，形式只存在于数学家的心灵中。

第一原理的必然地位

亚里士多德声称，真正的科学知识具有必然真理的地位。他强调，恰当表述的科学第一原理及其导出的推论只可能为真。由于第一原理谓述的是类项的属性，所以亚里士多德似乎承认以下论点：

1. 某些性质本质地内在于某些类的个体中；如果一个个体没有这些性质，那它就不是这些类的一个成员。

2. 在这种情况下，谓述某一类项属性的全称肯定陈述，与相应属性以非言语方式内在于这个类的成员之中，两者之间存在着结构上的同一性。

3. 科学家有可能正确地直觉到语言与实在的这种同构性。

亚里士多德的立场似乎很合理。例如，我们的确相信“所有人都是哺乳动物”必然为真，而“所有乌鸦都是黑的”仅仅偶然为真。亚里士多德会说，尽管人不可能不是哺乳动物，但乌鸦却很可能不是黑的。但如前所述，虽然亚里士多德的确提供了这种把“本质谓述”与“偶然谓述”相对照的例子，但他未能提出一般标准来确定哪些谓述是本质的。

亚里士多德留给其继承者一个信念：由于科学的第一原理反映了自然

之中的必然关系，所以这些原理不可能为假。当然，他无法证明这个信念为真。尽管如此，亚里士多德关于科学定律陈述了必然真理的立场对科学史产生了广泛影响。

注释

1 前提和结论之间的双线表示该论证是归纳论证。

2 Aristotle, *Posterior Analytics*, 89b 10–20.

3 Ibid., 78a 38–78b 3.

4 Ibid., 71b 20–72a 5.

5 Ibid., 73a 25–73b 15.

第二章　毕达哥拉斯主义倾向

柏拉图（Plato，前 428/7—前 348/7）生于雅典的一个名门望族家庭。早年他很有政治抱负，但后来理想破灭，起初是因为三十人僭政，后来是因为公元前 399 年他的朋友苏格拉底因为恢复的民主而被处死。晚年的柏拉图两次访问叙拉古，希望把它年轻的统治者教育成负责任的治国之才，但并不成功。

公元前 387 年，柏拉图创建了学园。在他的领导下，这所雅典学校成了数学、科学和政治理论的研究中心。他本人的多篇对话讨论了人类经验的全部领域。在《蒂迈欧篇》（*Timaeus*）中，他提出了一种用几何学的和谐构建起来的宇宙图景，说它是一个“可能的故事”。

托勒密（Ptolemy，约 100—约 178）是亚历山大里亚的天文学家，我们对他的生平几乎一无所知。他的主要著作《天文学大成》（*The Almagest*）对希腊天文学成果做了百科全书式的综合，并且利用了当时的最新观测结果。另外，他还引入了围绕偏心匀速点（equant，与圆心有一定距离）以均匀角速度做圆周运动的概念。利用偏心匀速点以及本轮和均轮，他能够相当精确地预言行星相对于黄道的运动。

毕达哥拉斯主义自然观

科学家也许不可能站在一种完全不偏不倚的立场去探索自然。即使他没有什么个人打算，他也可能有一种独特的看待自然的方式。“毕达哥拉斯主义倾向”就是一种在科学史中很有影响的看待自然的方式。有这种倾向的科学家相信，“实在”的东西是自然之中的数学和谐。忠诚的毕达哥拉斯主义者确信，认识了数学和谐，就洞悉了宇宙的基本结构。伽利略有一段话令人信服地表达了这种观点：

> 哲学写在宇宙这部永远呈现于我们眼前的大书上，但只有在学会并掌握书写它的语言和符号之后，我们才能读懂这本书。这本书是用数学语言写成的，符号是三角形、圆以及其他几何图形，没有它们的帮助，我们连一个字也读不懂；没有它们，我们就只能在黑暗的迷宫中徒劳地摸索。[1]

这种倾向产生于公元前6世纪，当时毕达哥拉斯或他的追随者们发现，音乐和谐可与数学比率关联起来，即

音程	比率
八度	2:1
五度	3:2
四度	4:3

此外，早期的毕达哥拉斯主义者发现，无论音是由弦的振动产生的，还是由空气柱的共振产生的，这些比率都成立。后来，毕达哥拉斯主义自然哲学家认为整个宇宙中包含着音乐和谐。他们把天体的运动与声音联系起来，从而产生了“天球的和谐”。

柏拉图与毕达哥拉斯主义倾向

有时柏拉图会遭到一种指责，说他宣扬了一种不利于科学进步的哲学倾向。这里的倾向是指不再对感觉经验世界进行研究，而是热衷于对抽象的观念进行沉思。贬低柏拉图的人往往会强调《理想国》(*Republic*)的第529—530节，在那里，苏格拉底建议把注意力从转瞬即逝的天界现象转移到永恒和纯粹的几何关系。但正如狄克斯(Dicks)所指出的，苏格拉底的建议是在讨论未来统治者的理想教育的语境中出现的。在该语境中，柏拉图强调的是能够促进抽象思维能力发展的那些研究。[2]于是，他把“纯粹几何学”与它的实际应用进行了对比，把几何天文学与观察天空中的一束束光进行了对比。

大家都同意，关于现象的先后和并存，柏拉图并不满足于一种“纯经验的”知识。必须超越这种“知识”，以使背后的理性秩序显示出来。柏拉图诠释者们的分歧在于，追求这种更深真理的人是否要背弃感觉经验所给予的东西。我本人认为，柏拉图对此会说“不”，他会坚持认为，这种“更深的知识”要通过揭示“隐藏在现象之中”的模式来获得。无论如何，倘若后来的自然哲学家不是以这种方式来诠释柏拉图，柏拉图是否会影响科学史是令人怀疑的。

这种影响主要表现在对科学的一般态度上。自称“柏拉图主义者”的自然哲学家相信宇宙背后的合理性以及发现它的重要性。他们从柏拉图的所谓类似信念中得到了支持。在中世纪晚期和文艺复兴时期，对于宗教界诋毁科学以及学院派专注于根据标准文本进行辩论，这种柏拉图主义是一种重要的纠正。

此外，对柏拉图哲学的信奉往往会强化一种对待科学的毕达哥拉斯主义倾向。事实上，毕达哥拉斯主义倾向之所以在基督教西方变得有影响，主要源于柏拉图的《蒂迈欧篇》与《圣经》的结合。在《蒂迈欧篇》中，柏拉图描述了仁慈的巨匠造物主对宇宙的创造，造物主把数学模式印在一种无形式的原初质料之上。基督教的护教者们拿这种说法为己所用，他们将这种模式等同于神的创始计划，并且抑制了对原初质料的强调。在那些接受这种结合的人看来，自然哲学家的任务便是揭示出那种赋予宇宙秩序的数学模式。

柏拉图本人在《蒂迈欧篇》中提出，五种元素（地界四种、天界一种）可能与五种正多面体有关。

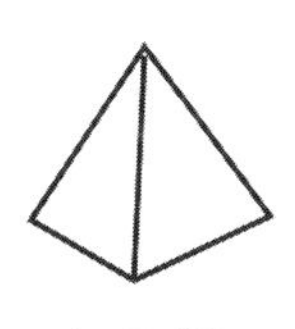

正四面体
（火）

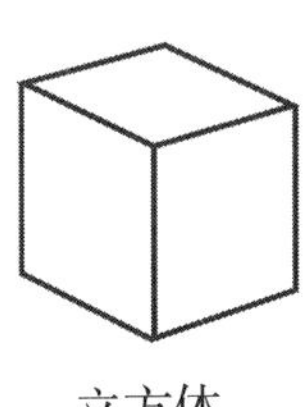

立方体
（土）

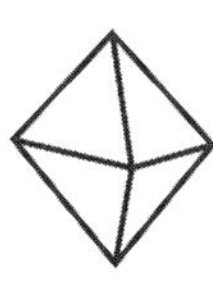

正八面体
（气）

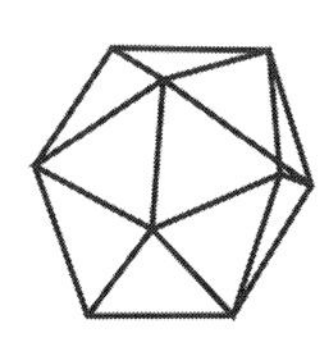

正二十面体
（水）

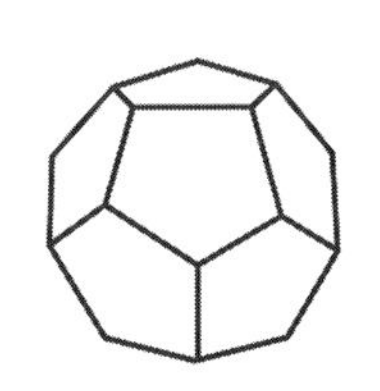

正十二面体
（天界物质）

他把正四面体指定给火，因为正四面体的角最锐利，而火是元素中穿透力最强的。他把立方体指定给土，因为推倒一个立方体要比推倒其余三种正多面体更费力，而土是元素中“最坚固的”。利用类似的推理，柏拉图把正八面体指定给气，把正二十面体指定给水，把正十二面体指定给天界物质。此外他还指出，水、气、火之间的转化缘于各自正多面体的每个等边三角形面可以“分解”成六个 30° — 60° — 90° 的三角形，[3] 而这些小三角形随后又重新组合成其他正多面体的面。柏拉图用几何图形来解释物质及其属性与毕达哥拉斯主义传统非常一致。

“拯救现象”传统

毕达哥拉斯主义自然哲学家把符合现象的数学关系视为对事物何以如此的解释。此观点几乎从一开始就遭到了一种竞争观点的反对。这种竞争观点认为，必须把数学假说与关于宇宙结构的理论区分开来。根据这种观点，通过把数学关系强加于现象来“拯救现象”是一回事，解释现象何以如此则是另一回事。

物理学上为真的理论与拯救现象的假说之间的这种区分是盖米诺斯（Geminus）于公元前 1 世纪提出的。盖米诺斯概述了研究天界现象的两种进路：一种是物理学家的进路，他们从天体的本性中导出天体的运动；另一种是天文学家的进路，他们从数学的图形和运动中导出天体的运动。他宣称：

> 天文学家的任务不是研究哪些东西凭借本性适合静止或易于运动，而是引入一些关于某些物体静止、某些物体运动的假说，然后考虑实际观察到的天界现象符合哪些假说。[4]

托勒密论数学模型

公元 2 世纪，托勒密提出了一系列数学模型，当时已知的每颗行星都有一个模型。这些模型的一个重要特征就是用本轮—均轮来复制行星相对于黄道的视运动。根据本轮—均轮模型，行星 P 沿一个本轮做圆周运动，本轮中心沿一个均轮绕地球运转。通过调整 P 点和 C 点的旋转速度，托勒密可以复制出行星周期性的逆行。当行星沿着本轮从 A 移动到 B 时，在地球上的观察者看来，行星相对于恒星背景的运动方向是相反的。

托勒密强调说，要想拯救行星运动的现象，可以构造出不止一个数学模型。特别是，可以构造出一个运动的偏心圆（moving-eccentric）系统，在数学上与给定的本轮—均轮系统等价。[5]

在运动的偏心圆模型中，行星 P 沿一个以偏心点 C 为圆心的圆运转，而 C 点则以相反方向沿一个以地球 E 为圆心的圆运转。由于这两个模型在数学上是等价的，天文学家可以随意使用更为方便的模型。

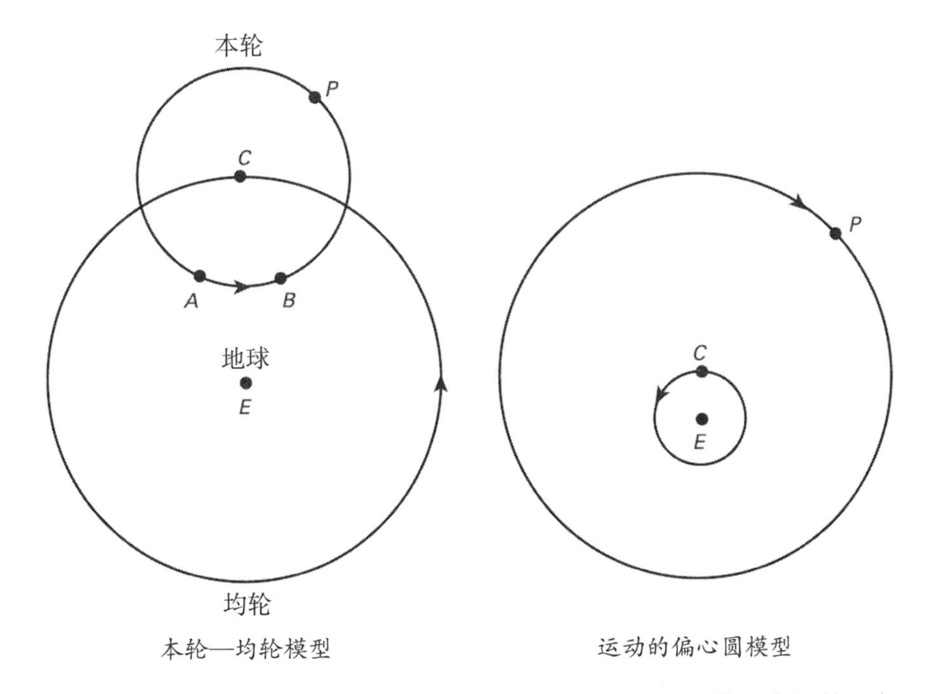

本轮—均轮模型　　运动的偏心圆模型

天文学中出现了一种传统，即天文学家应当构造数学模型来拯救现象，而不应建立关于行星“实际运动”的理论。这一传统在很大程度上归因于托勒密关于行星运动的著作。但托勒密本人并没有一贯地捍卫这种立场。他的确在《天文学大成》中暗示，他的数学模型仅仅是计算手段，他并没有说行星在物理空间中实际在做本轮运动。但在其晚期的著作《行星假说》（*Hypotheses Planetarum*）中，他却声称其复杂的圆周系统揭示了物理实在的结构。

公元 5 世纪的新柏拉图主义者普罗克洛斯（Proclus）同样有这种把天文学限制于拯救现象所导致的不安。他埋怨天文学家破坏了恰当的科学方法，天文学家不是根据几何模型从自明的公理中导出结论，而是纯粹为了迁就现象而构造假说。普罗克洛斯坚持认为，天文学的恰当公理是亚里士多德的一条原理，即任何简单的运动要么是围绕宇宙中心的运动，要么是朝向或远离这个中心的运动。他认为，天文学家没有能力从这条公理中导出行星的运动，这表明了神对人类心灵的限制。

注释

1　Galileo, *The Assayer*, trans. by S. Drake, in *The Controversy on the Comets of* 1618, trans. S. Drake and C. D. O'Malley (Philadelphia: University of Pennsylvania Press, 1960), 183–184.

2　D. R. Dicks, *Early Greek Astronomy to Aristotle* (London: Thames and Hudson, 1970), 104–107.

3　即 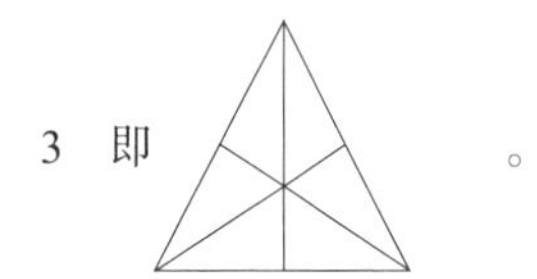 。

4　转引自 Simplicius, *Commentary on Aristotle's Physics*, in T. L. Heath, *Aristarchus of Samos* (Oxford: Clarendon Press, 1913), 275–276; reprinted in *A Source Book in Greek Science*, ed. M. Cohen and I. E. Drabkin (New York: McGraw-Hill, 1948), 91.

5　托勒密说，是阿波罗尼奥斯（Apollonius of Perga，活跃于公元前 220 年左右）第一次证明了这种等价性。

第三章　演绎系统化的理想

欧几里得（Euclid，活跃于公元前 300 年左右），根据普罗克洛斯的说法，他曾在亚历山大里亚教书办学。他留传下来的最重要著作是《几何原本》（*Elements*）。我们不确定这部著作在多大程度上是对已有几何学知识的汇编，在多大程度上是原创性成果。除了把几何学当作一个演绎系统来阐述，欧几里得可能还原创了一些证明。

阿基米德（Archimedes，前 287—前 212）是一位天文学家的儿子，出生在叙拉古。据说他曾在亚历山大里亚待过一段时间，也许是跟随欧几里得的继承者学习。一回到叙拉古，他便投身于纯粹数学和应用数学的研究。

阿基米德在古代的名声在很大程度上源于他作为军事工程师的非凡才能。据记载，在叙拉古被围期间，他设计的投石机被有效地用于抗击罗马人。据说阿基米德本人对他关于圆锥曲线、水静力学以及涉及杠杆定律的平衡问题的抽象研究评价更高。据传说，阿基米德是被罗马士兵杀害的，当时他正在沉思一个几何学问题。

古代作者广泛认为，一门完备的科学的结构应该是一个演绎的陈述系统。亚里士多德曾经强调从第一原理中演绎出结论。古代晚期的许多作者认为，欧几里得的几何学和阿基米德的静力学已经实现了演绎系统化的理想。

欧几里得和阿基米德已对陈述系统（包括公理、定义和定理）作了组织，使得定理的真可以从所假定的公理的真推出来。例如欧几里得证明，他的公理连同“角”、“三角形”等术语的定义蕴含着一个三角形的内角之和等于两直角。阿基米德则根据他的杠杆公理证明，两个不等的重量在与支点的距离与其重量成反比时保持平衡。

演绎系统化的理想有三个方面:（1）公理和定理是演绎相关的;（2）公理本身是自明的真理;（3）定理与观察相一致。对于第二和第三个方面，科学哲学家们意见不一，但一般都同意第一个方面。

要支持演绎理想，就必须接受定理与公理演绎相关的要求。欧几里得和阿基米德运用了归谬法和穷举法这两种重要技巧由公理来证明定理。

证明定理“T”的归谬法就是，先假定“非 T”为真，然后从“非 T”和该系统的公理中演绎出一个陈述和它的否定。如果由此能演绎出两个相互矛盾的陈述，并且如果该系统的公理为真，那么“T”也必定为真。

穷举法是归谬法的扩展。穷举法表明，一个定理的每一个可能的反命题都有与系统公理不一致的推论。

至于要求公理与定理演绎相关，欧几里得几何学是有缺陷的。通过诉诸图形的叠合操作来确立图形的全等，欧几里得演绎出了他的一些定理。但公理并未提及这种叠合操作。因此，欧几里得对一些定理的“证明”超出了公理系统。19 世纪下半叶，大卫·希尔伯特（David Hilbert）将欧几里得几何学改造成了一个严格的演绎系统。在希尔伯特的重新表述中，系统的每一个定理都是公理和定义的演绎推论。

演绎系统化理想的第二个方面，也是更有争议的方面，是要求公理本身是自明的真理。亚里士多德清楚地阐述了这项要求，他坚称各门科学的第一原理应该是必然真理。

要求演绎系统的公理是自明的真理，这也符合毕达哥拉斯主义的自然哲学进路。忠诚的毕达哥拉斯主义者相信，自然之中存在着可以凭借理性发现的数学关系。从这一观点来看就自然会认为，演绎系统化的出发点是业已发现的现象背后的那些数学关系。

遵循数理天文学中拯救现象传统的那些人则持一种不同态度，他们拒绝接受亚里士多德的要求。为了拯救现象，公理的演绎推论与观测结果相一致就够了。即使公理本身不太可信甚或为假，都是不相干的。

演绎系统化理想的第三个方面是，演绎系统应当触及实在。当然，欧几里得和阿基米德都曾打算证明有实际用途的定理。事实上，阿基米德因为把杠杆定律用于制造军用投石机而闻名。

但是要想触及经验领域，演绎系统中至少必须有某些术语指向世界中的客体和关系。欧几里得、阿基米德及其直接继承者似乎都认为，诸如“点”、“线”、“重量”和“杆”这样的术语的确有经验相关物。例如，阿基米德并未提及对其杠杆定理进行经验解释的问题。对于施加在杠杆本身性质上的限制，他未作评论。但只有对于没有明显弯曲、重量分布均匀的杆来说，他所导出的定理才能在实验上得到确证。阿基米德的定理严格说来只适用于在经验上无法实现的“理想杠杆”，即一根无限坚硬但没有质量的杆。

阿基米德对适用于这种“理想杠杆”的定律的专注也许反映了一个哲学传统，该传统将杂乱无章的现象与永恒而纯净的形式关系进行了对比。现象界充其量只是“实在世界”的“模仿”或“反映”，这一本体论主张往往会强化这种传统。传播这种观点的主要是柏拉图及其诠释者。这种二元论对伽利略和笛卡尔的思想产生了重要影响。

第四章　原子论和背后机制的概念

如上所述，柏拉图的一些追随者把世界看成对其背后实在的一种不完美反映。原子论者德谟克利特和留基伯提出了一种更为彻底的断裂。在原子论者看来，现象与实在之间的关系并非原稿与不完善的抄本之间的关系。他们认为，“实在世界”中的对象和关系与我们经由感官所认识的世界有本质区别。

根据原子论者的说法，原子穿过虚空的运动是实在的。正是原子的运动使我们产生了色、香、味等知觉经验。如果没有这些运动，就不会有知觉经验。此外，原子本身只有大小、形状、不可入性和运动等性质以及形成各种组合的倾向。与宏观物体不同，原子既不可入也不可分。

原子论者把现象变化归因于原子的结合和分离。例如，他们把某些食物的咸味归因于一些边缘不整齐的大原子被释放，而把火穿透物体的能力归因于微小的球形火原子的快速移动。[1]

原子论纲领的一些方面对于后来科学方法观的发展很重要。原子论的一个颇具影响的方面是，可以通过在更基本的组织层次上发生的过程来解释观察到的变化。它成了17世纪许多自然哲学家的信条。伽桑狄、波义耳和牛顿等人都断言，亚宏观的相互作用引起了宏观变化。

此外，古代原子论者至少是默认，要想恰当地解释某一层次的性质和过程，不能只假定更深层次存在着同样的性质和过程。例如，要想令人满意地解释物体的颜色，不能把颜色归因于存在着有色原子。

原子论纲领的另一个重要方面是把宏观层次的质变还原为原子层次的量变。原子论者同意毕达哥拉斯主义者的观点，认为应当通过几何关系和数值关系来进行科学解释。

有两个因素导致古典原子论没有被广泛接受。第一个因素是原子论那种毫不妥协的唯物论。原子论者用原子的运动来解释感觉甚至是思想，从而质疑了人的自我理解力。原子论似乎没有为精神的价值留下余地。友谊、勇敢和崇敬的价值当然不能被还原为原子的聚集。此外，原子论者在科学上没有给目的留下余地，无论此目的是自然的还是神的。

第二个因素是，原子论者的解释具有特设（*ad hoc*）性。他们提供了一幅优先图像、一种看待现象的方式，但无法检验这幅图像的准确性。以盐在水中的溶解为例，古典原子论者提出的最有力论证是，盐原子分散于液体中可以产生这种效应。但他们无法解释为什么盐能溶于水，而沙却不能。当然他们可能会说，盐原子适合水原子之间的空隙，而沙原子却不适合。但批评原子论的人会把这种“解释”斥为仅仅是盐溶于水而沙不溶于水的另一种说法。

注释

1　G. S. Kirk and J. E. Raven, *The Presocratic Philosophers* (Cambridge: Cambridge University Press, 1962), 420–423.

第五章　亚里士多德方法在中世纪的确证和发展

罗伯特·格罗斯泰斯特（Robert Grosseteste，约 1168—1253）是牛津大学的学者和教师，后来成了教会政治家。他曾任牛津大学校长（1215—1221），从 1224 年开始担任方济各会的哲学讲师。格罗斯泰斯特是对归纳和证实问题进行分析的第一位中世纪学者。他对亚里士多德的《后分析篇》和《物理学》作了评注，翻译了《论天》（*De Caelo*）和《尼各马可伦理学》（*Nicomachean Ethics*），还撰写了关于历法改革、光学、热和声音的论著。他提出了一种新柏拉图主义的“光的形而上学”，与光源发出的光的传播进行类比，把因果作用归于“种相”（species）的传播和向外的球形扩散。格罗斯泰斯特在 1235 年成为林肯主教，把大量精力用于教会行政事务。

罗吉尔·培根（Roger Bacon，约 1214—1292）先后在牛津和巴黎学习，在巴黎讲授和撰写了对亚里士多德各种著作的分析。1247 年他回到牛津，研究各种语言和科学，尤其重视光学。教皇克雷芒四世得知培根倡导科学的统一以服务于神学，遂请培根写一部著作出来。培根尚未把他的观点付诸纸面，不过他迅速写出了《大著作》（*Opus Maius*）和两部姊妹篇（1268 年）寄给教皇。不幸的是，教皇没能来得及对培根的著作作出评价就去世了。

培根似乎因为尖锐地批评了同事们的理智能力而招致了方济各会上层的反感。此外，他对炼金术、占星术和约阿希姆（Joachim of Floris）的启示论的热情使他成为可疑对象。他最后几年很可能是在监禁中度过的。

约翰·邓斯·司各脱（John Duns Scotus，约 1265—1308）1280 年进入方济各会，1291 年被任命为教士。他在牛津和巴黎学习，1305 年在巴黎获得神学博士学位。他曾一度被逐出巴黎，因为在国王与教皇就教会领地征税问题所展开的争论中，他没有支持国王。和其他许多中世纪作者一样，邓斯·司各脱也试图把亚里士多德哲学和基督教学说结合起来。

奥卡姆的威廉（William of Ockham，约1280—1349）在牛津学习和任教。他很快就成了教会内部的争论焦点。他抨击教皇要求拥有世俗的至高权力，坚称世俗权威具有上帝规定的独立性。在与教皇约翰十二世就使徒贫困问题进行争论时，他诉诸以前教皇尼古拉三世的宣言。他为唯名论的立场作辩护，认为共相仅就其呈现于心灵中而言才有客观价值。当他的著作在阿维尼翁受到审查时，奥卡姆到巴伐利亚寻求庇护。不过最后没有正式为他定罪。

欧特里库的尼古拉（Nicolaus of Autrecourt，约1300—1350以后）在巴黎大学学习和任教。在那里，他对流行的实体学说和因果性学说提出了批评。1346年，阿维尼翁法庭判处他当着巴黎大学全体教员的面焚烧自己的著作，并且要撤销某些被谴责的学说。尼古拉依从了，奇怪的是，后来他被任命为梅斯大教堂的助祭（1350年）。

1150年以前，亚里士多德主要是作为逻辑学家而为拉丁西方学者所知的。柏拉图则被视为杰出的自然哲学家。但是从大约1150年开始，亚里士多德关于科学和科学方法的著作渐渐被从阿拉伯文和希腊文译成拉丁文。西班牙和意大利出现了翻译活动的中心。到了1270年，大量亚里士多德的著作已被译成拉丁文。这项成就对西方思想生活的影响确实很大。亚里士多德关于科学和科学方法的著作为学者们提供了大量新的洞见，以至于在很长一段时间里，关于某一门科学的标准工作就是对亚里士多德的相应研究作评注。

亚里士多德最重要的科学哲学著作是《后分析篇》，西方学者是在12世纪下半叶得到这部著作的。在接下来的三个世纪里，研究科学方法的作者们致力于研究亚里士多德已经提出的问题。尤其是，中世纪的评注家们讨论和批判了亚里士多德关于科学程序的看法、如何评价相互竞争的解释，以及科学知识是必然真理的主张。

科学研究的归纳—演绎模式

罗伯特·格罗斯泰斯特和罗吉尔·培根是13世纪最有影响的两位讨论科学方法的作者，他们肯定了亚里士多德关于科学研究的归纳—演绎模式。格罗斯泰斯特称，归纳阶段是把现象“分解”为组成要素，而演绎阶段则是把这些要素重新“合成”为原来的现象。[1]后来的作者常常把亚里士多德的科学程序理论称为“分解合成法”。

格罗斯泰斯特把亚里士多德的程序理论用于光谱颜色问题。他注意到，在彩虹、水轮飞沫、船桨浪花中看到的光谱和太阳光穿过充满水的玻璃球所产生的光谱拥有某些共同的特征。通过归纳，他“分解”出种种事例共有的三个要素。这些要素是（1）光谱与透明的球体有联系，（2）不同颜色源于光沿不同角度的折射，（3）所产生的颜色依赖于圆弧。然后，他由上述三个要素“合成”为这类现象的一般特征。[2]

罗吉尔·培根的实验科学的“第二特性”

格罗斯泰斯特的分解法指明了从现象陈述到现象所由以重建的要素的归纳上升。格罗斯泰斯特的学生罗吉尔·培根强调，这种归纳程序的成功运用依赖于准确而广泛的事实知识。培根指出，一门科学的事实基础往往可以通过主动做实验而增加。用实验来增进对现象的了解是培根“实验科学三个特性”中的第二个。[3]

培根称赞一位“实验大师”的工作实现了第二特性。他所说的这个人也许是马里古的彼得（Petrus of Maricourt）。[4]彼得曾经表明，将磁针横断为二会产生两块新磁体，它们各有自己的南北两极。培根强调，像这类发现增加了归纳出磁性要素的观察基础。

倘若培根对实验的赞颂仅限于这种研究，则他将被称为实验研究的拥护者。然而，培根常常让实验为炼金术服务，他对炼金术实验的结果给出了一些过分而没有根据的说法。例如他宣称，“实验科学”成功地发现了一种物质，它将杂质从贱金属中除去，使纯金留了下来。[5]

求同和求异的归纳法

亚里士多德坚持解释性原理应当从观察中归纳出来。中世纪学者的一个重要贡献就是增加了一些发现解释性原理的归纳技巧。

例如，罗伯特·格罗斯泰斯特指出，要想确定某种草药是否有通便作用，一个好办法就是考察许多不服用任何其他泻药、只服用这种草药的案例。[6]这种检验很难进行，没有证据表明格罗斯泰斯特做过这种尝试。但有一种归纳程序必须归功于他，该程序在数个世纪之后被称为“密尔的求同差异共用法”。

在 14 世纪，约翰·邓斯·司各脱概述了一种求同归纳法，奥卡姆的威廉则概述了一种差异归纳法。他们认为这些方法有助于“分解”现象。它们本身是一些程序，旨在补充亚里士多德业已讨论的归纳程序。

邓斯·司各脱的求同法

邓斯·司各脱的求同法是一种技巧，用来分析出现特定结果的若干事例。它要列出该结果每一次出现时存在的种种情况，并且找出存在于每一个事例中的某种情况。[7]邓斯·司各脱会说，如果列出的情况有如下形式：

事例	情况	结果
1	ABCD	e
2	ACE	e
3	ABEF	e
4	ADF	e

那么研究者就有权得出结论：e **可能**是原因 A 的结果。

邓斯·司各脱关于求同法的说法非常适度。他认为，运用这种方法最多只能确立一个结果和一个伴随情况的“倾向性联合”（aptitudinal unions）。例如，通过运用这一方案，科学家也许会得出结论说，月球是一个**可能**被掩食的物体，或者某种草药**可能有**苦味。[8]但仅仅使用这一方案既不能确定月球必然被掩食，也不能确定该草药的每一个样本都必然是苦的。

悖谬的是，邓斯·司各脱既发展了分解法，又削弱了对用归纳方式确立的关联的信心。他的神学信念要为后一点负责。他坚持认为，上帝能够做到任何不包含矛盾的事情，自然中的一致性只是因为上帝克制才存在。此外，上帝如果愿意，可以取消规律性，能在通常的原因不存在的情况下直接产生结果。正因如此，邓斯·司各脱认为求同法只能确立经验中的倾向性联合。

奥卡姆的威廉的差异法

奥卡姆的威廉的著作更加强调上帝全能。奥卡姆一再声称，上帝可以做到一切无矛盾的事情。他和邓斯·司各脱都认为，科学家通过归纳只能确立现象之间的倾向性联合。

奥卡姆提出了一种程序，能够按照差异法得出关于倾向性联合的结论。奥卡姆的方法是比较两个事例——在一个事例中此结果存在，在另一个事例中此结果不存在。如果能够表明当此结果存在时有某个情况存在，当此结果不存在时该情况不存在，例如：

事例	情况	结果
1	ABC	e
2	AB	—

那么研究者就有权得出结论：情况 C **可能**是结果 e 的原因。

奥卡姆认为，在理想情况下，只观察到一次联合就可以确立关于倾向性联合的知识。不过他注意到，在这种情况下必须确保该结果的所有其他可能原因都不存在。他指出，实际上很难确定两组情况是否只在一个方面上不同。于是他主张，为了把产生该结果的某个未经辨识的因素的可能性减到最小，必须研究许多案例。[9]

评价对立解释

除了重述亚里士多德关于科学研究的归纳—演绎模式，格罗斯泰斯特和罗吉尔·培根还对如何评价对立解释的问题做出了原创性的贡献。他们认识到，关于某个结果的陈述可以从不止一套前提中演绎出来。亚里士多德也认识到了这一点，他坚称真正的科学解释陈述的是因果关系。

罗吉尔·培根的实验科学的“第一特性”

格罗斯泰斯特和培根都建议，应该给亚里士多德的归纳—演绎程序加上研究的第三阶段。在这个第三阶段，通过“分解”归纳出的原理要接受进一步的经验检验。培根把这种检验程序称为实验科学的“第一特性”。[10] 这是一种有价值的方法论洞见，是对亚里士多德程序理论的重要发展。只要能够演绎出关于作为研究出发点的现象的陈述，亚里士多德就满足了。格罗斯泰斯特和培根则要求对归纳得到的原理作进一步的实验检验。

14 世纪初，弗赖堡的狄奥多里克（Theodoric of Freiberg）对培根的“第一特性”作了引人注目的应用。狄奥多里克认为，彩虹是个别雨滴折射和反射的太阳光结合而成的。为了检验这个假说，他把一些空心的水晶球注满水，将其放在太阳光的路径上。他用这些水滴模型再现了一次虹和二次虹。狄奥多里克证明，再生的二次虹的颜色次序相反，而且二次虹的入射线与出射线之间的夹角要比一次虹大 11 度。这完全符合对自然产生的虹的观察。[11]

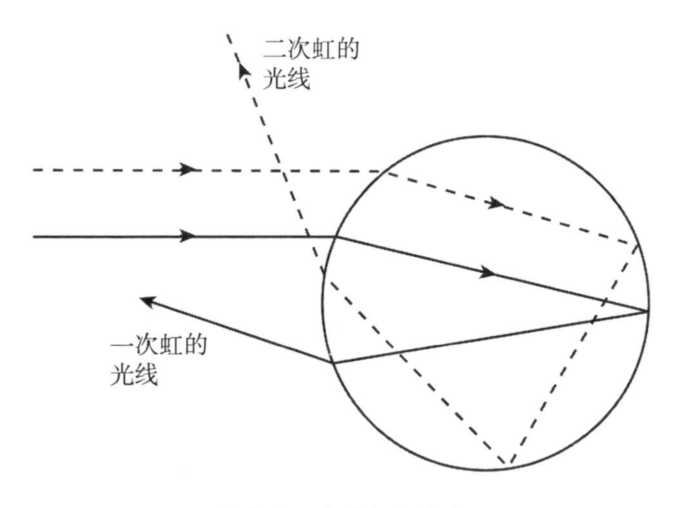

狄奥多里克的水滴模型

不幸的是，格罗斯泰斯特和培根本人经常忽视自己的建议。尤其是培根，常常诉诸先验的考虑和以前作者的权威，而不是诉诸额外的实验检验。例如，培根先是宣称实验科学很适合确立关于彩虹本性的结论，然后坚称，彩虹中必定正好有五种颜色，因为五是陈述性质变化的理想的数。[12]

格罗斯泰斯特的否证法

格罗斯泰斯特指出，如果一个结果陈述可以从不止一组前提中演绎出来，那么最好是除了一种解释其他都排除。他认为，如果一个假说蕴含着某些推论，并且可以表明这些推论为假，那么该假说本身必定为假。逻辑学家把这种演绎论证称为“否定后件式”（*modus tollens*）：

如果 H，那么 C
非 C

∴ 非 H

给定一组假说，每一个假说都可被用作前提来演绎出给定的结果，则我们或许可以用“否定后件式”论证来排除其他假说而只留下一个假说。为此必须表明，除一个假说之外的每一个其他假说都蕴含着已知为假的**其他**推论。

格罗斯泰斯特用否证法来支持一个关于产生太阳热的假说。根据格罗斯泰斯特的说法，产生热的方式只有三种：通过热物体传导，“通过运动”，通过光线的集中。他认为太阳是通过光线的集中而产生热的，并试图用“否定后件式”论证来排除其他两种可能性。他用以下论证“否证”了传导假说：

如果太阳通过传导来产生热，那么邻近的天界物质会被加热，发生性质变化。

但邻近的天界物质是不可变化的，不会发生性质变化。

所以，太阳并非通过传导来产生热。[13]

此论证是“否定后件式”论证，因此是有效的——如果前提为真，则它的结论也必定为真。然而，断言邻近的天界物质不可变化的第二个前提为假。格罗斯泰斯特的论证并没有证明传导假说为假。出于类似的理由，他否证运动假说的论证也失败了。[14]

格罗斯泰斯特并非使用“否定后件式”论证来否证对立假说的第一位学者。自欧几里得时代以来，哲学家和数学家都曾使用过这种技巧。格罗斯泰斯特的成就在于系统运用这一技巧来补充亚里士多德对科学假说的评价程序。

尽管从现在的科学知识看来，格罗斯泰斯特对“否定后件式”论证的大量运用是不能让人信服的，但否证法本身有着广泛的影响。例如，14世纪学者让·布里丹（John Buridan）用“否定后件式”论证否证了一个关于抛射体运动的假说。亚里士多德曾经提到过这个假说，但没有为之辩护。根据这一假说，抛射体前面的空气转过来冲到后面以防出现真空，从而把抛射体推向前进。布里丹指出，如果这一假说为真，那么钝尾抛射体要比有两个尖尾的抛射体运动得更快。他坚持认为，钝尾抛射体的运动不会更快，虽然他并未声称用这两种抛射体做过实验。[15]

奥卡姆的“剃刀”

很多中世纪作者都会捍卫一条原理，即大自然总是选择最简单的路径。例如，格罗斯泰斯特坚持，经过密度更大介质的光线的折射角必定是入射角的一半。他之所以认为这个1∶2的比率成立，是因为大自然遵循最简单的路径，而且1∶1的比率因为支配反射而无法利用。[16]

奥卡姆的威廉反对这种把人类关于简单性的观念强加于大自然的倾向。他感到，坚持大自然总是遵循最简单的路径限制了上帝的力量。上帝完全可以选择用最复杂的方式来获得结果。

出于这个理由，奥卡姆把对简单性的强调从自然进程转移到了关于自然进程所提出的理论。奥卡姆把简单性用作形成概念和构建理论的标准。他认为应当消除多余的概念。对于解释某类现象的两种理论，他建议选择较为简单的。后来的作者往往把这一方法论原理称为“奥卡姆的剃刀”。

奥卡姆把他的“剃刀”用于中世纪关于抛射体运动的争论上。有一种观点认为，抛射体的运动源于一种所获得的“冲力”（impetus），只要抛射体在运动，这种“冲力”就以某种方式存留在抛射体中。奥卡姆认为冲力是一个多余的概念。根据奥卡姆的说法，关于“物体运动”的陈述是对一系列陈述的缩写，这些陈述说的是，该物体在不同时间处于不同位置。运动并非一个物体的属性，而是一个物体与其他物体以及与时间的一种关系。既然位置变化并非物体的一种“属性”，也就无需为这种相对位移指定一种动力因。奥卡姆坚称，说“物体因为一种获得的冲力而运动”，其实就是在说“物体在运动”，他建议从物理学中取消冲力概念。[17]

关于必然真理的争论

亚里士多德曾经坚称，由于有一种“自然的必然性”在安排物体和事件的种属关系，所以对这些关系恰当的言语表达必定是必然真理。根据亚里士多德的说法，科学的第一原理并不只是偶然为真。它们不可能为假，因为它们反映了自然之中只可能如此的关系。

重新评价科学解释的认知地位是 14 世纪对科学哲学的一项重要发展。约翰·邓斯·司各脱、奥卡姆的威廉和欧特里库的尼古拉等人试图确定哪些种类的陈述（如果有的话）是必然真理。他们的出发点是亚里士多德的这样一种观点：科学的第一原理是对事物存在方式自明而必然的描述。

邓斯·司各脱论现象的“倾向性联合”

邓斯·司各脱坚持区分第一原理的来源和对其必然真理地位的保证。他同意亚里士多德的看法，认为对第一原理的认识来源于感觉经验，但他又补充说，这些原理的必然地位不依赖于关于感觉经验的报告是否为真。根据邓斯·司各脱的说法，感觉经验为识别第一原理是否为真提供了机会，但感觉经验并非这种真理性的证据。毋宁说，第一原理所由以组成的术语的含义使第一原理为真，尽管我们是从经验中得知这些术语含义的。[18]例如，对于任何理解“不透明”、“投下”和“阴影”等术语含义的人来说，“不透明的物体会投下阴影”是自明的。此外，这条原理是一个必然真理。否认它就是自相矛盾。邓斯·司各脱认为，甚至连上帝也无法在世界中实现自相矛盾。

邓斯·司各脱认为有两种科学概括是必然真理：第一原理及其演绎推论，以及关于现象的倾向性联合的陈述。与此相反，他认为经验概括是偶然真理。例如，所有乌鸦**可能是**黑的，这必然为真，但业已考察的所有乌鸦是黑的，这只是一个偶然事实。

当然，科学家不能满足于仅仅认识现象的倾向性联合。说乌鸦**可能是**黑的或月球**可能被**掩食，这对乌鸦和月球几乎没有说出什么。邓斯·司各脱承认这一点。他建议，概括应当尽可能从第一原理中演绎出来。在这方面，这两个例子是不同的。月球是一个常常被掩食的物体，这可以从以下第一原理中演绎出来：不透明的物体会投下阴影，以及地球是一个常常处于发光的太阳和月球之间的不透明物体。而黑乌鸦的例子则没有这类推导。

欧特里库的尼古拉论必然真理符合矛盾律

欧特里库的尼古拉比邓斯·司各脱更严格地限制了确定知识的范围。14世纪的人对于什么东西必然为真缺乏信心，尼古拉的分析则代表这种信心减弱到了极点。

尼古拉决定只承认那些满足矛盾律的判断是必然真理。他依照亚里士多德的看法宣称，推理的第一原理是，矛盾命题不可能同时为真。

然而，尽管亚里士多德的确说过矛盾律是一切证明的最终原理，但他也承认，单由这条原理演绎不出关于物理现象或生物现象的任何结论。于是，亚里士多德把同一律、矛盾律和排中律等一般逻辑原理以及专属于各门科学的第一原理都包含在证明的第一原理中。

然而，尼古拉拒绝承认通过归纳确立的各门科学的第一原理具有确定性，无论这些原理是陈述因果关系，还是仅仅陈述现象的倾向性联合。他把确定的知识限定于矛盾律本身以及与之“符合”的那些陈述和论据。他唯一允许的例外是基督教信条。[19]

尼古拉坚持认为，任何科学证明都应符合这条原理：任何“A 与非 A”形式的陈述都必然为假。根据尼古拉的说法，一个论证“符合”矛盾律，当且仅当它的前提和它结论的否定的合取

$$(P_1 \cdot P_2 \cdot P_3 \cdot \cdots P_n) \cdot \sim C$$

是一个自相矛盾的命题。[20] 今天的逻辑学家承认这一要求是演绎有效性的充分必要条件。

尼古拉认为，一切有效的论证都可以或直接或间接地还原为矛盾律。如果结论等同于前提或前提的一部分，那么还原就是直接的。例如，$\frac{A}{\therefore A}$ 和 $\frac{A \cdot B \cdot C}{\therefore A}$ 形式的论证满足矛盾律是直接自明的。对三段论论证而言，还原就是间接的。例如，对于三段论

P_1——所有四边形都是多边形。

P_2——所有正方形都是四边形。

C——∴所有正方形都是多边形。

结论的否定与前提的合取不一致。然而，陈述“$(P_1 \cdot P_2) \cdot \sim C$”是一个自相矛盾的命题，这并不是直接自明的。该陈述是一个自相矛盾的命题，仅仅因为“$(P_1 \cdot P_2)$”蕴含着“C”。

基于这种对演绎论证本性的分析，尼古拉否认能够得到关于因果关系的必然知识。他指出，从一组前提中演绎不出任何信息，除非该信息被前提所蕴含或“包含其中”。在这方面，演绎论证就像榨汁器，从中最多只能榨出原来存在于橘子里的橘汁。但由于原因不同于它的结果，我们无法从据称是原因的陈述中演绎出关于结果的陈述。尼古拉坚持认为，之所以不

可能演绎出来，是因为只要有某个特殊现象出现，就必定伴随着或跟随着其他某个现象。

尼古拉还指出，不可能运用求同法来获得关于因果关系的必然知识。他坚持认为，我们无法确定曾经有效的关联将来必定仍然有效。[21] 当然，邓斯·司各脱本可以不放弃自己的立场而接受尼古拉的批评，因为他只要求确立两种现象之间的倾向性联合。

由尼古拉的分析可以得出结论，不可能获得关于因果关系的必然知识。关于原因的陈述并不蕴含着关于结果的陈述，归纳论证并未证明观察到的关联必定成立。

尼古拉宣称，他希望他对可以确定地知道什么所做的批判能够有助于基督教信仰。他不赞成学者们终生都在研究亚里士多德。他建议，把这些精力用于改进公众的信仰和道德会更好。[22] 也许正是出于这个理由，他给他的批判补充了一种建立在古典原子论基础上的“或然的”宇宙论。尼古拉希望表明，非但亚里士多德的科学不是一门确定的科学，甚至连亚里士多德的宇宙观也不是最有可能的世界观。

注释

1 A. C. Crombie, *Robert Grosseteste and the Origins of Experimental Science* (1100–1700) (Oxford: Clarendon Press, 1953), 52–66.

2 Ibid., 64–66.

3 Roger Bacon, *The Opus Majus*, trans. Robert B. Burke (New York: Russell and Russell, 1962), ii. 615–616.

4 例如参见 A. C. Crombie, *Robert Grosseteste*, 204–210.

5 Roger Bacon, *The Opus Majus*, ii. 626–627.

6 A. C. Crombie, *Robert Grosseteste*, 73–74.

7 Duns Scotus: *Philosophical Writings*, trans. and ed. Allan Wolter (Edinburgh: Thomas Nelson, 1962), 109.

8 Ibid., 101–111.

9 例如参见 Julius R. Weinberg, *Abstraction, Relation and Induction* (Madison, Wis.: The University of Wisconsin Press, 1965), 145–147.

10 Roger Bacon, *The Opus Majus*, ii. 587.

11 参见 A. C. Crombie, *Robert Grosseteste*, 233–259。

12 Roger Bacon, *The Opus Majus*, ii. 611.

13 A. C. Crombie, 'Grosseteste's Position in the History of Science', in *Robert Grosseteste*, ed. D. A. Callus (Oxford: Clarendon Press, 1955), 118.

14 Ibid., 118–119.

15 John Buridan, *Questions on the Eight Books of the Physics of Aristotle*, Book Ⅷ, Question 12, reprinted in M. Clagett, The *Science of Mechanics in the Middle Ages* (Madison, Wis.: University of Wisconsin Press, 1959), 533.

16 A. C. Crombie, *Robert Grosseteste*, 119–124.

17 William of Ockham, *Summulae in Phys.*, Ⅲ. 5–7, in *Ockham Studies and Selections*, trans. and ed. S. C. Tornay (La Salle, Ill.: Open Court Publishing Co., 1938), 170–171.

18 Duns Scotus: *Philosophical Writings*, 106–109.

19 Nicolaus of Autrecourt, 'Second Letter to Bernard of Arezzo', in *Medieval Philosophy*, ed. H. Shapiro (New York: The Modern Library, 1964), 516–520.

20 公式中的"·"代表"p 与 q"的合取中的"与",其中 p 和 q 都是单个命题,C 为结论。"~p"代表"p 是假的"。

21 J. R. Weinberg, *Nicolaus of Autrecourt* (Princeton, NJ: Princeton University Press, 1948), 69.

22 Ibid., 96–97.

第六章　关于拯救现象的争论

尼古拉·哥白尼（Nicolaus Copernicus，1473—1543）通过他颇具影响力的叔叔——埃姆兰（Ermland）主教——的努力，获得了一个在弗劳恩堡担任大教堂教士的闲职。哥白尼由此得以在意大利的大学学习若干年，改革行星的数理天文学。在《天球运行论》（*De revolutionibus*，1543年）中，哥白尼修改了托勒密的数学模型，取消了偏心匀速点，把太阳（大体上）置于行星运动的中心。

约翰内斯·开普勒（Johannes Kepler，1571—1630）出生在斯瓦比亚地区的魏尔（Weil）城，从小体质娇弱，童年并不幸福。开普勒在其研究和新教信仰中找到了慰藉。在图宾根大学，米沙埃尔·梅斯特林（Michael Maestlin）使他对哥白尼天文学产生了兴趣。日心体系因为美学和神学上的理由吸引了开普勒，他终生致力于发现上帝借以创造宇宙的数学和谐。

1594年，开普勒在格拉茨的一所路德宗学校担任数学教师。两年后他出版了《宇宙的神秘》（*Mysterium Cosmographicum*），阐述了他关于行星距离的"嵌套正多面体"理论。这部著作和他的所有其他著作一样，显示了毕达哥拉斯主义与基督教热情的结合。1600年，某种程度上是为了逃避格拉茨天主教徒的压力，开普勒前往布拉格担任了伟大的观测天文学家第谷·布拉赫（Tycho Brahe）的助手。最终他得以接触到第谷的观测资料，对第谷数据精确性的尊重在很大程度上平息了他对数学关联的热情。开普勒在《新天文学》（*Astronomia Nova*，1609年）中发表了前两条行星运动定律，在《世界的和谐》（*De Harmonice Mundi*，1619年）中发表了第三定律。

奥西安德尔论数学模型和物理真理

在16世纪，应当使用什么恰当的方法来研究天文学，这个问题仍然有争议。路德派神学家安德烈亚斯·奥西安德尔（Andreas Osiander）在哥白尼《天球运行论》一书的序言中肯定了“拯救现象”传统。奥西安德尔指出，哥白尼是按照当时的天文学传统工作的，为了预言行星的位置，天文学家可以自由发明数学模型。奥西安德尔宣称，行星是否实际在绕太阳旋转并不重要。重要的是哥白尼能够基于这个假设拯救现象。在致哥白尼的一封信中，奥西安德尔试图说服他把其日心体系当成一个只声言数学真理性的假说。

哥白尼对毕达哥拉斯主义的信奉

然而，哥白尼并不赞成这种天文学进路。作为忠诚的毕达哥拉斯主义者，他寻求现象中的数学和谐，因为他相信这些和谐“确实在那里”。哥白尼认为其日心体系不只是一种计算手段。

哥白尼认识到，观测到的行星运动可以几乎相同的精度从他的体系或托勒密的体系中推导出来。因此他承认，从这些相互竞争的模型中进行选择并非以“能否成功符合”为根据。哥白尼把“概念整合”（conceptual integration）当作可接受性标准，以此来证明自己体系的优越性。他将自己统一的太阳系模型与托勒密对各个模型（每颗行星都有一个模型）的汇集作了对照。此外，他还指出，日心体系能够解释行星逆行的大小和频率。例如由日心体系可以推出，木星逆行要比土星逆行更加显著，土星的逆行频率要比木星更大，[1]而托勒密的地心体系却不能解释这些事实。[2]

哥白尼没等有机会对奥西安德尔的序言作出回应就去世了。因此，两种方法论导向（毕达哥拉斯主义和关注拯救现象）在16世纪的对抗没有尖锐到其原本可能的那种程度。

贝拉闵和伽利略

对竞争观点的最强烈阐述要由红衣主教贝拉闵（Bellarmine）和伽利略

来进行。1615 年，贝拉闵告知伽利略，教会容许把哥白尼体系作为拯救现象的数学模型来讨论。他还指出，断言哥白尼体系比托勒密体系更能拯救现象是可以容许的。但贝拉闵坚持认为，断言一个数学模型比另一个更优越与证明模型的假设是物理真理并不是一回事。

1581 年，耶稣会数学家克里斯托弗·克拉维乌斯（Christopher Clavius）宣称，哥白尼从假的公理中演绎出了关于行星运动的定理，从而拯救了行星运动现象。克拉维乌斯认为，哥白尼的成就没有什么特殊之处，因为给定一个真定理，可以找到任意数量的假前提蕴含该定理。克拉维乌斯本人偏爱托勒密体系，因为他相信地心体系符合物理学原理和基督教教义。

贝拉闵知道，许多有影响的教士都同意克拉维乌斯的看法。他警告伽利略，为太阳实际处于静止、地球实际围绕太阳旋转这一立场辩护很危险。

众所周知，伽利略玩过火了。但他的《关于两大世界体系的对话》（*Dialogue Concerning the Two Great World Systems*）显然是一篇支持哥白尼体系的慷慨陈词，尽管他不承认这一点。伽利略并没有把日心假说仅仅看成一种拯救现象的计算手段。事实上，他提出了一些论证来支持哥白尼体系是**物理真理**。伽利略不仅信奉毕达哥拉斯主义，而且他确信，通过适当选择实验，我们能够确证宇宙中存在着数学和谐，这对后来的科学发展非常重要。

开普勒对毕达哥拉斯主义的信奉

毕达哥拉斯主义倾向在约翰内斯·开普勒的天文学研究中产生了巨大回报。开普勒认为，恰好存在六颗行星和五种正多面体，这是有意义的。他相信上帝是按照一种数学模式创造太阳系的，因此他试图把行星与太阳的距离同这些几何形体关联起来。在 1596 年出版的《宇宙的神秘》中，他不无自豪地宣布，他已经成功地洞悉了上帝的创世计划。开普勒表明，行星的距离可以与天球的半径联系起来，这些天球与嵌套的五种正多面体相内切和外接。开普勒的排列是：

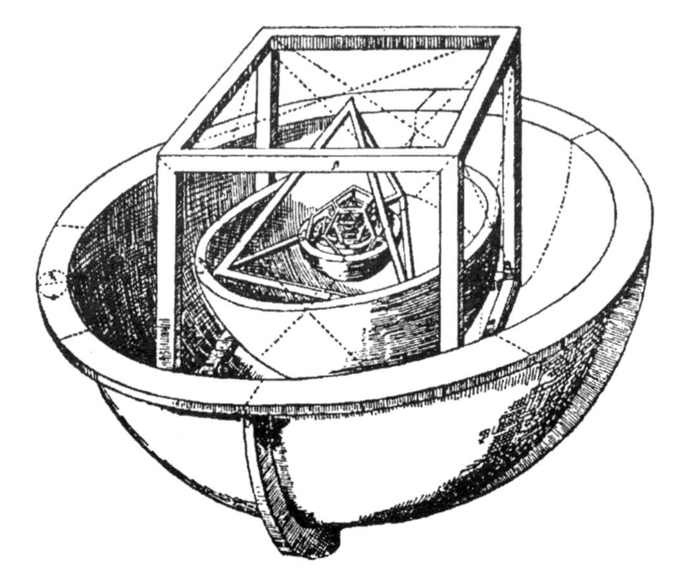

开普勒描绘的嵌套正多面体

土星天球

立方体

木星天球

正四面体

火星天球

正十二面体

地球天球

正二十面体

金星天球

正八面体

水星天球

观测到的行星半径比率与开普勒根据嵌套正多面体的几何学计算出来的比率之间能够达成粗略的一致。然而，他的行星半径数值取自哥白尼的数据，而后者是行星到地球轨道中心的距离。开普勒希望通过行星与太阳的距离来改进其理论所获得的大致关联，因此他把地球轨道的偏心率考虑了进去。在此基础上，他利用第谷·布拉赫更精确的数据重新计算了行星半径的比率，发现这些比率与从正多面体理论计算出来的比率有很大不同。开普勒承认，这是对他理论的一个反驳，但其毕达哥拉斯主义信念并未动摇。他确信，观测与理论的不一致本身必定是有待发现的数学和谐的一种显示。

开普勒坚持不懈地寻找太阳系中的数学规律性，最终成功地表述了行星运动三定律：

（1）行星的轨道是一个椭圆，太阳位于椭圆的一个焦点上。

（2）从太阳到行星的矢径在相等时间内扫过相等的面积。

（3）任何两个行星周期的平方之比正比于它们到太阳的平均距离的立方之比。

开普勒三定律的发现是对毕达哥拉斯主义原理的惊人运用。开普勒确信，行星距离和轨道速度之间必定存在着一种数学关联。他尝试了若干种可能的代数关系之后才发现了第三定律。

这位忠诚的毕达哥拉斯主义者相信，如果一种数学关系符合各种现象，那几乎不可能是巧合。但开普勒特别提出了一些情形可疑的数学关联。例如，他把行星的距离与它们的“密度”关联起来。他指出，行星的密度与它们到太阳距离的平方根成反比。开普勒无法独立确定行星的密度。尽管如此，他指出，由这种数学关系计算出来的密度可以与广为人知的地球物质密度关联起来。

开普勒的距离—密度关系[3]

行星	密度 $=1/\sqrt{\text{距离}}$（地球 =1 000）	地球上的物质
土星	324	最硬的钻石
木星	438	天然磁石
火星	810	铁
地球	1 000	银
金星	1 175	铅
水星	1 650	水银

开普勒满意地指出，把太阳与黄金关联起来是恰当的，金的密度比水银大。当然，开普勒并不认为地球是由银组成的，金星是由铅组成的，但他的确认为，他计算出来的行星密度符合这些地球物质的密度很重要。

从毕达哥拉斯主义的立场看，一种数学关联是否恰当要由“成功符合”和“简单性”的标准来确定。如果一个在数学上不是极为复杂的关系符合有关现象，那它必定是重要的。但没有毕达哥拉斯主义信念的人无疑会断言，开普勒的距离—密度关联仅仅是一种巧合。这些人所诉诸的标准可以不同于成功符合和简单性，因为仅仅运用这些标准不足以区分真正的关联和巧合的关联。

波德定律

对数学关联的评价一直是科学史中的老问题。例如，1772 年约翰·提修斯（Johann Titius）提出了一个属于毕达哥拉斯主义传统的关联。他指出，行星到太阳的距离可以与“适当调整的”几何级数 3、6、12、24……关联起来，即：

波德定律

	4	4	4	4	4
	0	3	6	12	24
计算结果	4	7	10	16	28
行星	水星	金星	地球	火星	（小行星）
观测结果	3.9	7.2	10	15.2	
	4	4	4	4	
	48	96	192	384	
计算结果	52	100	195	388	
行星	木星	土星	（天王星）	（海王星）	（冥王星）
观测结果	52.0	95.4	191.9	300.7	395

由此得到的一些数值与观测到的相对于地球的距离惊人地一致。这种关系给著名天文学家约翰·波德（Johann Bode）留下了深刻的印象。他接受了毕达哥拉斯主义观点，承认成功的相符不大可能是一种巧合。由于他的拥护，这种关系后来被称为“波德定律”。1780 年，一位天文学家对波德定律意义的判断能够很好地衡量他对毕达哥拉斯主义倾向信奉的程度。

接着在 1781 年，威廉·赫歇尔（William Herschel）发现了土星之外的一颗行星。欧陆天文学家计算了天王星与太阳的距离，发现它与波德定律中的下一项（196）惊人地一致。怀疑者不能再把这种关联斥之为一种“事后的”数值巧合。越来越多的天文学家开始认真对待波德定律。他们着手寻找火星与木星之间的“缺失行星”，并于 1801 年和 1802 年发现了谷神星和智神星这两颗小行星。虽然小行星比水星小得多，但它们的距离使相信波德定律的天文学家感到满意，因为序列中缺失的项被补上了。

当人们知道天王星的运动明显受到一颗更远的行星的影响之后，亚当斯（J. C. Adams）和勒维烈（U. J. J. Leverrier）独立地计算出了这颗新行星的位置。他们在计算中假定，这颗新行星的平均距离由波德定律中的下一项（388）给出。海王星是由伽勒（Galle）在勒维烈所预言的区域内发现的。然而，对这颗行星的持续观测表明，它与太阳的平均距离（相对于地球 =10 而言）与波德定律并不很一致。

随着海王星的加入，波德定律不再满足“成功符合”这一标准了。因此，今天一个人可以既是毕达哥拉斯主义者，又不相信波德定律。另一方面，由于冥王星的距离非常接近波德定律为天王星之外的下一颗行星所规定的值，有毕达哥拉斯主义倾向的人可以坚称，海王星是后来被太阳系俘获的，它根本不是原初的行星，从而把海王星的反常情况回避掉。

注释

1　当然，要假定从水星到土星的行星轨道速度规律性地递减。

2 Copernicus, *On the Revolutions of the Heavenly Spheres*, bk. 1, chap. 10.

3 Kepler, *Epitome of Copernican Astronomy*, trans. C. G. Wallis, in *Ptolemy*, *Copernicus*, *Kepler*—Great Books of the Western World, vol. 16 (Chicago: Encyclopaedia Britannica, Inc. 1952), 882.

第七章　17世纪对亚里士多德主义哲学的抨击

一、伽利略

伽利略·伽利莱（Galileo Galilei，1564—1642）生于比萨，父母是穷困的贵族。1581年，伽利略入比萨大学学习医学，但很快便放弃了医学研究，改学数学和物理学。

1592年，伽利略被任命为帕多瓦大学的数学教授，在那里一直待到1610年。在这一时期，他用望远镜发现了太阳黑子、月球表面和木星的四颗卫星。这些观察与教会批准的亚里士多德主义世界观的含义不一致，在后者看来，天界是永恒不变的，地球是一切运动的中心。

1610年，伽利略成为托斯卡纳大公的常驻数学家。他与耶稣会和多明我会的哲学家进行了一系列辩论，并曾训诫这些著名人士要以正确的方式诠释《圣经》，使之符合哥白尼天文学（《致大公夫人克里斯蒂娜的信》，1615年）。

1623年，伽利略的仰慕者马菲奥·巴贝里尼（Maffeo Barberini）当选教皇。伽利略打算对竞争的哥白尼体系和托勒密体系做一种不偏不倚的研究，这项请求获得了批准。《关于两大世界体系的对话》（1632年）是伽利略用广大读者都能理解的意大利文写的，书中的序言和结语暗示，这两个竞争的体系仅仅是用来拯救现象的数学假说。该书的其余部分则含有大量论证来支持哥白尼体系是物理真理。

伽利略被传讯到宗教裁判所，被迫发誓放弃自己的错误。在敌人的监视下，他到了佛罗伦萨隐居。然而，《关于两门新科学的谈话》（*Dialogues Concerning Two New Sciences*，1638年）的出版使他洗刷了耻辱，该书证明亚里士多德的物理学是不恰当的，从而移除了地心说的一项主要支持。

毕达哥拉斯主义倾向和物理学的划界

伽利略确信自然之书是用数学语言写成的。因此，他试图把物理学的范围限制在断言“第一性质”（primary qualities）上。第一性质是对于“物体”这个概念来说必不可少的那些性质。伽利略认为，诸如形状、大小、数目、位置和“运动的量”等第一性质是物体的客观属性，而诸如颜色、味道、气味和声音等第二性质（secondary qualities）则只存在于感知主体的心灵中。[1]

通过把物理学的主题限制于第一性质及其关系，伽利略将目的论解释排除出了可允许的物理学论说范围。根据伽利略的说法，说一个运动发生是为了实现未来的某种状态，这并不是真正的科学解释。他尤其强调，亚里士多德用朝向“自然位置”的“自然运动”所作的解释称不上是科学解释。伽利略意识到，像“无支撑的物体朝着地球运动，以达到其‘自然位置’”这样的断言，他无法证明为假，但他也意识到，可以将这类解释从物理学中排除出去，因为它无法“解释”现象。

伽利略的分析表明，评价科学解释时应区分两个阶段。第一个阶段是对科学解释与非科学解释进行划界。伽利略同意亚里士多德的看法，认为这涉及对科学的固有主题进行划界。第二阶段是确定那些确实可以称为科学的解释是否可以接受。伽利略对评价科学解释这一问题的处理进路可以用下图来表示。通过把物理学的主题限制于关于第一性质的陈述，伽利略确定了大圆的圆周。

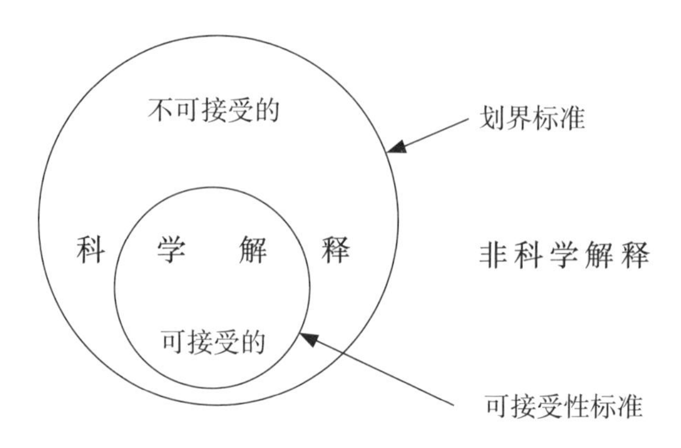

伽利略对物理学的划界引出了一个推论，即物体的运动要参照空间中的一个坐标系来描述。伽利略用有量的区别的几何学空间取代了有质的区别的亚里士多德空间。

但他与亚里士多德宇宙有质的区别的空间的决裂并不完全。在早期著作《论运动》（*De Motu*）中，伽利略本人肯定了"自然位置"学说。[2]虽然后来他试图把通过"自然位置"所作的解释从物理学中排除出去，但他终生都相信天体只适合作圆周运动。伽利略认为地球本身是名副其实的天体，并尝试向亚里士多德主义者证明，地球及其表面的物体参与了完美的圆周运动。比如他认为，如果没有任何阻力，沿地球表面的运动将会无定限地持续下去而不减小。[3]这样一来，伽利略便提出了其物理学划界所要排除的那种解释。

科学程序理论

伽利略的反亚里士多德论战并非针对亚里士多德的归纳—演绎方法。他承认亚里士多德的看法，认为科学研究可分为两个阶段，即先从观察上升到一般原理，然后再回到观察。

此外，伽利略还赞同亚里士多德这样的观点，即解释性原理必须是从感觉经验材料中归纳出来的。在这方面，伽利略指出，倘若亚里士多德拥有17世纪关于太阳黑子的望远镜证据，他应该会放弃天界不变这一学说。伽利略宣称："说'天界是可变的，因为我的感官告诉了我这一点'，要比说'天界是不变的，因为推理使亚里士多德相信这一点'是更好的亚里士多德哲学。"[4]

伽利略关于科学程序的说法所针对的人执行的是一种错误的亚里士多德学说，他们将分解合成法缩短，不是从来自感觉经验的归纳出发，而是从亚里士多德本人的第一原理出发。这种错误的亚里士多德学说鼓励一种教条式的理论化，切断了科学的经验基础。伽利略常常谴责这种对亚里士多德方法论的曲解。

分解法

伽利略坚持抽象和理想化对于物理学的重要性，由此扩展了归纳技巧的范围。他在自己的工作中利用了诸如“真空中的自由落体”和“理想摆”这样的理想化。这些理想化在现象中并没有直接的例证，而是通过对一系列有序的现象进行外推而提出来的。例如，真空中的自由落体概念是物体在密度不断减小的一系列流体中下落行为的外推。[5] 理想摆的概念同样是一种理想化。“理想摆”的摆锤系在一根“没有质量”的绳子上，不会因为绳子的不同部分有不同的运动周期而产生摩擦力。此外，这种摆的运动不受空气阻力的阻碍。

伽利略的力学工作证明这些概念是富有成效的。他由指定理想化运动性质的解释性原理推出了落体和实际摆的近似行为。对理想化的这种使用产生了一个重要后果，那就是强调创造性的想象力在分解法中的作用。关于理想化的假说既不能通过简单枚举法来获得，也不能通过求同差异法来获得。科学家需要直觉到现象的哪些性质适合作为理想化的基础，哪些性质可以忽略。[6]

合成法

格罗斯泰斯特和罗吉尔·培根对合成法作了扩展，他们主张把最初用来归纳出解释性原理的材料中所不包含的推论演绎出来。伽利略明显运用了这一程序，他从抛射体的轨迹为抛物线这一假说中导出了仰角为 45 度时射程最大。在伽利略以前，人们就知道仰角为 45 度时达到最大射程。伽利略的功绩是对这一事实做出了解释。他还从抛物线轨迹中导出，当仰角与 45 度等距离——比如 40 度和 50 度时可达相同射程。他声称炮手们尚未认识到这一点，并趁机称赞数学证明比未受教导的经验优越。[7]

实验确证

格罗斯泰斯特和罗吉尔·培根给分解合成法补充了一个第三阶段，还要对业已达成的结论作进一步的实验检验。伽利略对这第三阶段的态度引发了极为不同的评价。他被誉为实验方法论的倡导者，但也因为没能认识到实验确证（experimental confirmation）的重要性而受到批评。从他关于科学程序的说法和他的科学实践来看，这两种评价都有道理。

对于实验确证的价值，伽利略的说法很矛盾。他的主要态度是肯定的。例如在《关于两门新科学的谈话》中，在萨尔维亚蒂（Salviati）导出落体定律之后，辛普里丘（Simplicio）要求对这种关系进行实验确证。伽利略让萨尔维亚蒂回答说："作为一个科学人，你所提出的要求非常合理，因为把数学证明应用于自然现象的那些科学习惯如此，而且也是恰当的。"[8]

但是根据伽利略有时的说法，实验确证似乎又不那么重要。例如在导出抛射体射程随仰角的变化之后，他写道："凭借通过发现原因而获得的关于单个事实的知识，我们无需求助于实验便可以理解和确定其他事实。"[9]

对待实验的类似矛盾态度亦可见于伽利略的科学实践。他常常对实验进行描述，这些实验可能是他亲手做的。

从物理学史的观点来看，伽利略最重要的实验是关于落体问题的。伽利略报告说，他让球体滚下各种高度的斜面而确证了落体定律。虽然他并未说出这些实验中所获得的数值，但他确实详细讨论了斜面的构造和用水钟来测量下落时间。[10]

伽利略还报告说，他曾用摆的实验确证了这样一条假说，即当斜面高度相等时，沿不同倾角的斜面向下运动的物体会达到相等的速度。他声称，将一颗弹丸系在绳子上组成一个摆，如果一颗钉子钩住绳子使摆的运动停下来，那么这颗弹丸所达到的高度将会与它的振动不受阻碍时相同。

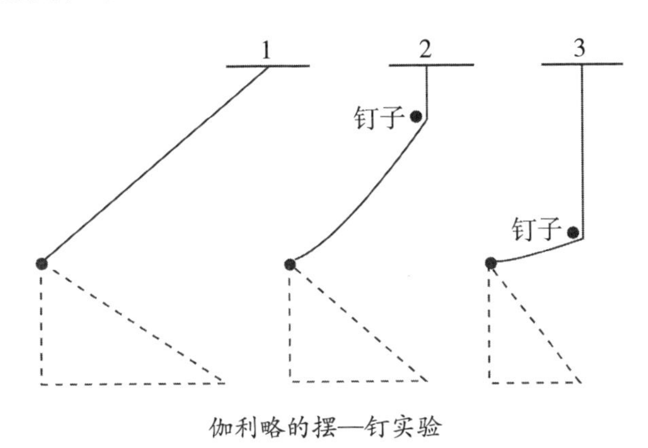

伽利略的摆—钉实验

伽利略认为，这个摆—钉实验间接确证了关于斜面运动的假说。他指出，让一个小球先滚下一个斜面再滚上一个斜面来直接确证是不可行的，因为连接点会产生“障碍”。[11]

伽利略不大为人所知的实验还包括，显示当空腔盛满水时，一条漂浮的中空木船也不会下沉，[12]以及用一根绳子作为“掩星”，以表明恒星直径被肉眼夸大了。[13]

然而，尽管他对据说完成的实验作了描述，但他并不完全信奉实验确证。在某些情况下，他并未理会那些似乎不利于其理论的实验证据。

例如在早期著作《论运动》中，他表述了$\frac{v_1}{v_2}=\frac{d_1-d_m}{d_2-d_m}$这样一种关系，其中$v_1$和$v_2$是两个体积相同的球体在介质中的下落速度，$d_1$和$d_2$是这些球体的密度，$d_m$是介质的密度。伽利略在评论这一关系时承认，如果从塔上丢下这两个球体，并且使$\frac{d_1-d_m}{d_2-d_m}=2$，则相应的速度比率是观察不到的。事实上，两个球体几乎同时落地。伽利略把这种确证的失败归因于“非自然的意外”[14]。在这种情况下，伽利略希望推荐一种他认为源于阿基米德浮力定律的数学关系，尽管它并未描述物体在空气中的下落。伽利略后来放弃了这种关系，转而支持一种下落距离与时间有关的运动学进路。

伽利略也没有理会不利于其潮汐理论的证据。他认为潮汐是地球的两种运动——围绕太阳的周年公转和每日绕轴自转——的周期性增强和抵消所引起的。粗略地说，伽利略的假说是，对于某个港口 P 来说，公转和自转午夜彼此增强，中午彼此抵消。

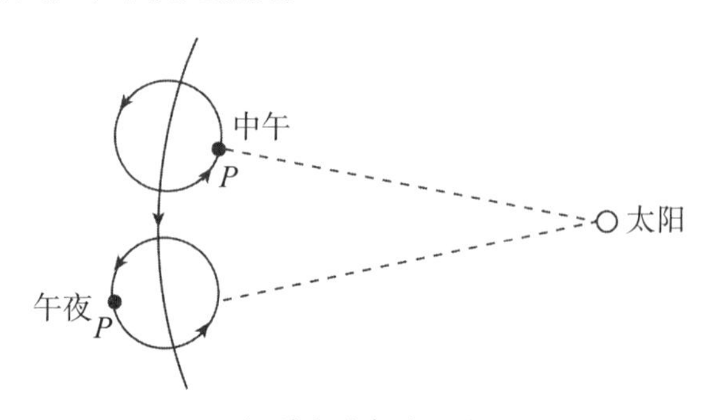

伽利略的潮汐理论

这种周期性增强和抵消导致近海海水夜晚被撇在后面，白天则沿着海岸积聚起来。由伽利略的理论可以断定，每天在给定地点应当只有一次高潮，这次高潮应当发生在中午前后。

但一个业已确立的事实是，在给定港口每天有两次高潮，而且这两次高潮发生的时间每天都在改变。

伽利略把理论与事实的差异归因于“次要原因”的影响，比如海洋深度不规则，海岸线的形状和走向等等。伽利略急于找到支持地球做双重运动的证据，以致想把不利于其潮汐理论的证据回避掉。

此外，伽利略还报告说，他曾在一个定律不适用的范围确证了该定律。他自称曾经观察到，当摆线与垂线所成的角度高达 80 度时，摆的周期与振幅无关。[15] 然而，只有当摆线与垂线所成的角度很小时，摆的周期才与振幅无关。于是我们必须得出结论说，要么伽利略并没有费心作大角度摆动的实验，要么他的观察极为粗心。他也许错在过分相信摆**应当**如何摆动了。

演绎系统化的理想

伽利略肯定了阿基米德的演绎系统化理想，与此相关的柏拉图对实在与现象的区分伽利略也予以认可。从这种区分的观点来看，不去强调演绎系统的定理与实际观察到的东西之间的差异是很自然的。这些差异可以归因于实验中那些“不重要的”复杂情况。如上所述，伽利略有时会求助于这种方法。

然而，伽利略信奉阿基米德主义—柏拉图主义的一个更重要的方面是，他强调抽象和理想化在科学中的价值。这就像是他对理论与观察之间的不一致所作辩解的一体两面。前已强调指出，伽利略在物理学上的成功在很大程度上可以归因于他能把各种经验复杂情况抽象掉，以便用“真空中的自由落体”、“理想摆”、“船在海洋上的无摩擦运动”等理想概念来工作。这正是演绎系统化理想的优点。对于抽象在科学中的作用，伽利略本人相当精通。他写道：

> 正如一个想计算糖、丝绸和羊毛的计算者必须扣除箱子、捆包和其他包装一样，数学科学家要想从具体之物中识别出他已经抽象证明的那些结果时，也必须扣除物质上的障碍。如果他能这样做，我向你保证，事物将与算术计算完全一致。因此，差错并不在于抽象性或具体性，不在于几何学或物理学，而在于计算者不知道如何作出正确说明。[16]

二、弗朗西斯·培根

弗朗西斯·培根（Francis Bacon，1561—1626）的父亲是尼古拉·培根（Nicholas Bacon）爵士，女王伊丽莎白一世的掌玺大臣。弗朗西斯·培根13岁进入剑桥大学三一学院，在那里培养了对亚里士多德主义哲学的反感。后来，他在格雷律师协会学习法律，1586年获准进入律师界。

为了能被女王委以政府职务，培根颇费了一番心血。然而，尽管他的叔父威廉·塞西尔（William Cecil）即后来的伯利勋爵（Lord Burghley）是伊丽莎白最重要的大臣，但任命却迟迟不来。这无疑要部分归因于培根为下院的权利辩护，反对女王大臣们极力主张的某些动议。

随着詹姆斯一世的登基，培根时来运转，飞黄腾达。他于1603年被授以爵位，1613年成为总检察长，1617年任掌玺大臣，1618年任大法官，1618年获封维鲁拉姆（Verulam）男爵，1821年获封圣奥尔本斯（St Albans）子爵。此后不久，培根被控从他担任大法官期间受审的人那里收受贿赂。他坚称这些贿赂并没有影响他对这些案例的判决，但是对于指责他收受贿赂，他并未作出申辩。培根被上院的贵族们判处罚款、监禁和禁止参与公共生活，但国王豁免了对他的罚款，几天以后也解除了监禁。

培根在生命中的最后五年主要在撰写《伟大的复兴》（*Great Instauration*），据说要重新对科学进行系统阐述。对于这种复兴，他最重要的贡献是1620年出版的《新工具》（*Novum Organum*）。在这部著作中，他概述了一种“新”科学方法来取代亚里士多德的方法。他还在《新大西岛》（*New Atlantis*，1627 年）中创造了一幅颇具影响的科研合作图像。

关于培根贡献价值的争论

在科学史上，弗朗西斯·培根是一个有争议的人物。在皇家协会奠基者眼中，他是一种新科学方法论的先知。“启蒙思想家”（*philosophes*）同样认为培根是一位革新者，是一种新的归纳—实验方法的拥护者。但亚历山大·柯瓦雷（Alexandre Koyré）和戴克斯特豪斯（E. J. Dijksterhuis）这两位著名的 20 世纪科学史家都把培根贡献的价值说得微乎其微。他们强调，培根在科学上没有取得任何新成果，他对亚里士多德方法的批判既非原创，也不切中要害。根据戴克斯特豪斯的说法，培根在科学中的作用类似于希腊跛脚诗人提尔泰欧斯（Tyrtaeus）在战争中的作用：提尔泰欧斯不能打仗，但他的战歌鼓舞了那些能打仗的人。[17]

对于培根贡献的几个方面，争论者们意见一致：（1）培根本人并没有通过他所宣称方法的具体例子来丰富科学；（2）培根的巨大文学禀赋使他能够有力地表达自己的思想，许多学者认为他在 17 世纪的科学革命中扮演了重要角色；（3）培根的原创性（如果有的话）在于他的科学方法论。

培根本人声称他的方法是原创的。他把他讨论方法的主要著作命名为“新工具”，以表明他的方法要取代中世纪对亚里士多德著作的汇编《工具论》（*Organon*）中所讨论的方法。一些评论家坚持认为培根是成功的。例如，约翰·赫歇尔在其颇具影响的《自然哲学初论》（*Preliminary Discourse on Natural Philosophy*，1830 年）中宣称，

> 由于哥白尼、开普勒和伽利略的发现，亚里士多德哲学的谬误终于在自然事实的基础上被推翻了；但我们仍需根据广泛而一般的原理来表明亚里士多德是怎样出错的以及为什么会出错；揭示其哲学方法所特有的弱点，并且用一种更强更好的方法来取代它。这项

重要任务由弗朗西斯·培根完成了。[18]

对亚里士多德方法的批判

但培根的方法是一种“新”工具吗？培根坚称，科学方法的第一个要求是，自然哲学家应当清除自己的偏见和倾向，以便重新变成孩童来面对自然。他指出，困扰人心的四种“偶像”（Idols）把自然研究弄得模糊不清了。部落偶像在人性本身中有其基础。理解力容易在自然之中设定比它实际发现更多的规律性，容易匆忙作出概括，容易过分强调所确证事例的价值。而洞穴偶像则是对待经验的态度，这些态度源于个人所受的培养和教育。市场偶像是当词义下降到庸俗用法的最低标准时所导致的曲解，从而阻碍了科学概念的形成。而剧场偶像则是业已接受的各种哲学教条和方法。

亚里士多德的哲学是培根急于打破的一种剧场偶像。但必须强调指出，培根承认亚里士多德关于科学程序的归纳—演绎理论的主要大纲。和亚里士多德一样，培根也认为科学应该是从观察上升到一般原理，然后再回到观察。诚然，培根强调了科学程序的归纳阶段，但他的确认为，演绎论证在归纳概括的确证中发挥着重要作用。[19] 此外，培根还坚称，科学研究的成果是新的作品和发明，并且指出这是从一般原理演绎出有实际用途的推论。[20]

然而，尽管培根的确接受亚里士多德的科学程序理论，但他严厉批判了这种程序的执行方式。关于归纳阶段，培根提出了三点指控：

第一，亚里士多德及其追随者搜集的材料杂乱无章、不加甄别。弗朗西斯·培根号召彻底贯彻罗吉尔·培根实验科学的第二特性，即用系统实验来获得新的自然知识。在这方面，培根强调科学仪器在材料搜集中的价值。

第二，亚里士多德主义者的概括过于匆忙。仅仅经过少量观察，他们就一跃而至最一般的原理，然后再用这些原理导出范围较小的概括。

第三，亚里士多德及其追随者依赖于简单枚举归纳法，只要发现性质的关联适用于某一类型的若干个体，就断言它们适用于这种类型的所有个体。但运用这种归纳技巧往往会导向错误的结论，因为没有考虑到否定事例（培根并没有提到格罗斯泰斯特和奥卡姆等中世纪作者对差异法的强调）。

关于科学研究的演绎阶段，培根主要有两点指责。培根指责的第一点是，亚里士多德主义者未能恰当地定义“吸引”、“产生”、“元素”、“重的”和“湿的”等重要谓项，从而使包含这些谓项的三段论论证变得无用。[21] 培根正确地指出，只有三段论的词项得到了恰当定义，由第一原理所作的三段论论证才是有效的。

培根指责的第二点是，亚里士多德及其追随者过分强调了从第一原理中演绎出推论，从而把科学归结为演绎逻辑。培根强调，只有前提得到了适当的归纳支持，演绎论证才有科学价值。

在这一点上，培根本应把亚里士多德的程序理论与后来自称“亚里士多德主义者”的一些思想家对该程序理论的误用加以区别。误用亚里士多德学说的人缩短了亚里士多德的方法，他们的出发点不是由观察证据所作的归纳，而是亚里士多德自己的第一原理。这种错误的亚里士多德主义切断了科学的经验基础，从而鼓励了一种教条的理论化。但亚里士多德本人曾经坚称，第一原理应该从观察证据中归纳出来。培根谴责亚里士多德把科学归结为演绎逻辑，这是不公正的。

对亚里士多德方法的“纠正”

为了克服其所确信的亚里士多德程序理论具有的缺点，培根提出了他的“新”科学方法。培根新方法的两个主要特征是强调逐步渐进的归纳以及一种排除法。

培根认为，恰当进行的科学研究是从命题金字塔的底部逐步上升到顶部：

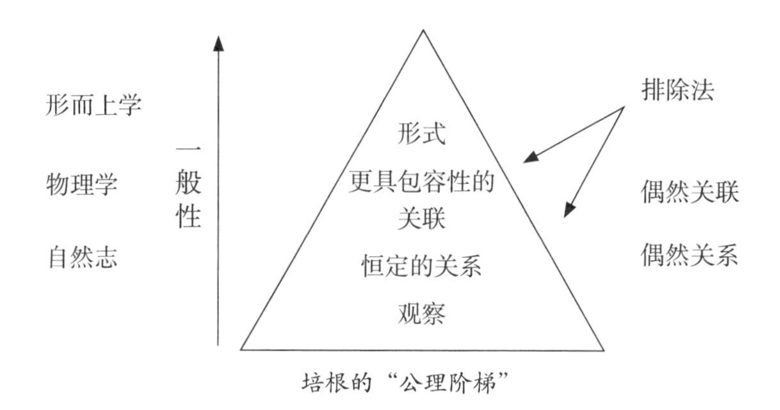

培根的“公理阶梯”

培根指出，应当把一系列“自然志和实验志”汇编起来，以确立金字塔的稳固基础。他本人讨论了风、潮汐涨落以及各个民族和动物的寿命和生活方式。不幸的是，他的自然志材料有许多取自不可靠的文献。

培根主张，确立了某一门科学中的事实之后，自然哲学家应当寻求这些事实之间的关联。他坚持逐步的归纳上升，从一般性程度较低的关联上升到更具包容性的关联。

培根知道，事实之间的有些关联仅仅是“偶然”关联。为了清除偶然关联，他提出了排除法。培根指出，偶然关联往往可以通过查阅存在表、缺失表和程度表（Tables of Presence, Absence, and Degrees）来识别。对于任何一种关联，如果在一个事例中，一种属性缺失而另一种属性存在，或者在若干个事例中，当一种属性增加时另一种属性减小，那么就应把这种关联从金字塔中排除出去。培根认为，在以这种方式将偶然关联排除之后，余下的将只有本质关联。而本质关联则是进一步归纳概括的合适题材。

培根认为排除法是他的方法优越于亚里士多德方法的一个重要表现。他正确地认为，亚里士多德所使用的一种归纳程序，即简单枚举法，不足以区分本质关联与偶然关联。培根声称，运用排除法可以实现这种区分，因为这种方法对缺失和相对强度给予了应有的重视。

培根非常现实地认识到，在许多情况下，仅仅通过查阅存在表、缺失表和程度表是很难找到本质关联的。因此，他挑选出了各种类型的“优先事例”（Prerogative Instances），它们对于寻求本质关联具有特殊价值。他似乎认为，这些事例的本性就是揭示本质关联。

培根的27个优先事例中最重要的也许是“指路牌事例”（Instance of the Fingerpost）。指路牌事例是指在相互竞争的解释之间进行判决的事例。培根本人给出了一个这种类型的判决性事例，要对关于潮汐涨落的两个假说进行判决。第一个假说是，潮汐是水的前进与后退，就像水在盆里来回摇晃。第二个假说是，潮汐是水的周期性上升和下降。培根提出，如果能够表明，在西班牙和佛罗里达海岸同时发生的涨潮并不伴随着其他任何地方的退潮，那么水盆假说就会被否证。他建议研究秘鲁和中国海岸的潮汐来解决这一争端。[22]

培根认识到，只有当一个事例与除一组解释性前提以外的所有组都不一致时，这个事例才是“判决性的”。但我们无法证明，关于某种现象的陈述只能从这几组前提而不能从其他前提中导出。培根的错误在于高估了指路牌事例的逻辑力量。尽管如此，对于寻求更恰当的解释而言，消除那些演绎推论（给定明确的前提条件）与观察不一致的假说也许是有价值的。当然，这种否证法并非弗朗西斯·培根的发明。亚里士多德使用过它，格罗斯泰斯特和罗吉尔·培根曾建议把这种方法当作通过消除竞争假说来确立一个假说的标准方式。

对形式的寻求

培根把位于金字塔顶部的那些最一般的原理称为“形式”。形式是对“简单性质”（即存在于我们所感知的对象中的那些不可还原的性质）之间关系的语词表达。培根认为，这些简单性质的种种组合构成了我们的经验对象，如果我们能够获得关于形式的知识，就可以控制和改变自然力。

在对形式的某些评论中，培根似乎已经通过一种炼金术类比设想了简单性质的结合。例如他宣称：

如果有人知道黄色、重量、延展性、固定性、流动性、溶解等

> 等的形式、诱导它们的方法以及它们的等级和样式，他就会希望把它们在某个物体中结合在一起，从而把该物体变成黄金。[23]

培根本人研究过热、白色、物体的吸引、重量、味道、记忆和“封闭在可触知物体内的精神”等形式。[24]

培根所说的形式既不是柏拉图的形式，也不是亚里士多德的形式因，而是据说表达了能够产生结果的物理属性之间的那些关系。用亚里士多德的话说，培根的形式指的是原因的质料方面、动力方面以及纯形式方面。[25]

在许多情况下（磁力和“封闭在可触知物体内的精神”是例外），培根通过物体的不可见部分的构形和运动来确切说明形式。他承认原子论的原理，即宏观结果要通过亚宏观的相互作用来解释。但他并不接受原子论的立场，即碰撞和不可入性是原子的基本属性。培根把“力”和“共感”（sympathies）归于物体的各个部分。此外，他还不接受原子分散于其中的连续真空的观念。

培根对形式提出了两项要求：这些命题在每一种情况下都必须为真，把这些命题反过来也必须为真。[26] 例如，培根的热的形式陈述了“热”与“被束缚于物体表面的物体微粒的迅速扩张运动”的等同。[27] 根据培根的说法，如果热存在着，那么这种迅速扩张运动也存在着，反之亦然。类似的可逆性据说适用于一切形式。

培根有时会把形式称为“定律”。例如在《新工具》第二卷中，他写道：

> 当我谈到形式时，我指的不过是绝对现实的那些定律和限定，它们支配和构成了热、光、重量等一切简单性质，这些性质存在于能经受它们的一切种类的物质和基体（subject）中。因此，热的形式或光的形式与热的定律或光的定律是一回事。[28]

如果不看上下文，则培根关于“定律”的某些说法颇有些现代味道。但培根强调的几个重点并不是现代的。首先，培根依照由政权实施的法令模型来解释物理学定律。其次，培根对以数学形式表达定律不感兴趣。第三，培根把宇宙看成一个拥有属性和力量并且相互关联的实体的集合。他并没有把宇宙看成一个以合规律的模式出现的事件之流。在这方面，培根的形而上学仍然是亚里士多德主义的。

我们必定会得出结论说，培根对形式的寻求在很大程度上仍然属于亚里士多德主义传统。约翰·赫歇尔说这表明了培根程序理论的原创性，那是言过其实。

培根作为有组织的科学研究的宣传者

但如果这就是关于培根所要说的一切，那就很难理解为什么他在科学史上会有争议。培根的确试图改革科学方法，但除了他所建议的对亚里士多德程序理论的“纠正”，我们还要谈谈培根的科学观。

培根认为，人应当恢复他在堕落时失去的对自然的统治，这是一条道德律令。他反复强调，人必须控制和重新引导自然力以改进人类的生活质量。因此，发现形式仅仅是科学研究的最近目标。在能够强迫自然为人的目的服务之前，必须先获得关于形式的知识。但科学研究的最终目标是控制自然。培根强调实际运用科学知识与亚里士多德主张认识自然就是目的本身形成了鲜明对比。正是这种对控制自然力的强调，把培根哲学与他希望推翻的亚里士多德哲学最清楚地区分开来。

对实际运用科学知识的这种强调是培根极具敌意地反对亚里士多德的主要原因。法灵顿（Farrington）正确地指出，培根的敌意反映了**道德上的**愤慨——亚里士多德哲学不仅没有造就新作品以惠及人类，而且还阻挠了业已作出的少数尝试。[29] 而培根则颂扬了各种手工艺传统中业已取得的那些进步，并把印刷术、火药和航海罗盘的发明引作例子，表明人类在不受剧场偶像束缚的情况下能够做出怎样的成就。

培根新科学观的一个重要方面是，只有通过合作研究才能恢复人对自然的统治。出于这种信念，培根多次尝试行政改革。他几乎只向国王和大臣们呼吁支持合作计划，而不向大学呼吁，这种做法表明他对当时的学术生活评价很低。但他并没有成功。他关于合作研究的想法直到下一代才结出硕果，那时皇家学会不仅着手贯彻培根对待科学的一般态度，而且着手实施培根的若干具体方案。

培根新科学观的另一个方面是科学脱离了目的论和自然神学。培根将目的因的研究限制在人的行为的意志方面，他指出，寻找物理现象和生物现象的目的因导致了阻碍科学进步的纯粹语词之争。[30] 培根将目的因从自然科学中排除出去，反映在他坚持科学家要重新变成孩童来面对自然。透过目的性适应（purposive adaptation）的棱镜来看自然，无论这些适应是否神授，都无法理解自然本身。如果专注于"为了什么目的？"的问题，那么发现形式和改善人类的境况将会变得不大可能。

三、笛卡尔

勒内·笛卡尔（1596—1650）在拉弗莱什（La Flèche）的耶稣会学院就读，1616 年在普瓦提埃（Poitiers）大学获得法学学位，但他有一大笔家庭财产，所以不需要从事法律行业。笛卡尔对数学、科学和哲学非常感兴趣，他决定把思想追求与旅行结合起来。他花了数年时间游历欧洲，常常是以绅士志愿兵的身份参加各种军队。

1618 年，笛卡尔结识了物理学家伊萨克·贝克曼（Isaac Beeckman），后者鼓励笛卡尔从事理论数学研究。结果，笛卡尔奠定了解析几何的基础，几何表面的性质得以用代数方程来表达。

1619 年 11 月，经过一段特别紧张的思想努力之后，笛卡尔做了三个梦，对这些梦的解释大大影响了他的人生。他相信真理之灵召唤他来重新构建人类知识，使之能够体现迄今为止只有数学才拥有的那种确定性。

1628 年，笛卡尔定居荷兰，在那里一直待到 1649 年，在此期间只对法国作过几次短暂访问。他写了一本《论世界》（*Le Monde*），对宇宙作了一种机械论解释，认为一切变化都是由碰撞或压力造成的。然而，当他得知伽利略受到宗教裁判所谴责之后，他撤回了这份手稿，决定通过其他出版物来为接受《论世界》做准备。这些出版物包括《方法谈》(*Discourse on Method*，1637年)——该书附有关于几何学、光学和气象学的论文，作为应用这种方法的例子——《第一哲学沉思集》(*Meditations on First Philosophy*，1841年)和《哲学原理》(*Principles of Philosophy*，1644年)。笛卡尔去世后,《论世界》于1664年出版。

1649年，应瑞典女王克里斯蒂娜之邀，笛卡尔成为常驻宫廷的哲学家，次年去世。

对弗朗西斯·培根程序理论的倒转

笛卡尔同意弗朗西斯·培根的看法，认为科学的最高成就是一个命题金字塔，其顶端是最一般的原理。培根试图通过从不那么一般的关系逐渐归纳上升来发现一般规律，而笛卡尔则试图从顶部开始，通过演绎程序尽可能往下研究。和培根不同，笛卡尔致力于演绎命题等级体系的阿基米德理想。

笛卡尔要求金字塔顶端的一般原理具有确定性。为了满足这个确定性要求，他对自己以前认为是真的所有判断进行了系统怀疑，看看其中是否有毫无疑问的判断。他的结论是，其中某些判断的确是毫无疑问的——就他在思考而言，他必定存在，以及必定存在着一个完美的上帝。

笛卡尔推理说，一个完美的上帝不会以这样的方式创造人类，使人的感官和理性会有系统地欺骗他。因此必定存在着一个外在于思想本身的宇宙，一个对人的认知能力不透明的宇宙。事实上，笛卡尔甚至走得更远，声称清晰分明地(clearly and distinctly)呈现于心灵中的任何观念都必定为真。

根据笛卡尔的说法，直接呈现于心灵中的东西是清晰的，而既清晰又无条件的东西则是分明的。分明的东西通过它本身(*per se*)而被知晓，它的自明性不依赖于任何限制条件。例如，我可以对部分浸在水中的木棍的“弯曲”有一个清晰的观念，而不知道造成“弯曲”现象的因素是什么。但要对木棍的“弯曲”有一个分明的观念，我就必须理解折射定律以及它是如何应用于这个特例的。

第一性质和第二性质

笛卡尔先是确定了他自己作为一个思想着的主体存在着，还有一个仁慈的上帝存在着，上帝保证了清晰分明地呈现于心灵中的东西都是真的，然后，笛卡尔把注意力转向了受造宇宙。他试图发现关于物理对象，什么东西是清晰分明的。在谈到一块蜡的熔化时，他宣称：

> 我一边说话，一边把它拿到火旁：剩下的味道挥发了，香气消失了，颜色改变了，形状和原来不一样了，尺寸增加了，变成液体了，它热了，摸不得了，敲它时再也发不出声音了。发生了这个变化之后，原来的蜡还继续存在吗？必须承认它还继续存在；对于这一点，任何人都不能否认。那么对于这块蜡，我有分明认识的是什么呢？当然不可能是我在这块蜡上通过感官的媒介所感到的什么东西，因为凡是落于味觉、嗅觉、视觉、触觉、听觉的东西都改变了，不过本来的蜡还继续存在。……让我们对这件事仔细考虑一下，把凡是不属于蜡的东西都去掉，看看还剩下什么。当然剩下的只是有广延的、有伸缩性的、可以运动的东西。[31]

但我们如何知道这种“广延”构成了这块蜡的本质呢？笛卡尔认为，我们关于广延——蜡的“实在性质”——的知识乃是一种心灵直观。这种心灵直观应与蜡呈现给我们感官的现象序列区分开来。和伽利略一样，笛卡尔区分了所有物体为了成为物体而必须拥有的“第一性质”与仅仅存在于主体知觉经验中的“第二性质”，如颜色、声音、味道、气味等。

笛卡尔推论说，由于广延是我们对其有清晰分明观念的物体的唯一固有属性，所以物体就是有广延的东西。真空不可能存在。笛卡尔认为“广延”就是“被物质所充满”，并且断言，“什么物质都没有的广延”是一个矛盾。[32]

然而，虽然笛卡尔否认真空可能存在，但他的确肯定了古典原子论的某些方法论含义。他试图通过亚宏观的相互作用来解释宏观过程。一个例子是他对磁吸引的解释，他认为，磁铁之所以吸引铁块，是因为从磁铁中发射出的看不见的螺旋形微粒穿过了铁块中的螺旋形通道，从而使铁块运动。此外，笛卡尔还肯定了通过亚宏观层次的纯粹定量变化来解释宏观层次定性变化的原子论理想。他把科学的主题限定于可以用数学形式来表达并且可以作为比率进行比较的那些性质。

就这样，笛卡尔的科学观结合了阿基米德、毕达哥拉斯和原子论的观点。对于笛卡尔来说，科学的理想是一个演绎的命题等级体系，描述这些命题的术语指的是实在的可以严格量化的方面，往往在亚宏观层次。他之所以接受这种理想，无疑受到了他早期成功提出解析几何学的影响。笛卡尔想用一种普遍数学来揭示宇宙的秘密，正如他的解析几何学把几何表面的性质归结为代数方程一样。

不幸的是，笛卡尔又在第二种意义上把“广延”一词用于这个纲领。为了描述物体的运动，他说物体先占据一个空间，然后又占据另一个空间。例如，如果物体A和B相继与物体C和D结合在一起，笛卡尔会说B移入了A所让出的“空间”。

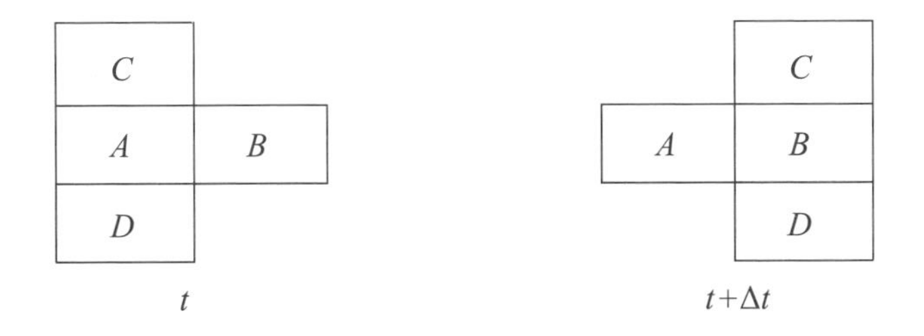

但这个“空间”或“这块广延”与任何具体物体并不是一回事。在这个意义上，“空间”是一个物体相对于其他物体的一种关系。“广延”的这种二重用法带来严重的模糊不清。根据笛卡尔自己的标准，我们不得不说，他并没有达到一种清晰分明的“广延”观念，即他用来解释宇宙的基本范畴。

一般科学定律

尽管如此，笛卡尔还是从他对广延的理解中推出了几条重要的物理学原理。格尔德·布赫达尔（Gerd Buchdahl）已经指出，笛卡尔似乎认为，由于广延和运动这些概念是清晰分明的，所以关于这些概念的某些概括是先天真理。[33]一个这样的概括是，所有运动都是由碰撞或压力引起的。笛卡尔坚称，由于真空不可能存在，所以一个给定物体与其他物体必定处于连续的接触之中。在他看来，使物体运动的唯一方法是，一侧的邻近物体施加的压力大于另一侧的邻近物体施加的压力。由于把运动的原因局限于碰撞和压力，笛卡尔否认超距作用的可能性，并且捍卫一种彻底机械论的因果观。

笛卡尔的机械论哲学是17世纪的一种革命性学说。许多接受它的思想家都认为，它要比那些接受磁力和引力等“隐秘”性质的竞争性观点更科学。从笛卡尔的观点来看，说一个物体朝着磁铁运动是因为这块磁铁施加了某种力，这等于什么也没有解释。人们同样可以说，这个物体朝着磁铁运动是因为它渴望拥抱磁铁。

由广延观念导出的另一条重要的物理原理是，所有运动都是物体的循环重组。笛卡尔推论说，如果一个物体改变了它的“位置”，那么为了防止出现真空，其他物体就必须同时发生位移。不仅如此，只有沿着一个封闭的环运动，有限数目的物体才能改变自己的位置而不造成真空。

笛卡尔坚称，上帝是宇宙中运动的最终原因。他认为，完美的上帝会“一下子”创造出宇宙。[34]笛卡尔断言，既然宇宙物质是一下子运动起来的，完美的上帝会保证这种运动永远守恒。否则宇宙就会像钟表一样最终停下来，它完全是一个工匠的产物。

笛卡尔从这条最一般的运动原理导出了其他三条运动定律：

定律一：静止的物体仍然保持静止，运动的物体仍然保持运动，除非受到其他物体的作用。

定律二：惯性运动是直线运动。[35]

定律三（A）：如果一个运动物体与第二个物体碰撞，而第二个物体对运动的阻力大于第一个物体继续自己运动的力，那么第一个物体将改变方向而不失去自己的任何运动。

定律三（B）：如果第一个物体所具有的力大于第二个物体所具有的阻力，那么第一个物体将会带着第二个物体一起运动，并且失去与传给第二个物体的运动相等的运动。

接着，笛卡尔由这三条定律为特定种类的碰撞演绎出了七条碰撞规则。这些规则并不正确，因为笛卡尔认为碰撞中的决定因素是大小而不是重量。在这些碰撞规则中，第四条也许是最声名狼藉的。这条规则说，一个运动物体不管速度如何，都不可能推动一个比它更大的静止物体。在陈述“广延”和“运动”概念所蕴含的东西时，笛卡尔提出了一组与观察到的物体运动不一致的规则。

笛卡尔声称，他所阐述的科学定律是其哲学原理的演绎推论。他在《方法谈》中写道，

> 我首先尝试一般地发现世界上存在或可能存在的一切事物的本原或第一因，除了业已创造这个世界的上帝本身，没有考虑任何可能实现这个目的的东西，或者除了自然存在于我们灵魂中的某些真理萌芽之外，没有从任何来源中导出这些来源或第一因。[36]

笛卡尔哲学的吸引力在很大程度上来自于它宽广的范围。笛卡尔从有神论—创世论的形而上学原理出发，导出了宇宙的一般定律。笛卡尔的科学真理金字塔可描绘如下：

笛卡尔的金字塔

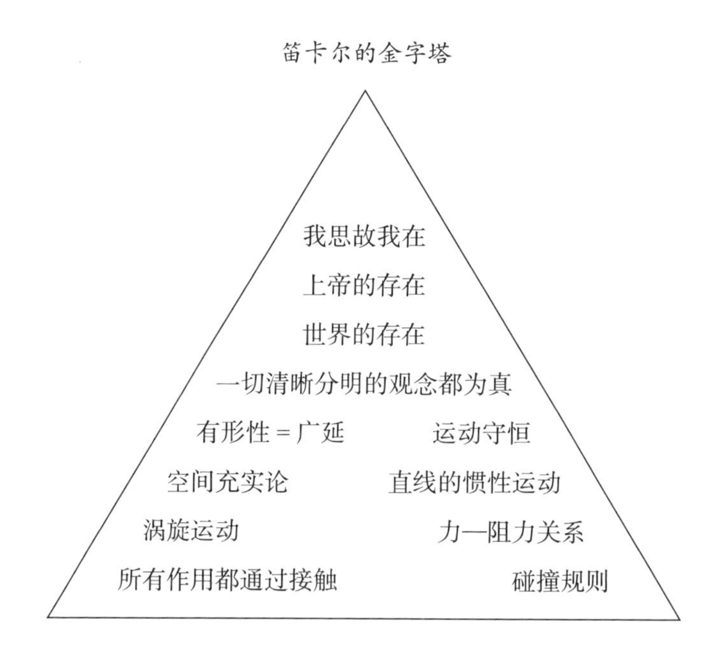

笛卡尔科学哲学对经验的强调

先验演绎的局限性

笛卡尔意识到，依靠演绎只能从金字塔顶端前进很短一段距离。由直觉上自明的原理进行的演绎在科学上用处有限。它只能产生最一般的定律。不仅如此，由于基本运动定律只限制了某些类型的情况下可能发生的事情，因此有无数事件序列都与这些定律相一致。大致说来，我们所知道的这个宇宙只不过是本可以按照这些定律创造出来的无穷多个宇宙中的一个罢了。

笛卡尔指出，仅仅考虑一般定律是不可能确定物理过程的进程的。例如，运动守恒定律规定，无论考虑什么过程，都不会引起运动的丧失。但是对于每一种类型的过程，都必须确定运动是如何在相关物体之间重新分配的。为了推出一则关于特定结果的陈述，就必须把关于该结果发生情况的信息包括在前提中。例如在解释生理过程时，除了一般的运动定律，前提必须包括关于解剖结构的特定信息。于是，在笛卡尔的科学方法论中，观察和实验的一个重要作用就是为某一类型的事件在什么条件下发生提供知识。

正是在这一点上，培根主义编纂自然志和寻求现象之间关系的纲领是有价值的。笛卡尔承认这主要归功于培根科学，但他否认有可能通过核对和比较观察到的事例来建立重要的自然定律。

假说在科学中的作用

在笛卡尔的科学方法论中，观察和实验的第二个重要作用是间接表明一些假说，明确规定与基本定律相一致的机制。笛卡尔认为，一个假说是否正当要看它能否与基本定律结合在一起解释现象。假说必须与基本定律相一致，但需要对它的特定内容加以调整，以推导出关于相关现象的陈述。

笛卡尔提出假说时常常基于从日常经验中得出的类比。他把行星的运动比做软木塞在旋涡中的旋转，把光的反射比做网球在坚硬地面上的反弹，把心脏的作用比做干草堆中产生热。在每一种情况下，与日常经验的类比都对最终的理论至关重要。

使用这种形象化的类比很可能有助于其宇宙理论的流行。但依靠这种类比往往会使笛卡尔误入歧途。

他对血液循环的解释便是一例。他专心致志于一种不恰当的类比，忽视了违反这种类比的实验证据。根据笛卡尔的说法，心脏按照干草堆中自发生热的模型产生热，静脉血进入心脏时使静脉血蒸发，从而扩张心脏，把血液推入动脉系统。笛卡尔的解释与事实相冲突。威廉·哈维（William Harvey）已经用实验表明，血液进入心脏伴随着心脏的**收缩**。笛卡尔读过和赞扬过哈维论血液循环的著作，但仍然选择维护他自己的假说。[37]

实验确证

正是在实验确证问题上，笛卡尔的科学方法论是最易受攻击的。显然，他至少在口头上承认实验确证的价值。比如他承认，关于一类现象的陈述可以从不止一组解释性前提中演绎出来，例如：

自然定律
对相关情况的陈述
假说 1

∴ E

自然定律
对相关情况的陈述
假说 2

∴ E

在这些情况下，笛卡尔明确说明应当寻找可以从包括假说 1 的前提中演绎出来、但无法从包括假说 2 的前提中演绎出来（或者反之亦然）的**其他**结果。

然而，笛卡尔的实际做法往往并不符合他对方法的复杂讨论。一般来说，他倾向于认为实验有助于提出解释，但并不是这些解释是否恰当的检验标准。

尽管笛卡尔的解释常常与事实不符，但他的宇宙理论有很大的吸引力。无论是追求确定性，还是意识到现象的复杂性，它都给予了应有的重视。据说一般自然定律是任何有反思能力的人都必须承认的必然真理的演绎推论。[38] 如果"运动的量"被解释成"动量"，就像马勒伯朗士（Malebranche）所坚称的那样，那么由此得出的碰撞规则并不与经验相冲突。但这些一般定律只有与特定的事实信息以及往往与假说结合在一起时才能解释现象。通过改变相关的假说，有可能消除理论与观察之间的不一致，从而保持一般的自然定律不变。笛卡尔体系中的这种灵活性是它在 17、18 世纪（经过适当修改）继续流行的一个原因。

注释

1 Galileo, *The Assayer*, trans. S. Drake, in *The Controversy on the Comets of* 1618, trans. 1 S. Drake and C. D. O'Malley (Philadelphia: University of Pennsylvania Press, 1960), 309.

2 Galileo, *On Motion*, trans. I. E. Drabkin, in Galileo, *On Motion and On Mechanics*, trans. I. E. Drabkin and S. Drake (Madison, Wis.: The University of Wisconsin Press, 1960), 14–16.

3 Galieo, *Dialogue Concerning the Two Chief World Systems*, trans. S. Drake (Berkeley, Calif.: University of California Press, 1953), 148;

Dialogues Concerning Two New Sciences, trans. H. Crew and A. de Salvio (New York: Dover Publications, 1914), 181–182;

"Second Letter from Galileo to Mark Welser on Sunspots", in *Discoveries and Opinions of Galileo*, trans. and ed. S. Drake (Garden City, NY: Doubleday Anchor Books, 1957), 113–114.

4 Galileo, *Two World Systems*, 56.

5 Galileo, *Two New Sciences*, 72.

6 Galileo, *Two World Systems*, 207–208.

7 Galileo, *Two New Sciences*, 276.

8 Ibid., 178.

9 Ibid., 276.

10 Ibid., 178–179.

11 Ibid., 172.

12 Galileo, *Discourse on Bodies in Water*, trans. T. Salusbury (Urbana, Ill.: University of Illinois Press, 1960), 22.

13 Galileo, *Two World Systems*, 361–364.

14 Galileo, *On Motion*, 37–38.

15 Galileo, *Two New Sciences*, 254–245, 85; *Two World Systems*, 450.

16 Galileo, *Two World Systems*, 207–208.

17 E. J. Dijksterhuis, *The Mechanization of the World Picture*, trans. C. Dikshoorn (Oxford: Clarendon Press, 1961), 402.

18 John F. W. Herschel, *A Preliminary Discourse on the Study of Natural Philosophy* (London: Longman, Rees, Orme, Brown and Green, and John Taylor, 1831), 113–114.

19 Francis Bacon, *Novum Organum*, *I*, Aphorism CVI.

20 Francis Bacon, *Novum Organum*, *II*, Aphorism X.

21 F. Bacon, 'Plan of the Work', in *The Works of Francis Bacon*, viii, ed. J. Spedding, R. L. Ellis, and D. D. Heath (New York: Hurd and Houghton, 1870), 41; *Novum Organum*, *I*, Aphorism XV.

22 F. Bacon, *Novum Organum*, *II*, Aphorism XXXVI .

23 F. Bacon, *Novum Organum*, *II*, Aphorism V.

24 F. Bacon, *Novum Organum*, *II*, Aphorisms XI–XXXVI.

25 见 Paolo Rossi, *Francis Bacon, From Magic to Science*, trans. S. Rabinovitch (London: Routledge & Kegan Paul, 1968), 195–198.

26 这些要求分别对应于彼得·拉穆斯（Peter Ramus）的真理规则和智慧规则。

27 F. Bacon, *Novum Organum*, *II*, Aphorism XX.

28 F. Bacon, *Novum Organum*, *II*, Aphorism XVII.

29 见 Benjamin Farrington, *The Philosophy of Francis Bacon* (Liverpool: Liverpool University Press, 1964), 30.

30 F. Bacon, *Novum Organum*, *II*, Aphorism *II*.

31 René Descartes, *Meditations on First Philosophy*, in *The Philosophical Works of Descartes*, trans. and ed. E. S. Haldane and G. R. T. Ross (New York: Dover Publications, 1955), i. 154.

32 Descartes, *The Principles of Philosophy*, Haldane and Ross, i. 260–263.

33 Gerd Buchdahl, *Metaphysics and the Philosophy of Science* (Oxford: Blackwell, 1969), 125.

34 笛卡尔并没有解释为什么一个完美的上帝必然会选择一下子创造出宇宙，而不是通过物质和运动进行持续的创造。

35 而不是伽利略认为的圆周运动。

36 Descartes, *Discourse on the Method of Rightly Conducting the Reason*, Haldane and Ross, i. 121.

37 Ibid., i. 112.

38 笛卡尔小心翼翼地强调，上帝并不必然按照金字塔的定律来创造宇宙。这些定律并不是对上帝创造活动的限制。事实上，笛卡尔认为上帝有能力创造一个存在矛盾的世界。例如，上帝本可以创造这样一个世界，其中圆有不同长度的半径，山没有山谷。[Descartes, 'Letter to Mersenne (May 27, 1630)', 'Letter for Arnauld (July 29, 1648)', in *Descartes—Philosophical Letters*, trans. and ed. A. Kenny (Oxford: Clarendon Press, 1970), 15, 236–7.] 不用说，这种可能性超出了人的理解力。

然而，笛卡尔始终坚称自然现象的本质是广延和运动。从他常见的说法来看，就好像基本的运动定律（对于上帝的确创造的这个世界来说）不可能是其他样子似的。这些定律并不仅仅是对观察的经验概括。毋宁说，它们清晰分明地把握了对宇宙结构的洞察。

第八章　牛顿的公理方法

艾萨克·牛顿（1642—1727）出生于林肯郡的乌尔索普（Woolsthorpe）。他出生之前，身为自耕农的父亲就去世了。牛顿三岁时，母亲改了嫁，此后牛顿主要由外祖母抚养，直到其继父于1653年去世。

牛顿就读于剑桥大学三一学院，并于1665年获得文学士学位。1665—1667年间，牛顿为躲避瘟疫而回到了乌尔索普。在这段时期里，牛顿显示出了无穷的创造力。他提出了二项式定理，发明了“流数法”（微分），制作了第一架反射式望远镜，并且渐渐认识到引力吸引的普遍性。

1669年，牛顿被任命为剑桥大学数学教授，1672年当选皇家学会会员。此后不久，他向学会报告了他关于光的折射性的发现，这导致他与罗伯特·胡克等人发生了旷日持久的争论。《自然哲学的数学原理》（*Mathematical Principle of Natural Philosophy*, 1687年）甫一出版，他与胡克之间的争论就加剧了。胡克指控说，牛顿剽窃了他的见解，即可以用直线的惯性原理与太阳发出的$1/r^2$的力的结合来解释行星的运动。牛顿回应说，他先于胡克得出了这个结论，而且只有他能证明$1/r^2$力的定律会导出椭圆行星轨道。

1696年，牛顿担任造币厂厂长，并且显示出卓越的管理才能。1703年，他被选为皇家学会会长，并且利用这一有利地位就发明微分法的优先权问题与莱布尼茨争论不休。1704年，牛顿出版了《光学》（*Opticks*），这是实验研究的典范之作。在该书结尾的“疑问”中，他阐述了自己对科学方法的看法。

牛顿终生都从独神论派（Unitarian）立场来研究《圣经》的记载。其手稿中包含有关于古代王国年表和注释《但以理书》的大量笔记。

分析综合法

牛顿关于科学方法的评论主要是针对笛卡尔及其追随者的。笛卡尔试图从形而上学原理中导出基本的物理定律。牛顿反对这种建立自然理论的方法。他坚称，自然哲学家的概括应当建立在对现象进行认真考察的基础上。牛顿宣称，“虽然从实验和观察出发的归纳论证并不能证明一般结论，但它仍然是事物的本性所容许的最佳论证方式”。[1]

牛顿通过肯定亚里士多德的科学程序理论来反对笛卡尔的方法。他把这种归纳—演绎程序称为“分析综合法”。牛顿坚称，科学程序应当既包括归纳阶段又包括演绎阶段，从而肯定了格罗斯泰斯特和罗吉尔·培根在 13 世纪以及伽利略和弗朗西斯·培根在 17 世纪初所捍卫的一种立场。

牛顿对归纳—演绎程序的讨论在两个方面超越了前人。他一贯强调需要用实验来确证通过综合演绎出的推论，并强调演绎出的推论应当超出原有的归纳证据。

牛顿对分析综合法的运用在《光学》研究中结出了硕果。例如，在一个著名的实验中，牛顿让一束太阳光穿过一个棱镜，使暗室远处的墙上出现了一个拉长了的彩色光谱。

牛顿用分析法归纳出了解释性原理，即太阳光由各种颜色的光线所组成，棱镜使每一种颜色的光都发生了特定角度的折射。在牛顿看来，这并非简单的归纳概括。牛顿并非只是断言，在类似的条件下，所有棱镜都会产生与他的观察类似的光谱。他更重要的结论涉及光的本性，断言太阳光由折射性质不同的光线所组成，要求一种“归纳的跳跃”。毕竟，对这一证据还可以作出别的解释。例如，牛顿或许可以断言，太阳光是不可分的，谱色是由棱镜内的某种次级辐射造成的。

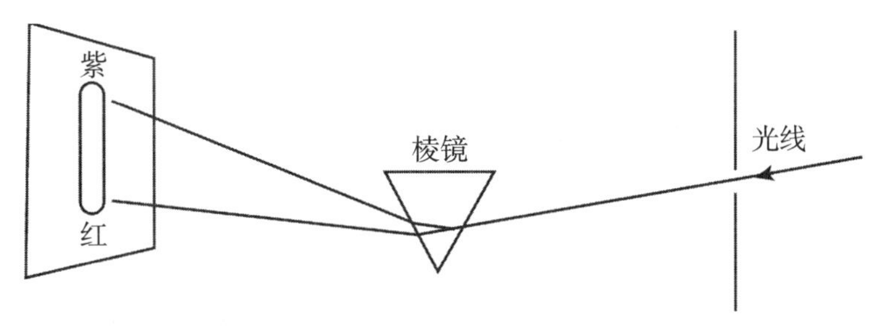

牛顿的单棱镜实验

太阳光的确是由不同颜色和不同折射性质的光线组成的，提出这一“理论”之后，牛顿又用综合法导出了该理论的进一步推论。他指出，如果他的理论是正确的，那么穿过棱镜的某种颜色的光应使光束以这种颜色所特有的角度发生偏转，而不会使光束分解成其他颜色。牛顿让来自光谱的一个小光带的光穿过第二个棱镜，从而确证了其颜色理论的这个推论。[2]

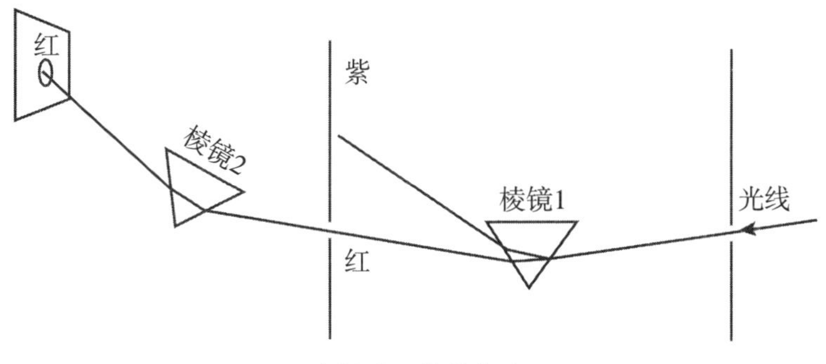

牛顿的双棱镜实验

归纳概括与运动定律

在伟大的动力学著作《自然哲学的数学原理》（1687 年）中，牛顿也声称遵循了分析综合法。他在这部著作中说，他运用分析法提出了运动三定律。牛顿宣称，在实验哲学中，“从现象中推导出特殊命题，然后通过归纳使之成为一般命题。物体的不可入性、可动性、冲力以及运动定律和引力定律就是这样发现的”。[3]

牛顿并没有讨论从现象到特殊命题再到运动定律这一归纳过程的实质。运动定律是运用分析法而发现的，这种说法是否正确依赖于在多广的意义上来理解“归纳”。

例如亚里士多德承认，直觉洞察是一种合法的归纳法。于是，亚里士多德的程序理论能够解释关于无重量且无限刚性的杠杆、理想摆和惯性运动的概括。事实上，很难找到一种起源不能归因于直觉洞察的科学解释。

然而，大多数自然哲学家都对归纳持一种更为严格的看法，将其限制在用来概括观察结果的少数技巧上。这些技巧包括简单枚举法、求同法和差异法。

显然，牛顿定律并不是通过运用这些归纳技巧而发现的。考虑第一定律，它明确说明了不受外力作用的物体的行为。但这样的物体并不存在。即使存在这样一个物体，我们也可能对它一无所知。对物体进行观察需要有观察者或某种记录仪器，但在牛顿看来，宇宙中每一个物体都会对所有其他物体施加一种引力吸引。被观察的物体不可能摆脱外力作用。因此，惯性定律并不是对观察到的特殊物体的运动所作的概括，而是由这些运动所作的抽象。

绝对空间和绝对时间

此外，牛顿还坚持说，运动三定律明确说明了物体在绝对空间和绝对时间中如何运动。这是牛顿所作的进一步抽象。牛顿将绝对时空与用实验测定的运动的“可感量度”作了对比。

牛顿关于物体在绝对时空中的“真实运动”与这些运动的“可感量度”之间的区分有一种柏拉图主义意味，即暗示了实在与现象的二分。牛顿认为，绝对空间和绝对时间在本体论上先于个别实体及其相互作用。他还认为，通过绝对空间中的真实运动可以理解可感运动。

牛顿认识到，要想确定物体运动的可感量度是它的真实运动，或者可感运动以某种特定的方式与它的真实运动有联系，就必须指明绝对时间间隔和绝对空间中的坐标。但他不确定这些要求能否得到满足。

关于绝对时间，牛顿宣称：“也许并没有可以精确度量时间的匀速运动这样一种东西。所有运动都可以被加速和减速，但绝对时间的流逝不会发生任何改变。”[4]但牛顿的确说过，时间的某些可感量度要比其他可感量度更为可取。他指出，为了定义时间间隔，木星卫星的掩食和摆的振动要优于太阳围绕地球的视运动。[5]

但是，即使可以度量绝对时间，在确定一个物体的绝对运动之前，仍然有必要确定该物体在绝对空间中的位置。牛顿确信，绝对空间必定存在，为此他提出了神学和物理学上的论证，但他不太确定能否确定物体在绝对空间中的位置。

牛顿基于神学理由认为，自从宇宙被从无中创造出来，必定有一个容器，受造物在其中分布着。他指出，绝对空间是造物主的一种“流溢效应”，是“对万物的一种安排”，它既不是上帝的属性，也不是与上帝永远共存的东西。牛顿批评笛卡尔把广延与物体等同起来是给无神论敞开了大门，因为根据笛卡尔的说法，我们可以获得一种清晰分明的广延观念，而与物体作为上帝造物的本性无关。[6]

牛顿为证明绝对空间存在而提出的最重要的物理论证是他对盛满水的水桶的旋转运动所作的分析。[7]他注意到，如果用一根扭转的绳子吊起这样一个水桶，随着绳子的展开让水桶旋转，则水面在一段时间里会保持为一个平面，然后渐渐呈凹形。最终，水和桶将以同样的速度旋转。牛顿的实验表明，不能把水面的形变与水相对于桶的加速联系起来，因为当相对加速存在时，水面先是平面，后变成凹面，而当相对加速不存在时，水面要么是平面，要么是凹面。

牛顿的水桶实验

事件	地心坐标系中水相对于桶的加速	水面
1. 水桶静止	无	平
2. 水桶被释放	有	平
3. 转得最快时	无	凹
4. 水桶被阻止转动	有	凹
5. 水静止	无	平

牛顿坚持认为，水面的形变暗示有一个力在起作用。运动第二定律把力与加速联系起来。但水的这种加速是相对于什么的加速呢？牛顿断言，既然与形变有关的加速不是相对于水桶的加速，那它必定是相对于绝对空间的加速。[8]

后来许多作者都指出，牛顿的结论并不是从他的实验发现中得出来的。例如恩斯特·马赫（Ernst Mach）指出，形变与相对于绝对空间的加速无关，而是与相对于恒星的加速有关。[9]

然而，即使牛顿断言水桶实验证明了绝对运动的存在是正确的，这也不足以指定一个坐标系来确定绝对空间中的位置。牛顿承认这一点。他还承认，也许并没有一个物体相对于绝对空间处于静止，并且在测量绝对空间中的距离时充当参考点。[10]

因此牛顿承认，观察到的运动与绝对空间中的真实运动之间可能达不到完全令人满意的对应。他对这个对应问题的明确讨论表明，他在《自然哲学的数学原理》中所遵循的是一种公理方法，而不是分析归纳法。

公理方法

牛顿的公理方法有三个阶段。第一阶段是提出一个公理系统。在牛顿看来，公理系统是通过演绎组织起来的一组公理、定义和定理。公理是不可能由系统中的其他命题推导出来的命题，定理则是由这些公理演绎出来的推论。运动三定律就是牛顿力学理论的公理。它们规定了“匀速直线运动”、“运动变化”、“施加的力”、“作用”和“反作用”等术语之间的不变关系。这些公理是：

一、每一个物体都保持其静止状态或沿直线做匀速运动的状态，除非有施加的力迫使其改变这种状态。

二、运动的变化正比于所施加的驱动力，并且沿着施加这个力的直线方向发生。

三、每一个作用都有一个相等的反作用，换句话说，两个物体彼此之间的作用总是大小相等，方向相反。[11]

牛顿把公理中出现的“绝对大小”与实验测定的“可感量度”清楚地区分开来。公理是描述物体在绝对空间中真实运动的自然哲学的数学原理。

公理方法的第二阶段是明确指明把公理系统的定理与观察关联起来的程序。牛顿通常会要求，公理系统应与物理世界中的事件联系起来。

然而，他也的确提出了一种颜色混合理论，在这个理论中，公理系统并没有与经验恰当地联系起来。[12] 牛顿明确指出，画一个圆，将它分成七个扇形，每一个扇形代表光谱中的一种“主要颜色”，并使扇形的宽度与八音中的音程成正比。他进一步指明，每个扇弧的中点处都有一个半径大小不等的圆，代表这块混色板中每一种颜色的“光线数”。牛顿指出，这些圆的重心给出的就是混色板由此得到的颜色。

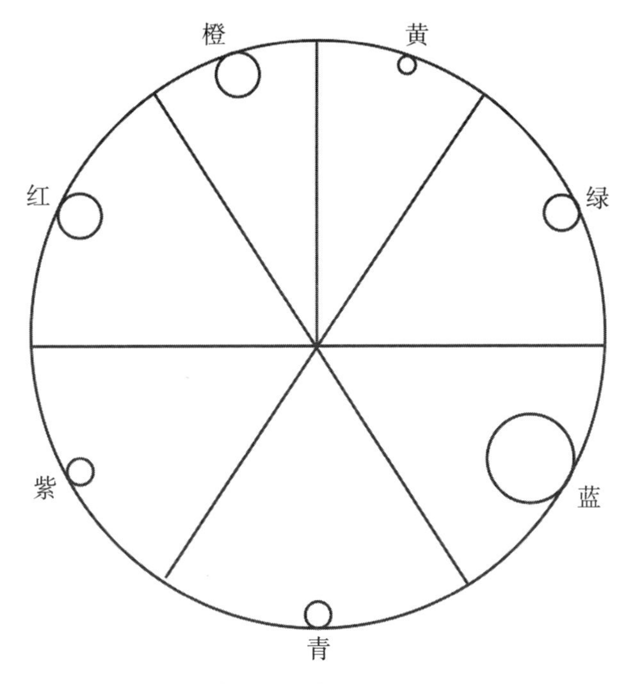

牛顿的颜色混合理论

牛顿将圆分割以满足音乐和谐的公理让人想起了开普勒的毕达哥拉斯

主义思辨。当然，这条公理并不是一种归纳概括。不过，即使没有证据支持分圆公理，如果混色的结果可以由它计算出来，那么这个理论还是有用的。但牛顿未能对“光线数”一词提供经验解释。由于没有规定如何测定圆的直径，牛顿的颜色混合理论并没有经验意义。

另一方面，牛顿力学的确有经验意义。牛顿的确把他的力学公理系统与物理世界中的事件联系了起来。通过选择“对应规则”，把关于绝对时空间隔的陈述转换为被测量的时空间隔的陈述，他获得了所需要的联系。

就空间间隔而言，牛顿以“假说”断言，太阳系的重心是固定不动的，因此是确定绝对距离的一个合适的参考点。这样，他便通过选择一个以太阳系重心为原点的坐标系而把他的公理系统应用于实际的运动。

I. 伯纳德·科恩（I. Bernard Cohen）指出，牛顿在这种语境下所说的“假说”是一个他无法证明的命题。[13] 然而，尽管牛顿无法证明太阳系的重心是固定不动的，但他的假说与他对水桶实验的解释是一致的。根据这种解释，水朝着桶壁的后退是相对于绝对空间的一种加速。根据牛顿的说法，这种离心加速度反映了将相对于绝对空间的运动与纯粹的相对运动区分开来的那些效应。[14] 牛顿认为，“使地球竭力远离太阳的运动”同样是一种绝对运动。[15] 既然太阳系的重心就是这种旋转运动（至少就这种运动是近似的圆周运动而言）的“中心”，牛顿的假说与他对绝对运动的看法是相符合的。

就时间间隔而言，牛顿并未指明应把某个周期过程当作绝对时间的量度。不过，通过字里行间的解读，可以认为牛顿提出了一种把绝对时间与其可感量度联系起来的程序。通过考察用各种不同的测时方法来确定的时间相关序列，就可建立这样一种联系。例如，沿斜面滚下的小球的距离—时间关系如果用摆的摆动测时要比用从水桶孔中流出的水量测时“更有规律”，那么摆钟就是绝对时间更好的“可感量度”。[16]

于是，牛顿小心翼翼地区分了一个公理系统的抽象状况和它在经验中的应用。见下图：

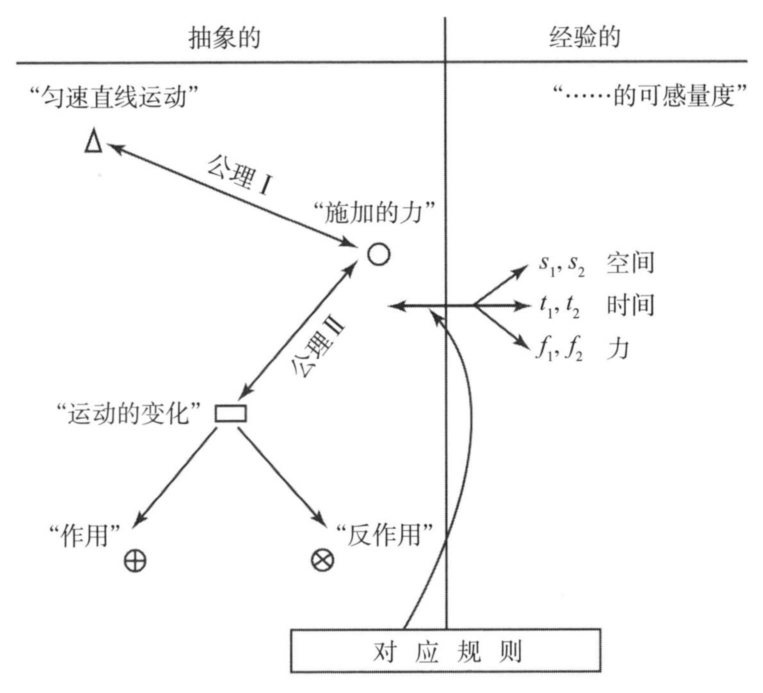

1. 太阳系的重心被当作绝对空间的中心。
2. 选择绝对时间的“最佳量度”。
3. 运动物体被设想成由无数个质点组成的系统。
4. 指定实验程序来测量施加的力的值。

牛顿解释的力学公理系统

在《自然哲学的数学原理》中，牛顿始终坚持着公理系统与它在经验中的应用的区分。例如，在讨论流体动力学的章节里，他区分了在各种假想的阻力条件下对运动进行描述的“数学动力学”与它在经验中的应用。在用实验确定了特定介质的阻力如何随穿过它的物体的速度而变化后，数学动力学就得到了应用。公理系统与其实际应用的区分是牛顿为科学方法论所做的最重要的贡献之一。它将科学知识演绎系统化的理想提升到了新的更高水平。

牛顿公理方法的第二阶段是确证用经验解释的公理系统的演绎结果。一旦指明程序把公理系统的术语与现象联系起来，研究者就必须设法确立公理系统的定理与观察到的物体运动之间的一致性。

牛顿认识到，逐渐修改最初的假设往往可以增加一致程度。例如，通过修改最初假设的地球是一个同质的球体，他改进了其月球运动理论的经验符合度。这种反馈程序就是I. 伯纳德·科恩所说的自然哲学中“牛顿风格”的一个重要方面。[17]

牛顿本人在他用经验解释的力学公理系统与天地物体的运动之间建立了广泛的一致性。他用碰撞的摆所做的实验就是一例。牛顿表明，在对空气阻力作了适当校正之后，无论摆锤是由钢、玻璃、软木还是羊毛制成的，作用与反作用都相等。

就这样，牛顿肯定和实践了两种科学程序理论——分析综合法和一种公理方法。指出牛顿并没有始终牢记这两种程序理论之间的区分，我认为这无损于他的天才形象。

分析综合法与公理方法都以解释和预言现象为共同目标。但它们在一个重要方面是不同的，特别是如果对哪些技巧能被称为“归纳”持一种狭窄看法的话。遵循分析法的自然哲学家试图从观察和实验的结果中作出概括，而公理方法则更强调富有创造力的想象。采用这种方法的自然哲学家可以从任何地方开始。但只有能与可观察的现象联系起来，他所创造的公理系统才与科学相关。

“我不杜撰假说”

牛顿同意伽利略的看法，认为第一性质是物理学的固有主题。根据牛顿的说法，科学研究的起点和终点乃是确定“明显性质”的值，即现象的那些可以用实验测量的方面。

牛顿试图把他的“实验哲学”的内容限制在关于明显性质的陈述、由这些陈述导出的“理论”，以及指导进一步研究的疑问。特别是，他试图把“假说”从实验哲学中排除出去。

牛顿对“理论”和“假说”等术语的使用并不符合现代用法。他把“理论”一词用于表示明显性质的术语之间不变的关系上。他有时会把这些不变的关系称为从现象中“导出”的关系，但很可能是指其中的某些关系存在着强有力的归纳证据。在牛顿的一种用法中，“假说”中所涉及的术语指的是测量程序未知的“隐秘性质”。[18]

只要牛顿基于实验的“理论”被人称为“假说”，他很快就会怒不可遏。例如，当数学家帕迪斯（Pardies）不慎把牛顿的颜色理论称为一种“非常巧妙的假说”时，[19] 牛顿立刻纠正了他。牛顿强调，有令人信服的证据表明，太阳光是由不同颜色和折射性质的光线所组成的。他将他的“理论”，即光有某些折射性质，与任何有可能解释这些性质的关于波或微粒的“假说”认真地区分开来。[20]

关于引力吸引的“理论”，牛顿持一种类似的立场。他坚称，他已确定了引力吸引的存在性以及它的作用方式，从而解释了行星的运动、潮汐以及其他各种现象。但他不愿把这种“理论”与关于引力背后原因的特定假说联系在一起而使之受到破坏。他写道：“我不杜撰假说。”[21]

他的禁令主要针对的是通过笛卡尔的不可见以太涡旋假说来“解释”引力吸引。牛顿在《自然哲学的数学原理》中表明，笛卡尔涡旋假说的推论与观察到的行星运动并不一致。

然而在其他语境下，牛顿还是愿意接受那些解释明显性质之间关系的假说的。事实上，牛顿本人曾经考虑过一种关于以太介质产生引力吸引的假说。但牛顿强调，这些假说的功能是指导未来的研究，而不是充当徒劳的争论的前提。

哲学推理的规则

为了指导探索富有成果的解释性假说，牛顿提出了四条规范原理，它们在《自然哲学的数学原理》第一版中被称为“假说”，在第二版中被称为“哲学推理的规则”。这些规范原理是：

Ⅰ. 除那些真实且足以说明其现象者外，不必去寻求自然界事物的其他原因。

Ⅱ. 所以对于自然界中同一类结果，必须尽可能地归于同一种原因。

Ⅲ. 物体的属性，凡既不能增强也不能减弱者，又为我们实验范围所及的一切物体所具有者，就应被视为所有物体的普遍属性。

Ⅳ. 在实验哲学中，我们必须把那些从各种现象中运用一般归纳而得出的命题看成是完全正确，或是近乎正确的；虽然我们可以设想一些假说与之相反，但在没有别的现象能使之更加正确或出现例外以前，我们仍然应当遵守这条规则，以免用假说来逃避通过归纳而得到的论证。[22]

在支持规则Ⅰ时，牛顿求助于节约原理，宣称大自然“不爱用多余的原因来夸耀自己”。但牛顿所谓的“真实原因”究竟是指什么或本应指什么，这是一个有争议的问题。例如，威廉·休厄尔和约翰·斯图亚特·密尔都批评牛顿未能指明确认真实原因的标准。休厄尔指出，如果牛顿是指把某一类现象的“真实原因”限定于已知能够有效地产生其他类型现象的原因，那么规则Ⅰ就过于严格了。这将预先排除新原因的引入。然而，休厄尔并不确定这是否是牛顿的本意。他指出，牛顿也许只想把原因的引入限定于那些与前已确立的原因“种类上相似”的原因。休厄尔指出，用如此解释的规则Ⅰ来指导科学研究未免太模糊不清了。任何假说性的原因都可能被说成展示了与先前确立的原因的**某种**相似性。休厄尔排除了这些不恰当的选项，认为牛顿所说的“真实原因”应该是指某个理论中描述的原因，该理论受到了从各类现象的分析中得到的归纳证据的支持。[23]

密尔也对“真实原因”作了类似的解释，以反映他自己的哲学立场。密尔认为归纳是一种证明因果联系的理论，与这种观点相一致，他坚持认为，“真实原因”的区别之处在于，它与被归因于它的结果之间的联系可以通过独立的证据来证明。[24]

在评论规则Ⅲ时，牛顿指出，满足这条规则的性质包括广延、硬度、不可入性、可动性和惯性。牛顿主张，应当认为这些性质是所有物体都具有的普遍性质。此外他还坚称，这些性质也是物体微小部分所具有的性质。在《光学》的“疑问31”中，他提出了一种研究纲领来发现支配物体微小部分之间相互作用的力。牛顿希望，研究短程力能够整合物态变化、溶解、化合物的形成等物理-化学现象，就像万有引力定律实现了地界动力学与天界动力学的整合一样。后来，波斯科维奇（Boscovich）和莫索蒂（Mossotti）对牛顿的研究纲领作了理论发展，法拉第的电磁学研究和测量化学元素亲和力的各种尝试实际贯彻了它。[25]

科学定律的偶然性

牛顿拒绝接受从不容置疑的形而上学原理中导出科学定律的笛卡尔纲领。他否认能以任何方式获得关于科学定律的必然知识。根据牛顿的说法，自然哲学家也许可以确定现象以某种方式联系在一起，但不能确定这种联系不可能是别的样子。

诚然，牛顿的确曾经提出，如果我们知道作用于物质微小部分的力，我们就能理解为什么宏观过程会以那种方式发生。但牛顿并未坚称这种知识构成了必然的自然知识。恰恰相反，他认为对自然过程的一切解释都是偶然的，可以根据进一步的证据加以修正。

注释

1　Isaac Newton, *Opticks* (New York: Dover Publications, 1952), 404.

2　Ibid., 45–48.

3　Newton, *Mathematical Principles of Natural Philosophy*, trans. A. Motte, revised by F. Cajori (Berkeley, Calif.: University of California Press, 1962), ii. 547.

4　Ibid., i. 8.

5　Ibid., i. 7–8.

6　Newton, *Unpublished Scientific Papers of Isaac Newton*, trans. and ed. A. R. Hall and M. B. Hall (Cambridge: Cambridge University Press, 1962), 132–143.

7　许多人都认为牛顿引用水桶实验是为了证明绝对空间存在。然而 Ronald Laymon 已经指出，牛顿描述旋转水桶仅仅是为了说明，根据绝对空间的确存在这一先行假设可以把绝对运动与相对运动区分开来。[Ronald Laymon, ‘Newton’s Bucket Experiment’, *J. Hist. Phil*. 16 (1978), 399–413.]

8　Newton, *Mathematical Principles*, i. 10–11.

9　Ernst Mach, *The Science of Mechanics*, trans. T. J. McCormack (La Salle, Ill.: Open

Court Publishing Co., 1960), 271–297.

10 Newton, *Mathematical Principles*, i. 8.

11 Ibid., i. 13.

12 Newton, *Opticks*, 154–158.

13 I. Bernard Cohen, *Franklin and Newton* (Philadelphia: The American Philosophical Society, 1956), 139.

14 Newton, *Mathematical Principles*, i. 10.

15 Newton, *Unpublished Scientific Papers*, 127.

16 例如参见 S. Toulmin, 'Newton on Absolute Space, Time, and Motion', *Phil. Rev.* 68 (1959); E. Nagel, *The Structure of Science* (New York: Harcourt, Brace, and World, 1961), 179–183。

17 I. Bernard Cohen, *The Newtonian Revolution* (Cambridge: Cambridge University Press, 1980), 52–154.

18 科恩曾经讨论过"假说"一词在牛顿著作中的九种含义（*Franklin and Newton*, 138–140）。

19 Ignatius Pardies, 'Some Animadversions on the Theory of Light of Mr. Isaac Newton', in *Isaac Newton's Papers and Letters on Natural Philosophy*, ed. I. B. Cohen (Cambridge, Mass.: Harvard University Press, 1958), 86.

20 Newton, 'Answer to Pardies', in *Isaac Newton's Papers and Letters on Natural Philosophy*, 106.

21 Newton, *Mathematical Principles*, ii. 547. 还可见 A. Koyré, *Newtonian Studies* (Cambridge, Mass.: Harvard University Press, 1965), 35–36.

22 Newton, *Mathematical Principles*, ii. 398–400.

23 第九章讨论了休厄尔的"归纳的一致性"（consilience of inductions）概念。

24 第十章讨论了密尔对因果关系的看法。

25 A. Thackray 在 *Atoms and Powers* (Cambridge, Mass.: Harvard University Press, 1970) 中讨论了牛顿的研究纲领在 18 世纪科学中所扮演的角色。

第九章　新科学对科学方法论的暗示

一、科学定律的认知地位

约翰·洛克（1632—1704）生于灵顿（萨默塞特），他就读于牛津大学，1660 年在那里任希腊语和哲学讲师，后对医学感兴趣，在牛津获得行医执照。

1660 年，洛克为沙夫兹伯里（第一）伯爵服务，并成为这位有影响的政治家的医生、朋友和顾问。沙夫兹伯里伯爵大权旁落之后，洛克流亡荷兰。在荷兰期间，洛克完成了他的《人类理解论》（*Essay Concerning Human Understanding*，1690 年），提出了对科学前景和局限性的看法。1689 年奥兰治的威廉（William of Orange）登基后，洛克的政治命运立刻好转。他返回英格兰在行政部门任职。

戈特弗里德·威廉·莱布尼茨（1646—1716）的父亲是莱比锡大学的道德哲学教授。莱布尼茨博览群书，在莱比锡大学研究哲学，在耶拿大学研究法学。

成年以后，莱布尼茨的生活主要是在宫廷里度过的，先在美因茨，后在汉诺威。在此期间，他被委以外交使命，这使他能够接触到政治和思想界的许多领袖人物。莱布尼茨为法律改革、新教统一和科技进步不知疲倦地工作着。他与当时第一流的思想家广泛通信，凭借其皇家学会会员、法国科学院院士和普鲁士科学院院士的身份积极促进科学合作。具有讽刺意味的是，他晚年就微积分发明的优先权与牛顿的追随者发生了激烈的论战。

大卫·休谟（1711—1776）在爱丁堡大学学习法律，但没有获得学位就离开了。他为了研究哲学而忽视了法律学习。休谟在兰斯和拉弗莱什生活了几年，在那里完成了《人性论》（*Treatise of Human Nature*，1739—1740年）。

休谟对这本书所得到的反应大失所望，说它“刚印出来就夭折了”。他并未气馁，在《人类理解研究》（*An Enquiry Concerning Human Understanding*，1748年）中对《人性论》作了修订和通俗化。休谟还发表了《道德原理研究》（*Enquiry Concerning the Principles of Morals*，1751年）和一部长篇的《英国史》（*History of England*，1754—1762）。

休谟试图在爱丁堡大学和格拉斯大学谋求职位，但没有成功。他的反对者声称他是异端甚至是无神论者。1763年，休谟被任命为英国驻法大使的秘书，后来巴黎社会以名人待之。

伊曼努尔·康德（1724—1804）在其家乡柯尼斯堡附近度过了整个一生。他在柯尼斯堡大学学习哲学和神学，1770年成为那里的逻辑学和形而上学教授。在《纯粹理性批判》（1781年）和《判断力批判》（1790年）中，康德阐述了规范原理在科学研究中的重要性。

洛克论必然自然知识的可能性

和牛顿一样，约翰·洛克也相信原子论，他明确阐述了要想获得必然的自然知识必须满足什么条件。根据洛克的说法，我们必须知道原子的构形和运动，以及原子的运动如何在观察者中产生了第一性质和第二性质的观念。他指出，如果能够满足这两个条件，我们就会先验地知道，金必定溶于王水但不溶于硝酸，大黄必定有通便作用，鸦片必定使人困倦。[1]

洛克认为，我们对于原子的构形和运动一无所知。但他通常的立场是，这种无知是偶然的，因为原子极为微小。我们也许原则上能够克服这种无知。然而，即使能够做到这一点，我们也仍然无法获得关于现象的必然知识。这是因为我们不知道原子是如何显示出某些能力的。洛克认为，构成物体的原子凭借其运动能在我们之中产生颜色、声音等第二性质的观念。此外，某个物体的原子还能影响其他物体的原子，以改变这些物体影响我们感官的方式。[2]洛克曾经宣称，只有凭借神的启示，我们才能知道原子的运动是如何在我们之中产生这些影响的。[3]

在某些篇章中，洛克提出有一条不可逾越的认识论鸿沟将原子的“真实世界”与构成我们经验的观念领域分隔开来。他对那些关于原子结构的假说不感兴趣。洛克科学哲学的一个奇特特征是，虽然他总是把宏观结果归因于原子的相互作用，但他并未尝试把具体结果与关于原子运动的特定假说关联起来。正如约耳顿（Yolton）所指出的那样，洛克基于广泛的自然志，给科学推荐了一种关于关联和排除的培根式方法论。[4]这涉及焦点从“真实的本质”（物体的原子构形）转移到“名义的本质”（观察到的物体性质和关系）。

洛克坚称，由科学最多只能获得关于“现象”的联系和相继的一系列概括。这些概括最多是有可能实现的，并不能满足关于必然真理的理性主义理想。带着这种心情，洛克有时会贬低自然科学。他曾经承认，与未经训练的观察者相比，训练有素的科学家会用一种更复杂的方式来看待自然，但他坚持认为，这“仅仅是判断和意见，而不是知识和确定性”。[5]

然而在别的地方，洛克又从他关于物体原子的第一性质（独立于我们的知觉经验而存在）与我们关于第二性质的观念之间的区分所蕴含的怀疑的可能性中退缩了。他相信，自然之中的确存在着必然联系，即使这些联系是人所无法理解的。洛克常常在跨越认识论鸿沟的意义上使用“观念”一词。根据这种用法，“观念”是原子的“真实世界”作用的结果。例如，一块红斑的观念是感知主体所具有的，但它也是外在于主体的过程（至少在正常的观看情况下）以某种方式产生的结果。洛克确信，正是物质原子组分的运动引起了我们关于颜色和味道的观念，即使我们不知道这究竟是如何发生的。贝克莱和休谟仍然要求为这一假设提出正当理由。

莱布尼茨论科学与形而上学的关系

洛克的同时代人莱布尼茨更乐观地估计了科学所能获得的成就。莱布尼茨是对数学和物理学作出了重要贡献的从事实际活动的科学家。他从他的科学发现自信地外推到形而上学论断。事实上，莱布尼茨在科学理论与形而上学原理之间建立了一种互动。他不仅用基于科学理论的类比论据来支持他的形而上学原理，而且也用形而上学原理来指导对科学定律的探索。

一个例子是对碰撞现象的研究与连续性原理之间的关系。莱布尼茨用连续性原理批判笛卡尔的碰撞规则。他指出，根据笛卡尔的说法，如果两个同样大小和速度的物体迎面相撞，则它们碰撞后速度相同，方向相反；但如果一个物体大于另一个物体，则两物体碰撞后将沿着较大物体的移动方向继续移动。莱布尼茨反驳说，无穷小的物质增加能够导致行为的不连续变化，这是不合理的。[6] 纠正了笛卡尔的碰撞规则之后，莱布尼茨愿意诉诸碰撞现象来支持一种本体论主张：大自然始终在起作用以避免不连续性。

类似的互动也存在于莱布尼茨对物理学的极值原理与完美性原理之间关系的讨论中。例如他论证说，由于大自然总是在一组选项中挑选出最容易或最直接的作用过程，所以光线从一种介质进入另一种介质服从斯涅耳定律。通过把他发明的微分学应用于光线的“路径难度”（路径长度乘以介质阻力）是极小值的情况，莱布尼茨推导出了斯涅耳定律。他认为这一成功支持了一条形而上学原理，即上帝对宇宙的统治实现了最大程度的“简单性”和“完美性”。[7]

活力（mv^2）守恒与单子活动原理之间的关系进一步证明了莱布尼茨关于物理学与形而上学相互依赖的观点。一方面，莱布尼茨由物理过程中的活力守恒，通过类比把存在本身刻画成一种“内在努力”（internal striving）。另一方面，他确信形而上学层面的单子活动必定在物理层面有其相关物，这使他转而寻求在物理相互作用中守恒的某种“实体”。

布赫达尔把惠更斯和莱布尼茨对碰撞过程的分析作了对比，提醒我们注意莱布尼茨形而上学信念的重要性。惠更斯只是顺便指出，作为数学参量之乘积的 mv^2 在这些过程中保持不变，而莱布尼茨则把活力“实体化”了，他认为活力守恒是一条一般的物理原理。

莱布尼茨试图对宇宙作这样一种解释，即目的论考虑可以支持聚焦于质料因和动力因的机械论世界观。极值原理、守恒原理和连续性原理都很适合把机械论观点与目的论观点整合起来。例如就极值原理而言，目的论的含义是自然过程以某些方式发生，**以使**某些量达到极小（或极大）值。为了主张在完美的上帝创造的宇宙中自然过程是满足这些原理的，莱布尼茨急于迈出这一小步。

洛克抱怨说，我们不可能从认识性质的联系前进到认识事物的内部组成或“真实本质”。对于这个认识论鸿沟，莱布尼茨持一种完全不同的态度。他承认，在现象层面，科学家只能达到或然性或“或然确定性”。但他确信，他所表述的一般形而上学原理是必然真理。个体实体（单子）按照确保其和谐相互关系的完美性原理而必然地展开。我们可以确定，这种单子活动构成了现象的“基础”，但我们不可能知道，形而上学原理**必定**以某种特殊方式在现象层面得到例示。

莱布尼茨往往强调其形而上学原理的确定性，而不是强调经验知识的偶然性。他的主要态度是乐观主义的。[8] 事实上，有时他似乎要求经验概括不只具有或然性。这种不一致也许是因为他过分关注了现象领域对于形而上学领域的依赖性。

莱布尼茨承认，现象“背后”的形而上学领域图像仅当这两个领域密切相关时才是有意义的。最密切的可能关联是形而上学原理与经验定律之间的演绎关系。考虑到形而上学原理的必然性，演绎关系将把必然联系的领域扩展到现象领域。

莱布尼茨考虑过这种可能性。他用一种基于无穷级数理论的类比暗示这两个领域之间存在着密切的关联。这种类比是，形而上学原理与物理定律的联系就像产生无穷级数的定律与该级数的某些项的联系一样。[9]

然而，即使我们承认这种类比有说服力，也不能确定形而上学原理**蕴含着**经验定律。我们不可能仅从级数定律（比如$\sum_{n=1}^{\infty}\frac{1}{n^2}$）导出该级数某一项的值。必须指明这一项在级数中的位置（例如 n = 5）。同样，我们也不能仅从形而上学原理导出经验定律。必须指明如何在经验中实现形而上学原理。

但莱布尼茨承认，我们不可能知道形而上学原理**必定**以某种具体方式得到实现。

我认为莱布尼茨已经意识到无穷级数的类比是得不到支持的。在其他场合，他把物理的力极为含糊地称为形而上学的力的“回声”。[10] 退回到这种立场意味着两个领域之间关系的那个一般问题没有得到解决，关于**科学中运用**的极值原理和守恒原理的认知地位的那个特殊问题也没有得到解决。

休谟的怀疑论

大卫·休谟扩展了洛克对于必然自然知识之可能性的怀疑态度，并使之变得更为一致。休谟始终否认对于原子构形和相互作用的认识（即使可以获得这种认识）可以构成必然的自然知识。根据休谟的说法，即使我们的官能“适合探入物体的内部结构”，也无法认识现象之间的必然关联。我们至多只能希望知道，原子的某些构形和运动总是与某些宏观效应联系在一起。但知道某种恒定联系已被观察到，并不等于知道某种特定的运动**必定**会产生某种特定的结果。休谟指出，洛克误以为如果知道了金的原子构形，无需试验就能知道这种物质必定溶于王水。

休谟对必然自然知识之可能性的否定基于三个明确表述的前提：（1）一切知识都可以细分成“观念的关系”和“事实”这两个相互排他的范畴；（2）一切事实知识都是在感觉印象中给出的，并且起源于感觉印象；（3）必然的自然知识预设了对事件必然关联的了解。休谟支持这些前提的论证对于后来的科学哲学史有着广泛的影响。

知识的细分

休谟坚持认为，关于观念关系的陈述与关于事实的陈述有两方面的不同。第一个方面是，对于这两种陈述可以提出不同类型的真理要求。关于观念关系的某些陈述是必然真理。例如，给定欧几里得几何学的公理，那么三角形的内角之和就只可能是180度。[11] 肯定公理又否认定理是自相矛盾。另一方面，关于事实的陈述永远只是偶然为真。否认经验陈述并非自相矛盾；所描述的事态本可以不是这样。

第二个不同点是，用以确定这两种陈述之真假的方法不同。确定关于观念关系的陈述的真或假不需要诉诸经验证据。休谟把关于观念关系的陈述细分成两种：一种是直观地确定，另一种是经证明而确定。例如，欧几里得几何学的公理是直观地确定的，它们的真是通过考察其组成术语的意义来确定的。欧几里得几何学的定理则是经证明而确定的，它们的真是通过证明它们是公理的演绎推论而确定的。对在纸上或沙上画的图形进行测量是完全不相干的。休谟宣称，“虽然自然之中从来没有圆或三角形，但由欧几里得证明的真理将永远保持其确定性和自明性”。[12]

另一方面，关于事实陈述的真或假必须通过诉诸经验证据来确定。不可能仅仅通过思考语词的含义来确定“某事已经发生或将要发生”这一陈述的真理性。

就这样，休谟区分了数学的必然陈述和经验科学的偶然陈述，从而加深了牛顿关于形式演绎系统与它在经验中的应用之间的区分。阿尔伯特·爱因斯坦后来重新表述了休谟的洞见：“就数学定律涉及实在而言，它们是不确定的；就它们是确定的而言，它们不涉及实在”。[13] 休谟的划界给认为大自然具有一种必然数学结构的任何朴素的毕达哥拉斯主义道路设置了障碍。

经验主义原理

休谟坚持认为，笛卡尔误以为我们拥有关于心灵、上帝、物体和世界的先天观念。根据休谟的说法，感觉印象是事实知识的唯一来源。[14] 因此他呼应了亚里士多德的格言：理智中的一切最初都来自感官。休谟的说法是，“我们的所有观念不过是我们印象的摹本罢了，或者换句话说，我们不可能想到我们不事先感觉到的任何东西，无论是通过外感官还是或内感官”。[15]

休谟的论点既是关于经验知识起源的心理学假说，又是对具有经验意义的概念之范围的逻辑规定。休谟把具有经验意义的概念局限于那些可以从印象中“导出”的概念。[16] 休谟如此表述的标准非常模糊不清。他在《人类理解研究》的其他地方指出，心灵在产生知识方面的作用仅限于对从印象中“复制”的观念进行复合、变换、扩大或缩小[17]。任何既非印象的“摹本”，亦非因复合、变换、扩大或缩小过程所产生的概念据说都应排除在外。休谟本人排除的概念包括“真空”[18]、“实体”[19]、“持续的自我”[20]和“事件的必然联系”[21]。

休谟的分析曾被解释为巩固了培根的归纳主义，这种传统也许既要归功于弗朗西斯·培根本人的建议，又要归功于休谟的认识论研究。在作这种解释的情况下，据说休谟声称科学始于感觉印象，并且只能包含由感觉材料“构成”的那些概念。这种看法与分析法相一致，但不符合牛顿的公理方法。

然而，尽管这种对休谟的解读很有影响，但它未能公正对待休谟立场的复杂性。因为休谟承认，提出像牛顿力学那样全面的理论是凭借一种创造性的洞见达到的，这种洞见不可还原为对从印象中“复制”的观念的“复合、变换、扩大或缩小”。但他的确否认任何这种理论能够达到必然真理的地位。

对因果关系的分析

培根和洛克已经从一种学术观点讨论了必然自然知识的问题。他们都建议对性质的共存进行研究。休谟从寻求必然的经验知识转移到了寻求事件的序列。他问，是否可能有关于这些序列的必然知识，并且判断说不可能。休谟认为，要想确立关于事件序列的必然知识，就必须证明序列不可能是别的样子。但休谟指出，断言虽然每一个A之后都有一个B，但下一个A之后将不是一个B，这并非自相矛盾。

休谟着手考察我们的“因果关系”观念。他指出，如果我们所谓的“因果关系”同时指“恒常连接”和“必然联系”，那么我们根本得不到任何因果知识。这是因为我们对于迫使A只能产生B的力或力量没有任何印象。我们至多只能确定，一类事件后面总是跟着另一类事件。休谟得出结论说，我们所能希望获得的“因果”知识仅仅是关于两类事件的事实联系的知识。

休谟承认，我们的确感觉到许多序列都有某种必然性。根据休谟的说法，这种感觉乃是一种“内感官”的印象，一种从习惯中得出的印象。他宣称，“在类似的事例重复出现之后，一个事件一旦出现，习惯就会引导心灵期待通常与之伴随的另一个事件，并认为它将存在”。[22] 当然，A 一出现，心灵就期待 B，这一事实并不能证明 A 与 B 之间有必然联系。

与这种分析相一致，休谟同时从主观和客观的角度规定了“因果关系”的定义。从客观方面来考虑，因果关系是两类事件的恒常连接；从主观方面来考虑，因果关系则是一种序列，第一类事件一出现，心灵就被引导着期待第二类事件。

这两个定义既出现在《人性论》中，也出现在《人类理解研究》中。[23] 不过在《人类理解研究》中，休谟在第一个定义后面加上了以下限制条件：“或者换句话说，凡在第一类对象不存在的地方，第二类对象也决不会存在。”[24] 休谟用符合自己习惯用法的“事件”来代替“对象”，这个新定义显然与第一个定义不等价。以两个相似的摆钟为例，使两钟的相位差为 90°，则两钟的嘀嗒声恒常地连接在一起，但这并不意味着，如果使摆钟 1 停住不动，摆钟 2 也将停止走动。

休谟在《人类理解研究》中加入这个限制条件，也许是暗示他对于把因果关系等同于事实上的规律性并不很满意。他感到不安的另一个可能的迹象是，他在《人性论》中简练而不加评论地列出了“判断原因和结果的八条规则”。[25] 这些规则中包括后来因密尔而著名的求同法、差异法和共变法。

尤其是差异法，能使研究者根据对两个事例的观察来判断因果联系。在这种情况下，休谟似乎违反了他的“官方立场”，即我们只有经验到两类事件的恒常连接才会把一种关系称为“因果”关系。休谟否认这一点。他强调，虽然我们甚至观察到序列一次就可能相信事件的相继是因果序列，但这种信念其实是习惯的产物。这是因为，在这些情况下对因果联系的判断暗中依赖于这样一种概括，即相似情况下的相似对象会产生相似的结果。

但这种概括本身表达了我们在对恒常联系事件的广泛经验基础上的期待。因此，我们对因果联系的信念总是一种习惯性的期待。

在这样解释了因果联系信念的起源之后，休谟立刻指出，诉诸过去经验的规律性并不能保证实现我们对未来的期待。他声称："任何来自经验的论据都不可能证明过去与未来的这种相似，因为所有这些论据都建立在这种相似性的假定之上。"[26] 因此，由陈述事实的前提不可能获得关于原因的证明性知识。

就这样，休谟对必然自然知识的可能性发起了猛烈攻击。这种知识必须要么是直接的，要么是证明性的。休谟已经表明，关于原因的直接知识是不可能的，因为我们没有关于必然联系的印象。他还表明，无论是从陈述先验为真的观念关系的前提中，还是从陈述事实的前提中，都不可能获得关于原因的证明性知识。其他可能性似乎不存在。任何科学解释都无法达到"整体大于它的每一个部分"这样的陈述的确定性。能向科学定律和理论提出的唯一可辩护的要求就是概率。

虽然那些不满足于"只是或然的"知识的人会把休谟的怀疑论看成对科学的威胁，但休谟本人却很愿意依靠过去经验的证据。在实践层面，休谟并非怀疑论者。他宣称：

> 于是，习惯是人生的伟大向导。只有这条原理才使我们的经验对我们有用……如果没有习惯的影响，我们将会对直接呈现于记忆和感官之外的任何事实一无所知。[27]

康德论科学中的规范原理

对休谟的回应

伊曼努尔·康德声称休谟对因果关系的分析使他感到极大的不安。康德承认，如果科学定律的形式和内容完全来自于感觉经验，就像休谟所极力主张的那样，那么休谟的结论就不可能避免。但康德不愿承认休谟的前提。与休谟相反，康德指出，虽然一切经验知识都是从感觉印象中“产生”的，但并非所有这些知识都是在这些印象中“被给予的”。康德区分了认知经验的质料和形式。他认为感觉印象提供了经验知识的原料，但认识主体要对这种原料作结构—关系的整理。

康德认为，休谟把心灵的操作仅仅归结为对从印象中“复制”的观念进行“复合、变换、扩大或缩小”，这是过分简化了认识过程。康德自己的知识理论更加复杂。他明确指明了对经验的认知整理的三个阶段。第一，无结构的“感觉”相对于空间和时间（“感性的形式”）得到整理；第二，如此整理的“知觉”经由统一性、实体性、因果性和偶然性等一些概念（这是12个“知性范畴”中的4个）被联系起来；第三，如此形成的“经验判断”通过运用“理性的规范原理”而被组织成一个知识系统。

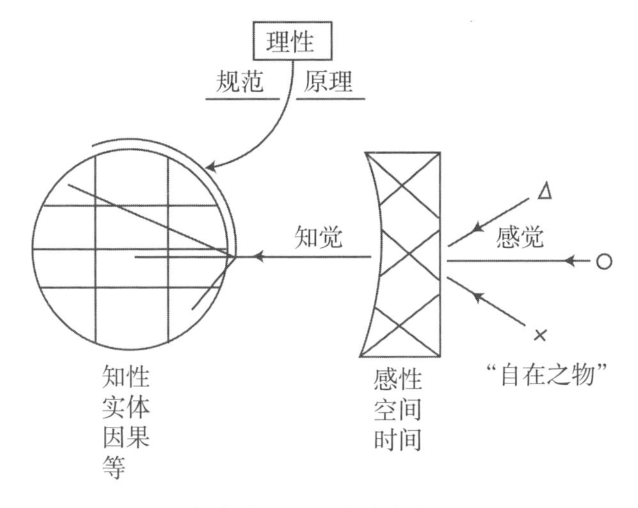

康德对认知经验的看法

根据康德的说法，休谟不恰当的知识理论与一种同样不恰当的科学理论相联系。康德认为休谟被归纳概括迷住了，这种强调使人不再关注科学最重要的特征——尝试对知识进行系统性的组织。欧几里得几何学和牛顿力学的范围和力量给康德留下了深刻印象，他将这种范围和力量归因于这些学科的演绎结构。

康德认为对经验的系统组织应当是认知主体追求的目标。他相信，通过运用规范原理，是可以朝着所期望的系统化前进的。在康德的知识理论中，理性能力给知性规定了一些规则来整理经验判断。康德很清楚，不能用理性的规范原理来证明某个经验判断系统是正当的。毋宁说，它们规定了如何构造科学理论，以符合系统组织的理想。

康德提出了可接受性标准，反映了这种对系统组织经验的强调。关于个别的经验定律，康德并不看重例证，在这些例证中，定律的演绎推论需要与观察相一致。他认为把定律纳入演绎系统更重要。例如康德会主张，虽然开普勒定律的确得到了行星运动数据的支持，但它们被“纳入”牛顿力学理论使之得到了进一步且更重要的支持。

关于理论，康德把预见力和可检验性当作可接受性的标准。他注意到，成功的理论凭借对新的实体或关系的指称而与经验定律结合在一起。这种系统化暗示，有可能把对这些实体或关系的解释扩展到其他经验领域。康德注意到了科学理论的生产力。他提出，能够扩展我们对现象之间关系的了解的那些理论是最可接受的。

经验类比与力学科学

在《纯粹理性批判》中，康德挑选出了三种“经验类比”，分别与实体、因果性和相互作用范畴相联系。他坚持认为，这些类比规定了客观经验知识的可能性本身的必要条件。第一种类比，即实体永存原理，规定实体在所有变化中得到保持。第二种类比，即因果性原理，规定每一个事件都有一组先行的情况，事件依照规则从中产生。第三种类比，即共同性原理（principle of community），规定感知为在空间中共存的实体彼此发生相互作用。

在《自然科学的形而上学基础》中，康德试图解释这些类比如何适用于力学科学。根据康德的说法，力学的主题是运动中的物质，这种物质拥有吸引力和排斥力。他认为，在应用于力学时，这些经验类比变成了物质守恒原理、惯性运动原理、作用与反作用相等原理，即：

范畴	经验类比	力学原理
实体	实体守恒	物质守恒
因果性	因果性原理 （任何事件都有一个前件，事件依照规则从中产生）	惯性原理 （物体运动的一切变化都是外力作用的结果）
相互作用	相互作用的共同性 （一切同时存在的事物都是相互关联的）	作用与反作用相等

康德坚持认为，这三条力学原理都是指导寻求具体经验定律的规范原理。这些原理规定，要想解释一个事件，需要找到一组先行情况，相同类型的事件依照规则从中产生，使物质守恒，物体运动的变化归因于外力，作用与反作用相平衡。康德坚称，仅当个别定律的表述符合这些原理时，才能获得客观的经验知识。

对经验定律的系统组织

康德认为，还有其他规范原理适用于把个别定律组织成对自然的系统解释。在《判断力批判》（1790 年）中，他宣称：

> 因此，必须从特殊上升到一般的反思判断，需要一种它不可能从经验中借来的原理，因为它的功能是确立更高原理之下的一切经验原理的统一性，从而确立它们系统从属关系的可能性。这样一种先验原理，即反思判断，只能作为法则来自它自身并且给予它自身。[28]

根据康德的说法，反思判断给自己规定的一般规范原理是自然的目的性。

康德坚持认为，虽然我们无法证明对自然的组织是有目的的，但我们必须把自然看成**仿佛**是这样组织起来的，这样才能把我们的经验知识系统化。康德认为，只有当我们按照以下预设来行动时，经验知识的系统化才是可能的：一种不同于我们自己“知性”的理解力给我们提供了特殊的经验法则，对这些法则的安排使我们可以有一种统一的经验。

自然的目的性原理本身似乎仅仅是说，如果我们试图构建经验法则的系统的从属关系，就必须按照一个假设来行动，即这样一种成就是可能的。据信我们可以把那些不一致的法则排除出去，因为它们与自然的有目的的组织不相容。但什么类型的系统满足目的性原理，这只提供了很少一点线索。

通过提出目的性原理所暗示的一系列预设，康德进一步指明了目的性原理的意义：

1. 自然选取最短的路径（节约律）。[29]

2. 自然“不作跳跃，无论是在它的变化过程中，还是在不同形式的并存中（自然连续律）”。

3. 自然之中只存在少数类型的因果相互作用。

4. 自然之中存在着我们可以理解的种和属的从属关系。

5. 可以把种归到渐次升高的属下面。[30]

当研究者基于这些预设已经满足的假定审问自然时，这些预设就成了规范原理。康德认为，这些规范原理明确指明了我们**应当**如何判断，以便获得关于自然的系统知识。[31]

在《纯粹理性批判》中，康德又提出了三条规范原理来指导分类学学科的研究：同质性原理，规定为了把种归入属，可以不考虑种差；特异性原理，规定为了把种分成亚种，需要强调种差；以及形式连续性原理，规定从种到种存在着连续的逐渐过渡。康德坚持认为，同质性原理是对寻找种类过多的种和属的一种约束，特异性原理是对仓促概括的一种约束，形式连续性原理则要求前两条原理保持平衡，从而把它们统一起来。[32]

除了规定这些规范原理，康德还为理想化在科学理论中的运用作了辩护。他认识到，在许多情况下，概念简化的引入促进了对经验定律的系统组织。因此，他并不希望把科学理论的原材料局限于“从自然中导出的”概念。康德引用了“纯土”、“纯水”和“纯气”等概念作为不是从现象中推导出来的理想化的例子，并认为这些概念的使用促进了对于化学现象的系统解释。[33]与伽利略明确表述的“理想摆”和“真空中的自由下落”等理想化相比，康德的例子不那么有说服力，但康德必定已经洞察到，朴素的经验主义无法为科学提供足够丰富的概念基础。

目的论解释

目的性原理要求我们研究自然时所发现的定律**就好像**是由一种异于我们“知性”的东西所安排的定律系统的一部分似的。如果在此基础上行事，就必须探究特定的定律在整个自然体系中的地位。这在生物科学中尤其如此。我们不禁要追问观察到的结构、功能和行为模式服务于什么目的。对这些问题的回答往往是目的论解释，其典型特征是使用“为了……”或与之等价的措辞。

康德认为，在科学中目的论解释之所以有价值，有两个理由。首先，目的论解释在寻求因果定律时有启发价值。康德坚持说，提出“目的”问题也许会暗示关于“手段”的新假说，从而扩展我们对于系统及其各个部分的机械相互作用的了解。[34]其次，通过补充现有的因果解释，目的论解释促进了对经验知识进行系统组织的理想。康德认为，应当尽可能地扩展因果解释，但对于是否可能对生命过程作一种广泛的因果解释，他持悲观态度。

康德的悲观主义乃是基于他对生命有机体本性的构想。根据康德的说法，生命有机体显示了部分与整体的相互依赖；不仅整体凭借各个部分的组织而成其为整体，部分也凭借它与整体的关系而成其为部分。生命有机体的每一个部分既作为因又作为果与整体相关联。有机体既是一个有组织的整体，又是一个自我组织的整体。康德认为，部分与整体的这种相互依赖性不可能完全通过因果定律来解释。因果定律所确立的只是，有机体的某些状态按照规则从其他状态中出现。

因此，对自然的因果解释存在着局限性。康德阐述了这些局限性，但并未建议回到一种“舒适的目的论”，这种目的论通过考虑“目的因”而不再考虑有机体的结构和功能。在康德看来，对自然现象的恰当解释是通过定律，后者陈述了事件的发生模式。因果性概念是客观经验知识的组成要素，目的概念则不是。康德坚持认为，目的性只能是一种规范原理，凭借它，理性把对经验定律的系统组织选作目标。通过把目的论重新置于理性规范活动的层面，康德实现了莱布尼茨所寻求的目的论与机械论的整合。

二、科学程序理论

约翰·赫歇尔（John Herschel，1792—1871）是大天文学家威廉·赫歇尔的儿子。老赫歇尔的成就包括发现天王星和编制双星和星云的重要数据。

约翰·赫歇尔就读于剑桥，此后献身于科学事业。他的科学成就包括对晶体中双衍射的研究，照相术和光化学实验，计算双星轨道的方法以及大量天文学观测。1834 年至 1838 年，赫歇尔在好望角度过，他在那里把父亲对双星和星云的研究成功地扩展到南部天空。

1830 年，赫歇尔出版了《自然哲学研究初论》（*A Preliminary Discourse on the Study of Natural Philosophy*）。他承认自己对假说、理论和实验在科学中作用的分析受到了休厄尔、密尔和达尔文等人的影响。

威廉·休厄尔（William Whewell，1794—1865）毕业于剑桥三一学院，在那里他被任命为矿物学教授（1828 年）、道德哲学教授（1838 年）和副校长（1842 年）。他为把欧洲大陆版本的微积分介绍到英国做出了贡献，并且在很大程度上拓宽了剑桥的研究走向。

休厄尔对潮汐作了大量研究，被赖尔和法拉第等人称为科学命名法的权威。1837 年，他完成了内容广泛的《归纳科学史》（*History of the Inductive Sciences*）一书，并且在这一历史分析的基础上完成了他的《归纳科学的哲学》（*Philosophy of the Inductive Sciences*，1840 年）。

埃米尔·梅耶松（Émile Meyerson，1859—1933）生于俄国统治下的波兰的卢布林（Lublin），曾在欧洲的许多大学学习，后在法国将科学史和科学哲学的研究与化学实践结合起来。梅耶松认为科学史是不断地寻求在变化中保持不变的东西。他发表的著作有《同一与实在》（*Identity and Reality*，1907 年），以及关于量子力学和相对论的研究。

约翰·赫歇尔的科学方法论

约翰·赫歇尔的《自然哲学研究初论》（1830年）是当时能够看到的最为全面和公允的科学哲学著作。赫歇尔是当时最杰出的英国科学家之一，他的科学方法著作认真分析了物理学、天文学、化学和地质学的新近成就。

赫歇尔为科学哲学做出的一项重要贡献是清晰地区分了“发现的语境”和“辩护的语境”。他坚称，理论是通过什么程序提出的与该理论是否可以接受毫不相干。如果演绎结果被观察所确证，那么细致的归纳上升与胡乱猜测是地位平等的。

发现的语境

虽然赫歇尔尊重弗朗西斯·培根关于科学研究的观点，但他意识到，许多重要的科学发现并不符合培根的模式。因此他认为，科学家从观察上升到定律和理论可以有两种截然不同的方式。一种是运用特定的归纳方案。另一种是提出假说。赫歇尔关于发现的语境的观点可以用下面的图式来表示：

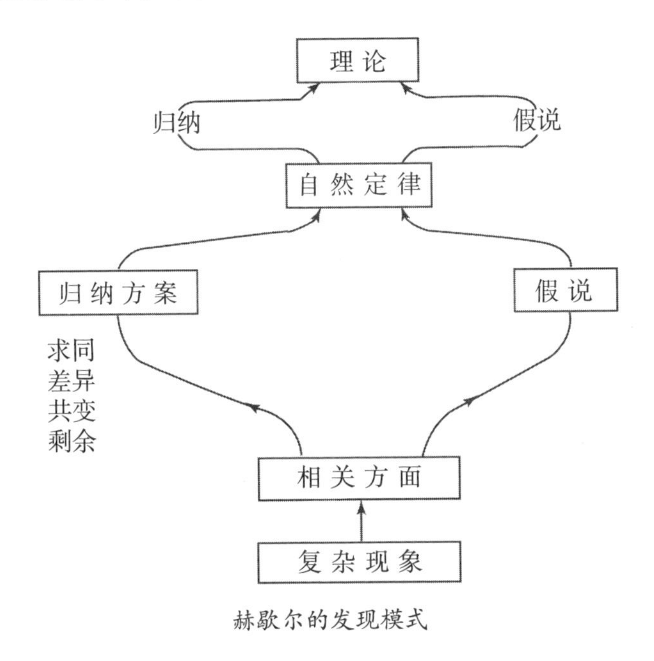

赫歇尔的发现模式

根据赫歇尔的说法，科学程序的第一步是把复杂现象细分成它们的组分或各个方面，并把注意力集中在对于解释现象至关重要的那些性质上。例如，为了解释物体的运动，我们必须聚焦于力、质量和速度等性质。赫歇尔把复杂现象还原为它的相关方面的主要例子是把声音分解为声源的振动，振动在介质中的传递，振动被耳朵接收以及产生感觉。他认为，要想完全理解声音，就需要认识产生振动的碰撞现象，认识运动粒子与它周围各个粒子之间的相互作用，以及一种听觉生理学的知识。[35]

自然定律。得到恰当分析的现象是原材料，科学家试图由此提出“自然定律”。赫歇尔的自然定律既包括性质的关联，也包括事件序列。波义耳定律，双折射物质在偏振光下呈现周期性的颜色，这些概括都属于合乎定律的性质关联。赫歇尔把这些关联称为“一般事实”。伽利略的自由落体定律和抛射体的抛物线轨迹则属于合乎定律的事件序列。

赫歇尔指出，对自然定律的断言隐含着一种规定，即某些边界条件需要得到满足。例如，自由落体定律被说成仅仅适用于真空中的运动，波义耳定律被说成仅仅适用于恒温时的变化。

赫歇尔追溯了从现象到自然定律的两种不同途径。发现定律的第一种途径是运用特定的归纳方案。例如，波义耳定律是通过研究气体体积随压力的变化并且对实验结果进行概括而被发现的。比如给定以下数据：

P（压力）	V（体积）
0.5	2.0
1.0	1.0
2.0	0.5
5.0	0.2

研究者就可以得出结论说：$P \propto (1/V)$。

发现定律的第二种途径是提出假说。赫歇尔强调，不能把这种通向自然定律的途径归结为运用固定的规则。他以惠更斯的假说为例，即双折射的冰洲石中的异常光线是椭圆传播的。即使惠更斯没有光的横波运动的观念，他也能借助于这个椭圆传播假说提出一个定律来解释双折射。根据赫歇尔的说法，不能把惠更斯的假说称为归纳方案的结论。[36]

理论。自然定律的发现仅仅是科学解释的第一阶段。第二阶段是把这些定律纳入理论。根据赫歇尔的说法，理论要么来自进一步的归纳概括，要么是通过创造大胆的假说，在先前没有关联的定律之间建立关系。

赫歇尔把两个方面结合了起来：关于一个科学概括等级体系的培根式理想，以及对创造性想象在构建这个等级体系过程中所起作用的强调。作为一种想象的理论，安培的电磁学理论给他留下了深刻的印象。通过假定磁铁内有循环电流存在，安培解释了磁铁的相互吸引或排斥。安培并不是一把归纳方案应用于电磁定律就得到了这个理论。然而，该理论的确有可以检验的结果，赫歇尔坚称，它是否可以接受并非取决于它的表述方法，而是取决于对这些结果的实验确证。[37]

辩护的语境

赫歇尔强调，与观察是否一致是科学定律和理论是否可以接受的最重要标准。不仅如此，他还坚持认为，某些确证事例要比其他事例更有意义。

把定律扩展到极端情况是一种重要的确证事例。例如赫歇尔指出，一块硬币和一根羽毛在由实验产生的真空中有相同的加速度，这是对伽利略落体定律的“严格检验”。[38]

第二种重要的确证事例是一个出乎预料的结果，暗示某个定律或理论有一个未计划范围（undesigned scope）。赫歇尔宣称：

> 一种有着充分根据的广泛归纳的最可靠也最好的典型特征……是，对它的证实仿佛是从可能期待最少的地方、甚至是从起初被认为对其不利的那种事例中自发地跳将出来，被人注意到。[39]

例如他指出，双星系统椭圆轨道的发现是对牛顿力学的意外确证，[40]而声音的计算速度与观测速度之间存在着差异，则是对弹性流体压缩生热定律的意外确证。[41]

第三种重要的确证事例是“判决性实验”。赫歇尔认为判决性实验是可接受的理论必须经得起的毁灭性检验。

他带着赞美引用了弗朗西斯·培根所建议的一个实验，试图确定物体的向下加速到底是源于地球的吸引，还是源于物体内部的某种机制。培根曾经指出，要想解决这个问题，应对高海拔处和矿井内以重力驱动的钟和以弹簧驱动的钟的行为进行比较。[42]

此外，赫歇尔还说帕斯卡已经设计了一个判决性实验，以判定密闭管中水银的上升是源于大气压力，还是源于“厌恶真空”。根据赫歇尔的说法，帕斯卡比较了水银柱在山脚和山顶的高度，反驳了“厌恶真空”假说，使托里拆利的“空气海”假说在这个领域独占鳌头。[43]

也许有人会反驳说，虽然培根和帕斯卡所建议的实验可能会为特定假说提供明显确证，但只有当每一个可能的替代假说都与得到的结果不一致时，把这些实验称为“判决性的”才是恰当的。由于没有足够重视这一要求，赫歇尔和19世纪其他许多科学家都把傅科（Foucault）的结论当成了一个“判决性”实验，即光在空气中的速度要比在水中更大。傅科的结论与惠更斯的波动说一致，但不符合牛顿的微粒说。许多科学家由此断言，光必定“实际上”是一种波。这两种理论是对光现象唯一可能的解释，这种暗含的假定后来被证明是不正确的。

尽管在评价竞争性的理论时，某些实验被赋予了太大的意义，但在科学史上，鼓励寻找否证事例的一般态度是非常重要的。赫歇尔鼓励这种态度。他要求科学家承担其对手的角色来反对自身的理论，既寻求直接的反驳，又寻求例外以限制这些理论的应用范围。赫歇尔认为，理论只有经受得住这些攻击，才能证明它的价值。

休厄尔关于科学史的结论

科学进步的形态学

威廉·休厄尔是赫歇尔的同时代人。他试图把科学哲学建立在对科学史的全面考察基础之上。休厄尔建议考察各门科学中的实际发现过程，看看从中显示出了什么样的模式。

休厄尔声称自己的方法是原创的，指出以前的科学哲学作者仅仅把科学史当作一个事例仓库，旨在说明关于科学方法的特定论点。休厄尔建议把这种使科学史依赖于科学哲学的关系颠倒过来。

休厄尔非常精通历史研究的方法论。他认识到，还原过去必然要求历史学家进行综合。因此，他选取了某些解释范畴来指导历史研究。休厄尔把科学进步看成事实与观念的成功结合，并把事实和观念这两极当成解释科学史的基本方法论原则。他以这个原则为武器，试图通过追溯相关事实的发现以及把这些事实纳入恰当的观念来表明每一门科学的进步。

事实和观念。休厄尔有时把"事实"称为我们对个别对象的知觉经验的报告。但他坚持认为，这只是一种事实。宽泛地说，事实是用来提出定律和理论的原材料或任何知识片断。根据这种观点，开普勒定律是牛顿理论赖以建立的事实。休厄尔认为，事实与理论只有相对的区分。如果一个理论被纳入另一个理论，则它本身就成了事实。

休厄尔所谓的"观念"是指那些把事实结合在一起的理性原理。观念表达了经验的关系方面，这些方面是理解的必要条件。休厄尔肯定了康德的论点，即观念被赋予感觉，而不是源于感觉。休厄尔所说的"观念"包括空间、时间和原因等一般概念以及特定学科的基本观念。后者的例子包括化学中的"亲和力"、生物学中的"生命力"、分类学中的"自然种类"。

休厄尔承认不可能有脱离一切观念的"纯粹事实"这样一种东西。任何关于一个对象或过程的事实都必然涉及空间、时间或数的观念。因此，即使是最简单的事实也涉及某种理论性的东西。休厄尔对事实与理论的区分本质上是一种心理学区分。当我们把某个事物称为"事实"时，我们通常并不知道关系原理是如何整合我们的感觉经验的。例如，我们把一年大约有365天当作事实。但这个事实包含着时间、数和循环的观念。我们把这种关系称为"事实"，仅仅是因为我们并不关注相关的观念。而当我们把某种东西称为"理论"时，我们的注意力转向了被用来整合事实的观念。休厄尔宣称，"如果我们把理论当成从感觉现象中作出的有意识的推论，把事实当成从感觉现象中作出的无意识的推论，那么事实与理论之间仍然有一种可理解的区分”。[44] 他认为，“事实”、“观念”和“理论”等概念对于解释科学史是有价值的，即使每一个理论可能也是事实，每一个事实都有理论性。

科学发现的模式。休厄尔声称在科学史中看到的科学发现模式是一个三拍子的步进，包括序曲、归纳期和结局。序曲包括事实的收集和分解以及概念的澄清。当某个特定的概念模式外加于事实时，归纳期就出现了。结局则是对由此得到的整合的巩固和扩展。这种发现模式可以用下图表示。

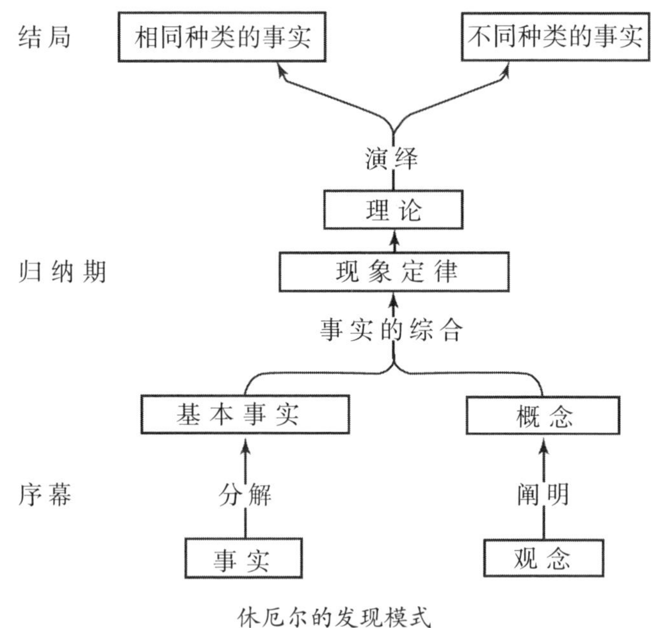

休厄尔的发现模式

虽然休厄尔声称这种模式在科学史中一再出现，但他小心翼翼地指出，模式内的各个阶段常常是交叠的。在某一门学科的历史中，观念的阐明不仅可能先于而且可能伴随着定律的提出，理论的提出不仅可能先于、而且可能伴随着定律的证实。尽管如此，他声称已经用这种模式描述了科学进步的形态学。

事实的分解和概念的阐明。休厄尔认为，事实的分解和概念的阐明是建构理论的必要阶段。事实的分解是把复杂事实还原为“基本”事实，后者陈述的是像空间、时间、数和力那样清晰分明的观念。在许多情况下，这是通过聚焦于那些发生定量变化的性质，发展出技巧来记录这些性质的值来实现的。

概念的阐明更难明确说明。在科学史上，科学家之间的讨论常常会使概念得到澄清。休厄尔指出，正是通过这样的讨论，“力”、“极化”和“种”等概念才得以澄清，他呼吁对“生命”概念也作类似的澄清。

休厄尔的阐明概念的一个困难是所达到的澄清的性质。休厄尔把概念说成是对科学基本观念的“特殊限定”。[45] 这样一来，概念的应用范围不像基本观念本身那么广。休厄尔把“加速力”和“元素的中性组合”等都包括在概念之内[46]。他认为当这些概念与基本观念的逻辑关系被清楚地认识到时就被阐明了。

休厄尔相信基本观念的含义可以用一组公理来表达，这些公理陈述了关于观念的基本真理。他认为，一个派生的概念只有与基本观念联系起来，使这些公理的“必然说服力”得到理解，它才被阐明。而理解公理的“必然说服力”就是“清晰稳妥地”沉思观念本身。[47]

在这一点上，一个不可回避的问题是，如何确认科学家已经“清晰稳妥地”把握了一个观念。当然事后看来，我们可以用观念所嵌入的理论的成功来衡量此观念的清晰性。根据这种方法，我们可以像休厄尔那样得出结论说，惯性概念在伽利略、笛卡尔和牛顿的工作中逐渐得到了澄清。

休厄尔坚持认为，除了清晰，有用的科学概念对于它们被应用的事实来说还要“恰当”。他承认，在大多数情况下，我们只有通过指出对利用概念的定律和理论的确证才能确立概念的恰当性。但他认为，在某些情况下，可以用恰当性的标准来事先排除误导的解释。例如，由于生理学的固有目标是关于“生命力”的真理，我们可以把那些完全基于力学原理或化学原理的解释从生理学中排除出去。

事实的综合。休厄尔坚持认为，定律和理论是一种“综合”，在这种综合中，研究者把一个概念另加入一组事实。他将综合称为把事实“捆绑在一起”，并用开普勒第三定律的表述来说明这一整合过程。开普勒用“数的平方”、“距离的立方”、“成比例”等概念把行星的旋转周期和与太阳的距离等事实成功地捆绑在一起。[48]

根据休厄尔的说法，开普勒的成就是归纳的胜利。他宣称，就其固有用法而言，“归纳是这样一个术语，它借助一个精确而恰当的概念来描述正确的事实综合过程”。[49] 休厄尔对归纳的讨论有若干方面值得评论。

休厄尔认为，归纳是一个发现**过程**，而不是证明命题的方案。这并不是说休厄尔对评价归纳概括的证据不感兴趣。但他把这当成一个“归纳逻辑”的问题。归纳本身是对事实加以概括以实现综合的过程。

休厄尔对科学史的考察使他确信，科学家是通过创造性的洞见，而不是通过应用具体的归纳规则而实现事实的综合的。他指出，归纳的成功“似乎在于制定若干尝试性的假说，并且选择出正确的一种。但要想构造出恰当的假说，既不能通过规则，也不能没有创造性的才能”。[50] 根据休厄尔的说法，归纳是发明和试验的过程。他引开普勒为例，在以椭圆轨道假说终获成功之前，开普勒试图让行星运动的事实去适合许多卵形轨道。此外，休厄尔还列举了科学史上“无法解释的天才发明”的若干案例。[51]

休厄尔关于归纳的主要论点是，科学发现过程不能归结为规则。但他的确认识到，在选择假说时，关于简单性、连续性和对称性的思考常常被当作规范原理。休厄尔还指出，具体的归纳方法，比如最小平方法和剩余法，在提出用数学量化的定律方面是有价值的。

休厄尔关于归纳和假说的立场意味着，归纳推理总要超出单纯地收集事实。休厄尔说：“不仅要把事实收集在一起，而且要从新的角度看待它们。一种新的心灵因素被引入；心灵需要有一种特殊的结构和训练才能进行归纳。[52]

支流—江河的类比。休厄尔将科学的演进比作支流汇成江河。[53] 他从历史研究中得出结论说，科学通过把过去的成果逐渐归入现在的理论而演进。他把牛顿的万有引力理论当作这种归入式发展的范例。牛顿理论将开普勒定律、伽利略的自由落体定律、潮汐运动以及其他各种事实归入进来。

休厄尔意识到，对特定现象相继作出的解释不总是一致的。但他仍然断言，科学是一种连续的进步，而不是一系列革命。他强调遭到拒斥的理论的那些有助于后续理论形成的方面。例如，他承认拉瓦锡的氧化说取代了燃素说，用氧化说解释的许多事实都与燃素说不一致，但他主张燃素说仍然在化学史上起了正面作用，因为该理论将燃烧、酸化和呼吸等过程归为一类。[54] 在休厄尔看来，如果一种理论能把的确有联系的事实结合在一起，即使是出于错误的理由，它也为科学的进步做出了贡献。

归纳的一致

休厄尔声称，科学史揭示了“归纳逻辑”的线索。这条线索就是支流—江河的类比。他断言，由于科学进步是将定律相继归入理论，所以某一学科中的一组可接受的概括应当显示出某种结构模式。这种模式是一张有着支流—江河关系形式的“归纳表”。这张归纳表是一座倒立的金字塔，其顶部是具体事实，底部则是范围最广的概括。从表顶到表底的过渡反映了逐步的归纳概括，其中观察和描述性概括被归入范围不断增加的理论。

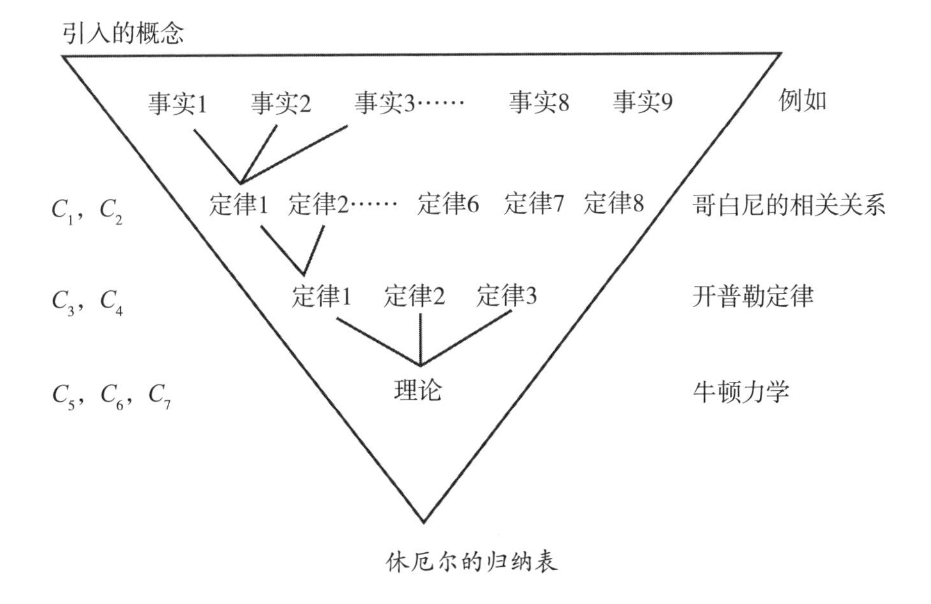

休厄尔的归纳表

休厄尔认为，归纳表明确指明了一组有效的归纳推理形式，就像三段论明确指明了有效的演绎推理形式一样。但他谨慎地没有过分扩展这一类比。他指出，三段论形式是一些格，一旦插入类名，这些格就成了有效的演绎论证，而归纳表的形式作为构造有效归纳推理的方案却是不完备的。这是因为，同一层次上的概括并不是仅仅结合起来就能形成更高的概括。而是说，内容更广的概括要通过引入一个概念或一组概念才能包含较低层次的概括。正是凭借着概念的整合，而不仅仅是相加或枚举，较低层次的概括才被视为有联系。因此休厄尔坚称，一张**完备的**归纳表必须提到在每一个概括层次上引入的特定概念。例如，一张从开普勒定律到牛顿定律的归纳概括表既要展示倒金字塔形，又要规定这种归入是通过力、惯性运动、绝对空间和时间等引入概念来实现的。

休厄尔主张，把两个或两个以上的概括归入一个内容更广的理论本身就是科学理论可接受性的标准。他把这种归入称为“归纳的一致”，并宣称“据我所知，在整个科学史上都不可能举出例子表明，这种归纳的一致曾经提供过证据来支持后来发现为假的假说”。[55] 在特定的事例中是否达成归纳的一致，依赖于把两个或两个以上的定律结合在一起的理论概括是否恰当。气体运动论是归纳的一致取得成功的好例子。牛顿关于气体分子之间弹性碰撞的概念足以把波义耳、查理和格雷姆的经验定律结合在一个理论中。

必然真理的历史化

我们已经指出，休厄尔是通过康德关于知识的形式与内容的区分来解释科学史的。对休厄尔来说，科学知识是用观念把事实结合在一起。但由于休厄尔认为这些观念表达的是必然真理，所以至少某种科学知识似乎可以达到必然真理的地位。

休厄尔在一部早期著作中坚持说，几何学公理和自然的基本定律在认知地位上是不同的。几何学公理是必然真理，自然科学的定律则不是。[56] 但后来他又改变了看法，坚称某些自然科学定律也有理由被视为必然真理。

休厄尔承认这种说法的悖论性。他同意休谟的看法，认为再多的经验证据也无法证明一种关系只能是现在这样。但他认为，某些科学定律已经达到了必然真理的地位。

休厄尔试图解决这个依赖于基本自然定律的**形式**与**内容**之间区分的悖论。他认为，例如牛顿的运动定律体现了因果关系观念的**形式**。但由于因果关系观念是使客观经验知识成为可能的一个必要条件，所以牛顿定律必须具有这种必然性。根据休厄尔的说法，因果关系观念的含义可以体现为三条公理:（1）没有任何事情是无原因地发生的;（2）结果与其原因成正比;（3）作用与反作用大小相等、方向相反。但还需要经验来指明这些公理的**内容**。经验教导我们，无理性的物质并不具有加速的固有内在原因，力是以某些方式复合的，“作用”和“反作用”的某些定义是恰当的。牛顿运动定律表达了这些发现。休厄尔认为，牛顿定律为因果关系公理提供了恰当的经验解释，从而达到了必然真理的地位。[57]

休厄尔强调，基本自然定律的必然地位源于它们与作为客观经验知识之先验必要条件的那些观念的关系。他并未明确指明这种关系的本性，而只是诉诸了一种想法，即这些定律“例证”了观念的形式。不过他的确认为，这种“例证”是在科学的历史发展中逐渐发生的。这是对最一般的归纳定律与基本科学观念之间关系的逐步澄清。休厄尔确信，牛顿的工作确立了一般力学定律的必然地位。而对于科学中的其他一般定律，他就不那么有把握了。

梅耶松论守恒定律的探索

在 1908 年的著作中，埃米尔·梅耶松说休厄尔第一次正确地解释了先验必然性，这种必然性将基本的运动定律与纯经验的概括区分开来。梅耶松把科学定律细分为“经验定律”和“因果定律”，试图以此扩展休厄尔的分析。

根据梅耶松的说法，经验定律详细指明了当恰当的条件改变时系统如何改变。这种类型的定律使我们能够预测自然过程的结果，并且操纵这些过程为我们服务。而因果定律则是把同一律应用于物体在时间中的存在。它规定在整个变化中有保持不变的东西。例如在化学反应中，相关的原子在整个重新排列的过程中保持不变。

梅耶松认为，虽然经验定律的知识满足了我们对预见的要求，但只有因果定律的知识才能满足我们对理解的渴望。这是因为因果定律具有二元性。由于因果定律陈述一种同一性，所以它蕴含着必然真理——正如亚里士多德所说，“是者是，而不能不是”。但因果定律也有经验内容，因为它陈述了一种关于客体在时间中存在的主张。根据梅耶松的说法，因果定律似乎既蕴含着必然真理——同一律，又蕴含着一则偶然陈述，即特定的“实体”在某一类型的整个变化中保持同一。梅耶松承认，也许事实证明这则偶然陈述是错误的。例如，质量守恒和宇称守恒就是如此。梅耶松认为，在这些情况下，虽然事实证明，把同一律应用于客体在时间中的存在是不正确的，但同一律本身并不受影响。

但同一律本身是一种同义反复，从中不可能演绎出关于世界的陈述。梅耶松承认这一点。但他认为，同一律是一种“有意义的”同义反复。它之所以有意义，是因为把这条定律正确地应用于客体在时间中的存在是理解自然的必要条件。尝试把同一律强加于自然界是科学研究的一条重要的指导原则。[58]

对整个变化中保持不变的东西的寻求在原子论和力学守恒定律中最为成功。但正如梅耶松所指出的，在某些点上，对我们强加于自然的同一性的要求遇到了阻碍。一个例子是卡诺原理，热力学第二定律。卡诺原理规定，在孤立系统中自然发生的过程会增加系统的熵。熵是关于组织程度的量度。熵的增加表示系统内组织程度的降低。但由于在孤立系统中自然发生的过程中，熵的增加是单向的，所以不能把熵看成在整个过程中守恒的“实体”。热力学第二定律是一种范围很广且极为重要的关系。它是一种梅耶松意义上的“非因果”关系。梅耶松宣称：“我们的理解力试图通过因果性原理把约束加诸自然，卡诺原理表达的正是自然反对这种约束所作的抵抗。”[59]

三、科学理论的结构

皮埃尔·迪昂（Pierre Duhem，1861—1916）是波尔多大学的物理学教授（1893—1916）。他为热力学、流体力学以及科学史和科学哲学做出了原创性贡献。他对中世纪物理学的研究表明，16、17世纪的“科学革命”在布里丹（Buridan）、奥雷姆（Oresme）等人的中世纪工作中有着重要根源。这项工作有效地纠正了科学史中的一种短视观点，即认为中世纪是一个只会作徒劳论辩的时期。在《物理学理论的目的与结构》（*The Aim and Structure of Physical Theory*，1906年）中，迪昂坚持认为，科学理论是把实验定律集合起来的相关手段。

诺尔曼·R. 坎贝尔（Norman R. Campbell，1880—1949）是一位在剑桥大学接受教育的物理学家。他先是在卡文迪什实验室的汤姆孙（J. J. Thomson）手下工作了几年，然后在通用电气公司从事物理学研究。他在科学哲学方面的主要著作是其身后出版的《科学的基础》（*Foundations of Science*，1957年），《物理学原理》（*Physics: The Elements*）的增补版。坎贝尔的研究以其对测量理论和科学理论结构的认真分析而著称。

玛丽·赫西（Mary B. Hesse，1924—2016）是剑桥大学的科学哲学讲师。她在伦敦大学学习数学、物理学、科学史和科学哲学，在伦敦大学和利兹大学任教，并作为访问教授在耶鲁大学、明尼苏达大学和芝加哥大学任教。

赫西博士目前正在基于归纳推理发展一种关于物理科学结构的统一观点，特别关注使用模型和类比的历史案例。

罗姆·哈瑞（R. Harré，1927— ）是牛津大学的科学哲学讲师。他曾在奥克兰大学学习数学和物理学，后在牛津大学学习哲学。在牛津任职之前曾执教于巴基斯坦、伯明翰和莱斯特。

哈瑞对演绎主义和实证主义的科学哲学作了猛烈批判，他目前正在致力于一种改变社会科学方法论方向的纲领。

纯粹几何学和物理几何学

要想恰当地理解理论的建立过程，一个前提是认识到公理系统与它在经验中的应用之间的区分。19世纪非欧几何的建立使人注意到了这种区分。罗巴切夫斯基（Lobachevsky）、鲍耶（Bolyai）和黎曼（Riemann）都发明了在一些重要方面不同于欧几里得系统的公理系统。

欧几里得系统假设，通过给定直线外一点只能作一条平行线。而非欧几里得系统则作了不同的假设。罗巴切夫斯基和鲍耶将欧几里得几何学的假设替换成了一条公理，即过一点可以作两条线平行于已知直线。由这条公理以及他的系统的其他公理和定义，罗巴切夫斯基导出了一条定理，即三角形的内角之和总是小于180度，并且随着三角形面积的增加而减小。黎曼则将欧几里得的假设替换成了这样一条公理，即过一点不能作与已知直线平行的线。黎曼几何学有一条定理：三角形的内角之和总是大于180度，并且随着三角形面积的增加而增加。

作为形式演绎系统，没有理由判定这些可选择系统中间哪一个更优越。它们相对于彼此都是一致的。可以表明，如果欧几里得几何学是内在一致的，那么非欧几何学也是一致的。

由于认识到这个事实，许多思想家都把"纯粹几何学"的公理和定理的先验地位与"物理几何学"的有经验意义的断言进行对比。例如，亥姆霍兹（Helm holtz）强调，各种几何学系统本身缺乏经验内容。只有当它们与某些力学原理结合时，才会产生有经验意义的命题。根据亥姆霍兹的说法，在把几何学定理应用于经验之前，必须指明像"点"、"线"、"角"这样的术语应当如何测量。[60]

迪昂论定律的结合

和休厄尔一样，皮埃尔·迪昂也对科学史感兴趣，并且也试图提出一种与历史记录相一致的科学哲学。休厄尔曾把科学的进步描绘成支流汇成江河。迪昂同意，成功的理论的确把实验定律结合或捆绑在一起。他说理论"描述"了一组定律，并把这种"描述"功能与据说大多数理论都有的"解释"功能作了对比。理论通常被认为是通过描述"现象背后的实在"来解释现象的。迪昂批评了这种观点，坚称只有这种描述功能才有科学价值。[61]

科学理论“描述”但并不“解释”实验定律，迪昂的这种立场乃是基于他对理论结构的看法。根据迪昂的说法，科学理论是由公理系统和“对应规则”[62]所组成的，这些对应规则把公理系统的一些术语与由实验测定的量关联起来。此外也许有一种图像或模型与被解释的公理系统相联系。但这种模型并不是理论逻辑结构的一部分。由公理系统和对应规则足以导出那些被理论“描述”的实验定律。因此，与理论相联系的模型对于预言实验结果不起任何作用。

以气体运动论为例，公理陈述的是“分子”、“速度”、“质量”等术语之间的关系。公理系统通过所有分子的方均根速度这个概念与经验相关联。对应规则将这个方均根速度与气体的压力和温度关联起来。迪昂坚称，运动论之所以有价值，是因为它把关于气体宏观行为的以前没有关联的实验定律结合在一起。例如，被归于波义耳、查理和格雷姆的定律是理论假定的演绎推论。这是理论的“描述”功能。但迪昂否认描述质点之间弹性碰撞的模型有任何解释功能。开尔文勋爵（Lord Kelvin）主张，“理解”一个过程就是设想其背后的机制，对此迪昂持严厉的批判态度。根据迪昂的说法，与理论相联系的模型对于寻求新的实验定律也许有启发价值，但模型本身并不是理论所给出的解释的前提。

迪昂强调，理论并非仅仅通过陈述一些定律的组合来“描述”这些定律。其关系要更为复杂，它允许理论家发挥充分的想象力。当然，一个可接受的理论必定蕴含着可以用实验检验的定律，但理论的基本假定可能包含关于与测量过程毫不相干的量的陈述。[63]在这些情况下，理论的公理是由假说表述的，而不是由归纳推论表述的。

迪昂指出，科学程序始终充满着理论上的考虑。他支持休厄尔的观点，即不存在全无理论的不可还原的事实。迪昂强调，科学家总是借助于某个理论来解释实验结果。对科学家有意义的不仅是某个仪器的指针指着3.5。这一观测只有结合对其含义的解释才是有价值的。例如，把指针读数解释成意指线圈中的电流是某个确定的值，某种物质的温度是某个确定的值，等等。不仅如此，正如迪昂所指出的，科学家认识到自己所使用的仪器有一个有限的实验误差。例如，如果压力计读数为“3.5”，它的实验误差范围是 ±0.1 个大气压，那么介于 3.4 和 3.6 个大气压之间的任何压力都与读数相一致。迪昂指出，与由实验给定的条件相一致的“理论事实”有无穷多个。[64]

基于这些考虑，迪昂批判了牛顿在《自然哲学的数学原理》的“总释”中提出的科学程序理想。牛顿曾经建议，应把自然哲学局限于通过归纳概括从关于现象的陈述中得到的命题。即使牛顿本人在《自然哲学的数学原理》中并没有遵循这种归纳主义理想，但事实证明，这种理想本身在科学史中是坚韧的。迪昂指出，

> 对于物理学家来说，纯粹归纳的方案因为两块多岩石的暗礁而行不通。首先，任何实验定律在接受一种解释，使之变成符号定律之前都无法为理论家服务；这种解释意味着坚持一整套理论。其次，任何实验定律都是不精确的，而仅仅是近似的，因此对它可以作无穷多种不同的符号翻译；在所有这些翻译中，物理学家必须选择一种能为他提供有效假说的翻译，而根本不是实验支配他的选择。[65]

坎贝尔论“假说”和“词典”

在 1919 年的著作中，坎贝尔基于公理系统与其经验应用之间的区分对物理理论的结构作了认真分析。根据坎贝尔的说法，物理理论包含两种不同陈述。他把第一组陈述称为理论“假说”。在坎贝尔的用法中，“假说”是指其真理性无法在经验上确定的陈述的集合。[66] 追问一个假说本身的经验真理性是没有意义的，因为假说中的各项并没有被指定经验意义。坎贝尔把公理和从中导出的定理都包含在理论假说中。

坎贝尔把理论中的第二组陈述称为一本假说“词典”。词典中的陈述把

假说中的术语与经验真理性可以确定的陈述联系起来。坎贝尔对科学理论结构的看法可以表示为：

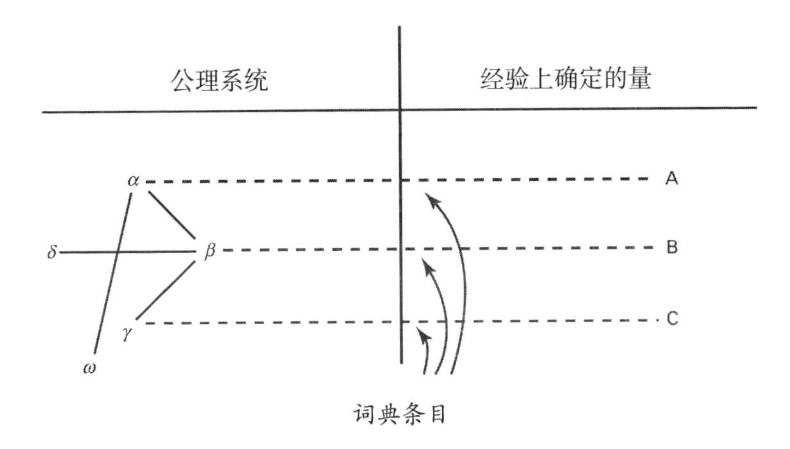

词典条目

在这张图中，α，β，γ，……是公理系统的术语，术语的连接线代表公理。公理系统本身是未解释术语之间的一组抽象关系。公理系统与感觉经验领域之间的界线是通过词典条目来连接的，这些条目把公理系统的某些术语与实验上可测量的性质联系起来。

与迪昂一致，坎贝尔也强调，许多理论中都有一些术语没有词典条目。整个理论要想获得经验意义，并不需要把每一个假说术语与可以用实验检验的断言联系起来。在这幅图中，δ 和 ω 在词典中没有提及。但整个公理系统（δ 和 ω 都是其中的术语）通过联系 α 和 A，β 和 B，γ 和 C 的词典条目而与经验相联系。

气体运动论很好地说明了这一点。该理论的公理陈述了个体分子的质量与速度之间的关系，但个体分子速度在词典中并没有条目。尽管如此，个体分子速度与所有分子的方均根速度有关系，而方均根速度经由词典而与气体的温度和压力相关联。

数学理论和力学理论

坎贝尔把物理理论进一步分为“数学理论”和“力学理论”，并把这种细分基于形式结构的差异。数学理论假说的每一个重要术语都与经验确定的量直接相关和分别相关。物理几何学例证了这种类型的理论。像“点”、“线”和“角”这样的术语与测量程序直接相联系。而对力学理论而言，假说的某些术语只是通过这些术语的函数才与经验上确定的量相关。[67]气体运动论中的个别分子速度就是如此。因此，气体运动论例证了力学类型的物理理论。

类比

坎贝尔认为，科学理论的形式结构由一个假说和一本词典所组成。但他又认为，对于一个理论来说，仅仅展示所需要的形式结构是不够的，它还必须与类比联系起来。可接受的理论会显示出与先前确定的定律所支配的系统的相似性。这些先前确定的定律被认为要比从理论中演绎出来的定律更熟悉也更恰当。坎贝尔宣称，一个理论——

> 总是这样来解释定律的：它表明，如果我们设想那些定律所适用的系统由另一些已知定律所适用的其他系统所组成，则定律就可以从理论中演绎出来。[68]

例如在气体运动论中，将气体分子与一大群粒子进行类比。假定这些粒子服从牛顿定律，碰撞后没有能量损失。这种类比在气体行为理论的历史发展中起了重要作用。起初，粒子与分子之间的正面类比仅限于运动的性质和弹性碰撞。粒子可能具有的其他性质根本未被提及。后来，范德瓦尔斯（van der Waals）推广了这个理论，以解释高压下的气体行为。他就粒子的体积与粒子之间存在的力作了若干假定。这些性质起初是粒子与分子之间中性类比的一部分。

迪昂和坎贝尔都意识到类比在这个例子中的启发作用。但迪昂认为，断言一个理论只是断言一种正面类比，而坎贝尔则认为，断言一个理论乃是断言一种“正面的加中性的”类比。因此，迪昂把从最初的运动论发展到范德瓦尔斯所作的修改描述为一个理论被另一个理论所取代，而坎贝尔则把这种发展描述为运动论的扩展。

坎贝尔强调，与理论相联系的类比不仅仅是促进寻求新定律的一种启发性手段。恰恰相反，类比是理论必不可少的一部分，因为只有通过类比，才能说理论解释了一组定律。坎贝尔用以下特设性理论来说明这一点：

假说由以下数学命题所组成：

（1）u, v, w, ……是自变量。

（2）a 对于这些变量的所有值来说是一个常数。

（3）b 对于这些变量的所有值来说是一个常数。

（4）$c = d$，其中 c 和 d 是因变量。

词典由下述命题所组成：

（1）$(c^2+d^2)\, a = R$，其中 R 是正有理数，意味着某块纯金属的（电）阻抗是 R。

（2）$cd / b= T$ 意味着同一块纯金属的（绝对）温度是 T。[69]

从假说中可以导出：

$$(c^2+d^2)\, a = 2ab\left(\frac{cd}{b}\right)$$

根据这个词典，这个定理等价于这样一个实验定律，即这块纯金属的电阻与它的绝对温度直接成正比。

这个理论的问题在哪里？迪昂会说，它没能实现描述的经济性，它不大可能有启发价值。然而坎贝尔坚称，这种“假说加词典”根本不是一种“理论”。提出假说和词典仅仅是为了蕴含想要的实验定律。但是显然，某个定律，甚至是一组定律，也许可以从无限多组前提中导出。把定律从“假说加词典”中成功地导出来是解释定律的必要条件但不是充分条件。根据坎贝尔的说法，只有与其他已知定律进行类比时，理论才解释了从中导出的定律。

坎贝尔数学理论和力学理论都是如此。但力学理论的类比是得到明确陈述的和显然的，而数学理论就不是这样。坎贝尔对此的解释是，在数学理论中，进行类比的定律正是从理论中导出的那些定律。类比是一种数学形式。从中导出实验定律的理论和定律本身具有相同的数学形式。

坎贝尔把富里叶（Fourier）的热传导理论当作数学理论的一个例子。该理论由一个数学方程和一本词典所组成。方程是：

$$\lambda\left(\frac{\partial^2\theta}{\partial x^2}+\frac{\partial^2\theta}{\partial y^2}+\frac{\partial^2\theta}{\partial z^2}\right)=\rho c\frac{\partial\theta}{\partial t}$$

词典则规定：θ 是绝对温度，λ 是热导率，ρ 是密度，c 是比热，t 是时间，x, y, z 是一个点在一块无限长的材料板中的空间坐标。从这个理论中可以导出关于热在有限长的各种材料板中传导的无数实验定律。实验定律陈述了理论中提及的变量和常量之间的关系，定律和理论具有共同的数学形式，根据坎贝尔的说法，正是通过富里叶理论与热传导实验定律之间的类比，才可以说理论解释了这些定律。

坎贝尔认为，科学的目的是发现和解释定律，而定律只有被归入理论才能得到解释。他对科学理论结构的深刻分析进一步打击了对科学程序的归纳主义看法。

尤其是，力学理论是只依靠成功地运用类比才产生的。不可能预先指定任何规则来把恰当的类比与不恰当的类比分开。理论家的想象力仅仅受制于实验定律的内在一致性和可推导性的要求。一旦提出，成功力学理论的标志就是它能够富有成果地暗示进一步的关联。

数学理论也是只依靠成功地运用类比才产生的。在这个过程中，对数学简单性的考虑很重要。但坎贝尔坚称，数学理论的提出不只是实验定律的外推。理论家必须在可供选择的数学关系中进行挑选，这些数学关系既蕴含着定律，又显示出数学形式与定律的某种相似性。实验定律本身没有任何东西迫使他挑选出某种特定的数学关系。[70]

坎贝尔声称，只有通过类比才可以说科学理论解释了可从它导出的定律，这种主张受到了卡尔·亨普尔的挑战。亨普尔指出，坎贝尔关于金属电阻的特设性理论并没有证明诉诸类比是科学解释所必不可少的。

亨普尔提出了一种可以从中导出电阻定律的不同的特设性理论。该假说由以下两个关系所组成：

$$(1)\ c(u)=\frac{k_1 a(u)}{b(u)} \quad 和 \quad (2)\ d(u)=\frac{k_2 b(u)}{a(u)}$$

其中 k^1 和 k^2 是常数。词典明确指明，对于任意一块纯金属 u 而言，$c(u)$ 是它的电阻，$d(u)$ 是其绝对温度的倒数。[71]

从以上假说可以导出：

$$c(u)=k_1 k_2 \frac{1}{d(u)}$$

根据词典，这种关系规定，一块纯金属的电阻与它的绝对温度成正比。

亨普尔指出，与坎贝尔的理论不同，他的理论的确显示了与之前确立的定律的类似之处。假说中陈述的每一种关系都是欧姆定律的一种形式类比。但这种类比的存在并没有给理论增加解释力。正如迪昂所指出的，理论的解释力源自导出实验定律的论证，而这些论证并不涉及类比。亨普尔强调，他自己的理论和坎贝尔的理论在解释力上都有缺陷，因为每一种理论中都只能导出一个实验定律。两种理论都不能通过表明一组特定的理论假设如何蕴含着若干不同的实验定律来实现概念整合。根据亨普尔的说法，正是这种概念整合（迪昂称之为“描述功能”）构成了科学理论的解释力。

亨普尔承认，类比往往对于指导进一步的研究有价值。他并不否认类比在科学的历史发展过程中有影响，但他的确和迪昂一样都认为，既然类比在实验定律的推导过程中并不作为前提出现，类比并不是科学理论结构的一部分。

亨普尔的反例所确定的至多是，并非所有诉诸形式的类似性都为一组定律提供了解释。这使得坎贝尔的主张并未受到影响，即只有提出与先前确立的定律所支配的某个系统的类比，理论才能解释定律。坎贝尔大概会同意，援引欧姆定律并没有确立恰当的类比，亨普尔的“假说加词典”并无解释力。但坎贝尔只相信，如果理论确实有解释力，那么它将显示与先前确立的定律所支配的系统的类比。显示出类比但并不具有解释力的“理论”并不是这种主张的反例。

赫西论类比的科学使用

玛丽·赫西指出，在科学中运用类比往往就是主张，类比与待解释系统之间有两种关系。第一种关系是类比的性质与待解释系统的性质之间的相似关系。第二种关系是因果关系或函数关系，它既适用于类比，也适用于待解释系统。例如，声音的性质与光的性质之间的类比可以表示如下：

因果关系	声音的性质	光的性质
反射定律，	回声	反射
折射定律，	响度	亮度
等等	音高	颜色
	在空气中的传播	在“以太”中的传播
	……	……

相似性
关系

这种类比可以用来提出双重要求。第一个要求是，每一栏中的对应性质是相似的。第二个要求是，有相同类型的因果关系把每一栏中的术语联系起来。这些因果关系包括反射定律、折射定律、强度随距离而变化，等等。赫西指出，每一个要求都可以受到质疑，比如相似关系是肤浅的，把已知的声音传播的因果关系应用于光的传播是不恰当的。[72]

亨普尔的反例中使用的类比在一个重要的方面不同于声音—光的类比。在声音—光的类比中，横向的相似关系之成立据说不依赖于纵向的因果关系的存在。亨普尔的类比却不是这样。类比中的术语与待解释系统中的术语之间仅有的关系据说是具有相同形式的函数关系。横向关系只有凭借各自纵向关系中的形式同一性才能确立，即：

函数关系	电路的性质		一块纯金属的性质	
			公理（1）	公理（2）
$① \propto \frac{②}{③}$	①	i	①　$c(u)$	①　$d(u)$
	②	V	②　$a(u)$	②　$b(u)$
	③	R	③　$b(u)$	③　$a(u)$

赫西把这种类比称为“形式类比”，以区别于的确有独立于纵向关系的横向相似关系的“实质类比”。[73]

赫西认为，形式类比的可接受性完全依赖于所引用的形式关系是否恰当。在亨普尔的反例中，似乎没有理由（除了建立一种产生已知定律的演绎关系）选择欧姆定律作为类比。为了导出已知定律，理想气体定律[74]将是一个同样好的类比。我们没有理由相信亨普尔的公理与电路中的电流之间有任何关联。这里需要的是类比关联是否恰当的标准。

哈瑞论基本机制的重要性

在反对迪昂—亨普尔对理论的看法时，哈瑞提议发动一场“哥白尼革命”，将重点从理论的形式演绎结构转移到相关的模型上。他宣称，

> 科学哲学中的哥白尼革命在于把模型当作思维工具引入中心位置，把命题用演绎方法组织起来的结构仅仅降格为一种启发作用，恢复一个事件或事态产生另一个事件或事态的观念。根据这种看法，理论建构本质上就成了逐步建立假说性机制的观念。[75]

哈瑞认为，这种强调要比起迪昂的立场更符合“科学家的持续直觉”。[76]

哈瑞区分了科学理论的三个组成部分：关于模型的陈述、经验定律和转换规则。关于模型的陈述通常既包括断言理论实体存在的假说，又包括关于这些实体行为的假说。转换规则可以同时包括因果假说和模态转换。

因果假说可以表达为“如果 M 则 E”形式的条件句，其中“M”是模型的状态，“E”是一类观察结果。模型转换可以表达“M 当且仅当 E”形式的双条件句。

根据这种分析，气体运动论的结构可以部分表示为：

模型	转换规则	经验定律
存在性假说 “存在着分子”	因果的 “压力由分子碰撞引起” （“如果 I 则 P”）	$\frac{PV}{T}=$ 常数
描述性假说 “碰撞是弹性的” “$\Delta m_1v_1=$ 常数” …	模态的 “温度是分子的平均动能” （“T 当且仅当 $\frac{2}{3}\ \frac{E}{k}$”）	…

关于理论中包含的模型，哈瑞强调，存在性假说是由模型提示的，而不是由可以从描述性假说中发展出来的演绎结构提示的。他坚称，提出存在性假说是一种“扩展科学”的操作，并且通过分析科学的历史发展来支持这一论点。无可争辩的是，证明毛细管、无线电波和中微子等理论实体的存在性的努力对科学进步做出了贡献。

哈瑞指出，确证存在性假说的努力有各种可能的结果。一种可能性是，所寻求的那种实体的证明标准和识别标准都能得到满足。门捷列夫预言尚未发现的元素的存在性就是一个例子。后来表明，他所指明的识别标准（物理性质、形成的化合物类型等）被钪、镓、锗所满足。关于正电子、病毒和中微子存在的假说也是如此。

在另一些情况下，存在性假说可能被抛弃是因为证明标准没有得到满足。存在着一颗轨道位于水星轨道之内的行星，以及存在着一种传播光的以太，这两个假说的命运都是如此。

还有一些情况下，存在性假说可能被抛弃是因为识别标准没有得到满足。在这些情况下，证明区域被某种并不满足原初识别标准的东西所占据。例如，对人的心脏的显微镜研究揭示出它是一块连续的肌肉，盖伦的假说，即隔膜中有血液可以通经的孔洞，就被抛弃了。

在某些情况下，未能满足识别标准会导致相关理论实体的重新归类。“卡路里”的例子就是如此。18 世纪的许多科学家都用一种看不见的流体的转移来解释热效应。但是在 19 世纪，各种研究表明，卡路里并不满足独立存在的实体应当满足的某些识别标准。例如，这种“实体”在作机械功的某些过程中基本上消失了。科学家给出的一种回应是，把卡路里重新解释为实体的一种性质——其组成粒子的平均动能——而不是实体本身。

根据哈瑞的说法，判断理论中所包含的类比联系是否恰当的一个标准是能否从理论中产生存在性假说。如果一个理论没有提示任何存在性假说，则该理论就没有促进我们对自然过程背后机制的理解。哈瑞宣称，

> 科学解释在于发现或想象一些听上去合理的产生机制，使之适用于事件之间的模式，事物的结构，事物和材料的产生、生长、衰落或灭亡，持续存在的事物和材料内部的变化。[77]

从这种观点来看，坎贝尔和哈瑞用以导出电阻随温度变化的理论是完全不恰当的。

注释

1　John Locke, *An Essay Concerning Human Understanding*, Ⅳ, iii.25.

2　Ibid., Ⅱ. viii. 23.

3　Ibid., Ⅳ. vii. 14.

4　John Yolton, *Locke and the Compass of Human Understanding* (Cambridge: Cambridge University Press, 1970), 58.

5　Locke, *Essay*, Ⅳ. xii. 10.

6　G. W. Leibniz, ‘On a General Principle Useful in Explaining the Laws of Nature through a Consideration of the Divine Wisdom; To Serve as a Reply to the Response of the Rev. Father Malebranche’, in L. Loemker, ed., *Leibniz: Philosophical Papers and Letters* (Dordrecht: D.

Reidel Publishing Co., 1969), 351–353.

7 Leibniz, 'Tentamen Anagogicum: An Anagogical Essay in the Investigation of Causes', *Leibniz: Philosophical Papers and Letters*, 477–484.

8 Gerd Buchdahl, *Metaphysics and the Philosophy of Science* (Oxford: Blackwell, 1969), 416–417.

9 Leibniz, 'Seventh Letter to de Volder (November 10, 1703)'; 'Eighth Letter to de Volder (January 21, 1704)'; in *Leibniz: Philosophical Papers and Letters*, 533. 另见 George Gale, 'The Physical Theory of Leibniz', *Studia Leibnitiana II*, 2 (1970), 114–127.

10 见 Leibniz, 'Sixth Letter to de Volder (June 20, 1703)', in *Leibniz: Philosophical Papers and Letters*, 530.

11 休谟在《人性论》中否认几何学命题是必然真理，但后来又改变了想法。在《人类理解研究》中，他认为几何学命题以及算术和代数命题都是必然真理。

12 David Hume, *An Enquiry Concerning Human Understanding* (Chicago: Open Court Publishing Co., 1927), 23.

13 Albert Einstein, 'Geometry and Experience' in *Sidelights on Relativity* (New York: E.P. Dutton Co., 1923), 28.

14 休谟所理解的"感觉印象"不仅包括视觉、听觉、触觉和嗅觉的所予，还包括欲望、意志和感受。

15 Hume, *Enquiry Concerning Human Understanding*, 63.

16 Ibid., 19.

17 Ibid., 16.

18 Hume, *A Treatise of Human Nature*, 53–65.

19 Ibid., 15–16.

20 Ibid., 251–262.

21 Ibid., 155–172.

22 Hume, *Enquiry Concerning Human Understanding*, 77.

23 Hume, *Treatise of Human Nature*, 172; *Enquiry Concerning Human Understanding*, 79.

24 Hume, *Enquiry Concerning Human Understanding*, 79.

25 Hume, *Treatise of Human Nature*, 173–175.

26 Hume, *Enquiry Concerning Human Understanding*, 37.

27 Ibid., 45.

28 Immanuel Kant, *Critique of Judgement*, trans. J. H. Bernard (London: Macmillan, 1892), 17.

29 莫泊丢（Maupertuis）的最小作用量原理给康德留下了深刻的印象，由该原理——通过对"作用"进行恰当的解释——可以导出支配静力学平衡、碰撞和折射的定律。和莱布尼茨的最小努力原理一样，最小作用量原理似乎为这些定律为什么会被遵守提供了理由。根据莫泊丢的解释，最小作用量原理为造物主有目的的活动提供了证据。

但康德只把一种规范原理的地位赋予了最小作用量原理。

30　Immanuel Kant, *Critique of Judgement*, trans. J. H. Bernard (London: Macmillan, 1892), 20–24.

31　Ibid., 21.

32　Kant, *Critique of Pure Reason*, trans. F. Max Müller (New York: Macmillan, 1934), 530.

33　Ibid., 519.

34　Kant, *Critique of Judgement*, 327.

35　John F. W. Herschel, *A Preliminary Discourse on the Study of Natural Philosophy* (London: Longman etc., 1830), 88–90.

36　J. Herschel, *Familiar Lectures on Scientific Subjects* (New York: George Routledge and Sons, 1871), 362.

37　J. Herschel, *Preliminary Discourse*, 202–203.

38　Ibid., 168.

39　Ibid., 170.

40　Ibid., 280.

41　Ibid., 171–172.

42　Ibid., 186–187.

43　Ibid., 229–230.

44　William Whewell, *Philosophy of the Inductive Sciences* (London: John W. Parker, 1847), i. 42.

45　Whewell, *Novum Organon Renovatum* (London: John W. Parker & Son, 1858), 30.

46　Ibid., 31.

47　Ibid., 41.

48　Ibid., 59–60.

49　Ibid., 70.

50　Ibid., 59.

51　Ibid., 64.

52　Ibid., 71.

53　Whewell, *History of the Inductive Sciences* (New York: D. Appleton, 1859), i. 47.

54　Ibid., ii. 267–269.

55　Whewell, *Novum Organon Renovatum*, 90.

56　Whewell, *Astronomy and General Physics Considered with Reference to Natural Theology* (Philadelphia: Carey, Lea and Blanchard, 1833), 164–168.

57　Whewell, *Philosophy of the Inductive Sciences*, i. 245–254.

58　Émile Meyerson, *Identity and Reality*, trans. K. Loewenberg (New York: Dover Publications, 1962), 402.

59　Ibid., 286.

60 Hermann von Helmholtz, 'On the Origin and Significance of Geometrical Axioms', trans. E. Atkinson, in *Helmholtz: Popular Scientific Lectures*, ed. M. Kline (New York: Dover Publications, 1962), 239–247.

61 Pierre Duhem, *The Aim and Structure of Physical Theory*, trans. P. Wiener (New York: Atheneum, 1962), 32.

62 迪昂本人并没有使用“对应规则”这个短语来表示将公理系统与由实验确定的量联系在一起的陈述。

63 Pierre Duhem, *The Aim and Structure of Physical Theory*, trans. P. Wiener (New York: Atheneum, 1962), 207.

64 Ibid., 135–136.

65 Ibid., 199.

66 N. R. Campbell, *Foundations of Science* (New York: Dover Publications, 1957), 122.

67 Ibid., 150.

68 Campbell, *What Is Science*? (New York: Dover Publications, 1952), 96.

69 Campbell, *Foundations*, 123.

70 Ibid., 153.

71 Carl Hempel, *Aspects of Scientific Explanation and Other Essays in the Philosophy of Science* (New York: Free Press, 1965), 444.

72 Mary Hesse, *Models and Analogies in Science* (Notre Dame, Ind.: University of Notre Dame Press, 1966), 80–81.

73 Ibid., 68–69.

74 $P=k\frac{T}{V}$，也有 ① $\propto$ $\frac{②}{③}$ 的形式。

75 Rom Harré, *The Principles of Scientific Thinking* (London: Macmillan, 1970), 116.

76 Ibid., 116.

77 Ibid., 125.

第十章　归纳主义和假说—演绎的科学观

约翰·斯图亚特·密尔（John Stuart Mill，1806—1873）从他的父亲詹姆斯·密尔那里获得了精心的培养，詹姆斯是一位备受尊敬的经济学家、历史学家和哲学家。从希腊语到心理学和经济学理论，约翰·密尔从三岁起接受的教育可谓广泛。密尔曾与东印度公司（1823—1858）有联系，1865年当选议会议员，在那里为妇女的选举权和爱尔兰的土地保有权改革而努力。他发表了大量书籍和文章来支持功利主义哲学。

老密尔要他的儿子牢记收集和衡量证据的重要性，约翰·密尔试图系统地提出归纳技巧来评价结论与证据之间的关联。他发现，科学方法论中蕴含着证明因果联系的规则。密尔在《逻辑学体系》（*System of Logic*，1843年）中阐述了他的科学哲学，并且在书中承认自己得益于赫歇尔和休厄尔。

威廉·斯坦利·杰文斯（William Stanley Jevons，1832—1882）于1866年任曼彻斯特大学的逻辑学和政治经济学教授，后在伦敦大学学院任教。他对逻辑学和概率论做出了贡献，并且是把统计学方法应用于气象学和经济学的先驱。杰文斯支持休厄尔传统的假说—演绎科学观，反对密尔的归纳主义。

密尔的归纳主义

归纳主义这种观点强调的是归纳论证对于科学的重要性。就其最具包容性的形式而言，归纳主义是一个关于发现的语境和辩护的语境的论点。关于发现的语境，归纳主义立场是，科学研究是从观测结果和实验结果作出归纳概括。关于辩护的语境，归纳主义立场是，只有当有利于科学定律或理论的证据符合归纳方案时，这种科学定律或理论才是正当的。

约翰·斯图尔特·密尔的科学哲学是归纳主义观点的一个例子。关于归纳论证在发现科学定律以及随后对这些定律的辩护过程中所起的作用，密尔提出了一些极端的主张。

发现的语境

密尔的归纳方法。密尔有效地宣传了邓斯·司各脱、奥卡姆、休谟和赫歇尔等人所讨论的某些归纳方法，以至于这些方法渐渐被称为实验研究的"密尔方法"。密尔强调了这些方法对于发现科学定律的重要性。事实上，在与休厄尔进行争论的过程中，密尔甚至声称科学中每一条已知的因果定律都是"通过可以归结为这其中的某种方法的过程"而被发现的。[1]

密尔讨论了四种归纳方法。[2]它们可以表示成下表。密尔认为差异法是四种方法中最重要的。在对差异法进行总结时，他指出，仅当两个事例有一个情况的差异而且只有一个情况有差异时，情况A和现象a才有因果关联。[3]但如果加强这种限制，运用差异法就不可能发现任何因果关系。

求同法

事例	先行情况	现象
1	ABEF	abe
2	ACD	acd
3	ABCE	afg

因此，A是a的原因。

差异法

事例	先行情况	现象
1	ABC	a
2	BC	--

因此，A是a的原因的必不可少的一部分。

共变法

事例	先行情况	现象
1	$A^{+}BC$	$a^{+}b$
2	$A^{0}BC$	$a^{0}b$
3	$A^{-}BC$	$a^{-}b$

因此，A 和 a 有因果关联。

剩余法

先行情况	现象
ABC	abc
B 是 b 的原因	b
C 是 c 的原因	c

因此，A 是 a 的原因。

对两个事例的描述要么涉及不同的地点，要么涉及不同的时间，要么同时涉及不同的地点和时间。但由于没有理由把空间和时间中的位置先验地从情况表中排除，所以在现象的出现上有所不同的两个事例不可能只在一个情况上有所不同。

另一个困难是，在密尔对这种方法的总结中，所有情况都是等价的。例如，为了解释为什么硝化甘油在一种场合爆炸而在另一种场合不爆炸，就不仅要明确指明该物质的处理方式，还要明确指明天空中的云量和太阳黑子的活动程度。如果所有情况都是等价的，那么就只有通过描述整个宇宙在某一特定时间的状态才能恰当指明一个事例。

密尔意识到了这一点。他承认，差异法作为一种发现方法的用处依赖于一个假设，即任何特定的研究都只需要考虑少数情况。但他坚持认为，经验表明这个假设本身是正当的。密尔声称，即使研究仅限于少数情况，在许多案例中差异法也是令人满意的。

也许是这样。但那样一来，发现因果关系就不仅仅涉及对符合该方案的值进行明确说明。为了在科学研究中使用这种方法，必须提出一个假说，说明哪些情况**可能**与某一现象的出现相关。关于相关情况的这个假说必须在应用这种方案之前提出来。因此，密尔声称应用差异法足以揭示因果关系，这一主张必须拒斥。另一方面，一旦猜测某一情况与现象相关，差异法就为用受控实验来检验这一猜测指明了一种有价值的方法。

密尔认为差异法是发现因果关系最重要的工具。他关于求同法的主张要更为温和。他认为，求同法是发现科学定律的有用工具。但他承认，需要对这种方法施加一些重要限制。

一个限制是，只有为相关情况列出一份准确的详细清单，这个方法对于寻找因果关系才是有效的。如果每一事例中的某一相关情况被忽视，应用求同法就可能误导研究者。因此，求同法的成功应用——就像差异法的成功应用一样——只有在关于相关情况的先在假说基础上才有可能。

求同法的另一个限制源于可能有多个原因在起作用。密尔承认，某一类型的现象在不同的场合可能是不同情况的结果。例如在以上方案中，有可能在事例 1 和 3 中 B 引起 a，而在事例 2 中 D 引起 a。由于存在着这种可能性，我们只能断言，A **可能**是 a 的原因。密尔指出，估计多个原因存在的可能性是概率论的一种功能，对于给定的相关来说，这种概率可能通过包括另外一些事例而减小，在这些事例中，情况更为多样，但这种相关仍然存在。

密尔认为，多个原因存在的可能性不会质疑差异法所达到结论的真理性。他宣称，对于差异法所作的任何论证，

> 至少在这个事例中，A 肯定要么是 a 的原因，要么是 a 的原因的一个必不可少的部分，即使在其他事例中产生它的原因可能是完全不同的。[4]

但是，说“这个事例中的一个原因”是什么意思呢？密尔曾把原因定义为

一个情况或一组情况，后面总是无条件地跟着某一类型的结果。在上述引文中密尔似乎主张，应用差异法可以确定，情况每次出现之后必定跟着一个对应的现象。大概是如此，尽管大家承认，这一现象也可能跟在其他某一组情况之后。关于密尔意思的这个结论有其如下说法为证：

> 多个原因……不仅不会减少对差异法的信赖，甚至也不会使更多的观察或实验成为必需：对于最为完备和严格的归纳来说，肯定和否定这两种事例仍然是足够的。[5]

后来杰文斯指出，密尔从关于单个实验中发生事情的陈述不正当地跳跃到这样一个概括，即在一个实验中发生的事情也将在其他实验中发生。[6]

多重因果关系和假说—演绎方法。在科学哲学的历史研究中，一般都要把密尔与休厄尔的观点加以对照。密尔往往被说成把科学发现等同于应用归纳方案，而休厄尔则被说成把科学发现看成自由地发明假说。

无疑，密尔关于其归纳方法的说法的确不够谨慎，这些方法肯定不是科学发现的唯一工具。尽管在这个问题上密尔发表过一些反对休厄尔的评论，但密尔清楚地认识到形成假说在科学中的价值。不幸的是，后来的一些作者过分强调了密尔在这场与休厄尔的争论中提出的轻率说法。

例如，在讨论多重因果关系时，密尔大大限制了其归纳方法的应用范围。在多重因果关系的事例中，结果的产生不止涉及一个原因。密尔把多重因果关系的事例细分成两类：在一类事例中，各种原因继续分别产生着它们自己的结果；在另一些事例中，最终产生的结果不同于分别产生的结果。密尔又把后一类进一步分为最终结果是现有原因的“矢量之和”的事例以及最终结果在性质上不同于各个原因之结果的事例。

密尔认为，“各个结果的相互共存”也许可以用四种归纳方法成功地加以分析。此外他还认为，“在性质上不同的最终结果”也是如此。他指出，对于后一类型的情况，研究者可以把结果与情况的存在或不存在关联起来，然后应用求同法和差异法。

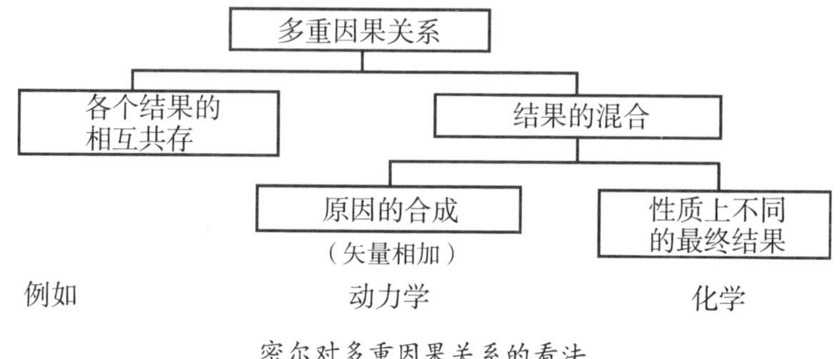

密尔对多重因果关系的看法

密尔认为，“原因的合成”的情况就完全不同了。这种多重因果关系经不起四种归纳方法的考察。密尔引用了两个外力引起的运动作例子。结果是沿着平行四边形对角线的运动，平行四边形的边长与力的大小成正比。

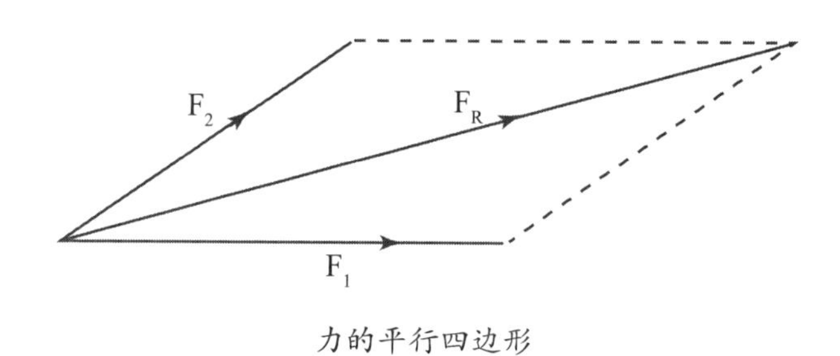

力的平行四边形

联合的原因引起一个结果，它在性质上不同于各自原因的各自结果，这是不可能的。每一个组分原因都起了作用，但这种作用加强或取消了结果。甚至在动态平衡中也是如此，其中起作用的力的净效应是静止。

关于力的合成，一个重要的考虑是，几个所起作用的力的贡献不可能通过对最终运动的了解来确定。有无穷多组力可以产生给定的最终运动。

密尔断言，他的归纳方法对于原因合成的情况是无效的——我们无法从关于最终结果的知识归纳出关于其组分原因的知识。因此他建议，应当用“演绎方法”来研究复合因果关系。

密尔概述了三阶段的演绎方法：（1）提出一组定律；（2）由这些定律的特定组合演绎出关于最终结果的陈述；（3）证实。密尔宁愿每一条定律从分别起作用的相关原因的研究中归纳出来，但他允许使用并非从现象中归纳出来的假说。假说是一些关于原因的推测，如果归纳出各个定律是不现实的，科学家有可能接受这些假说。

密尔同意休厄尔的看法，认为如果假说的演绎推论与观察相一致，那么使用假说就是正当的。但密尔对于假说的完全证实提出了非常严格的要求。他不仅要求得到证实的假说的演绎推论要与观察相一致，而且要求没有其他假说蕴含着待解释的事实。密尔坚持认为，要想完全证实某一假说，需要排除所有可能的备选假说。

密尔认为，完全的证实在科学中有时是能够实现的，但他只举了一个例子——牛顿关于太阳与行星之间反比平方中心力的假说。密尔声称，牛顿已经表明，不仅这个假说的演绎推论与观测到的行星运动相一致，而且任何其他力的定律都不能解释这些运动。[7]但无论是密尔还是牛顿都没有证明，他们所考察的其他定律穷尽了解释行星运动的可能方式。

密尔认为，这是业已实现完全证实的多重因果关系的一个案例。但他意识到很难排除其他备选假说，他在其他场合评价假说和理论的地位时非常谨慎。例如他坚持认为，虽然杨和菲涅耳的波动说有许多得到确证的演绎推论，但这种确证并不等于证实。密尔指出，在未来的某个时候也许可以提出一种理论，它不仅可以解释他那个时代用波动说来解释的现象，而且可以解释未能用波动说解释的吸收和发射现象。[8]与他的证实概念的严格要求相一致，密尔强调要对当时的理论持一种令人钦佩的开明态度。

密尔认为演绎方法在科学发现过程中起着重要作用。他宣称，

> 人类的心灵要感激它在自然研究中取得了最引人注目的成就。我们借以把大量复杂现象纳入几条简单定律的所有理论都要归功于演绎方法，这些关于大量现象的定律是不可能通过直接研究那些现象而被发现的。[9]

在这一点上，密尔和休厄尔是一致的。他们都确信，伟大的牛顿综合是假说—演绎方法的产物。既然如此，我们就必须断言，在科学发现的语境方

面，密尔并未捍卫一种排他的归纳主义立场。

辩护的语境

虽然密尔没有把科学研究归结为应用归纳方案，但他的确坚称，对科学定律的辩护是满足归纳方案。他认为，归纳逻辑的功能是提供规则来评价关于因果联系的判断。根据密尔的说法，要想为关于因果联系的陈述辩护，可以表明有利于它的证据符合特定的归纳方案。

因果关系和偶然关系。密尔强调，科学的一个重要目标就是证明因果联系。他对这一目标的讨论建立在对休谟观点分析的基础上，休谟认为，因果关系不过是两种事件在时间上恒常连接罢了。密尔认识到，如果休谟把因果关系与恒常连接等同起来是正确的，那么所有恒常的序列都将是等价的。但是根据密尔的说法，有些恒常的序列是因果关系，有些则不是。例如，把一块钠加入一杯水是水中剧烈产生气泡的原因。但白天并不是黑夜的原因，尽管我们迄今为止的经验都表明该序列是恒常的。因此，密尔区分了因果序列和偶然序列。他坚称，因果关系是一种**恒常的、无条件的**事件序列，因此一些恒常序列有可能是非因果的。

密尔承认，只有能够确定某些序列是无条件的，因果序列与非因果序列之间的区分才有价值。他指出，无条件的序列不仅在我们过去的经验中是恒常的，而且将会继续如此，“只要事物目前的结构持续下去”。[10]他解释说，他所谓的“事物目前的结构”是指那些“区别于派生的定律或配置的自然的终极定律（无论它们是什么）”。[11]

密尔指出，是否是恒常序列可以这样来判定：如果改变该序列通常发生的条件，将会发生什么。如果按照与“终极定律”一致的方式来改变这些条件，并且未能产生这个结果，那么该序列就是一个有条件的序列。例如，就白天和黑夜而言，密尔指出，这一序列的相关条件包括地球的周日旋转、太阳辐射和没有不透明的物体介入。他认为，由于这些条件中缺少任何一个都不会违反自然的终极定律，因此白天—黑夜序列是一个有条件的序列。

由于密尔未能明确指明哪些定律是“自然的终极定律”，所以这种方法的一般用处被大大限制了。密尔也没有进一步研究这种方法。但他始终确信，因果序列的确不同于偶然序列，这种不同可以在经验中显示出来。密尔认为，需要一种证明理论来规定有效的归纳论证形式。这样一种理论使科学哲学家能够确定哪些经验概括表述了因果关系。

有时密尔会把他的所有四种归纳方案称为因果联系的证明规则。但他在更谨慎的时候会把对因果联系的证明局限于那些满足差异法的论证上。

对归纳的辩护。为了确定具有差异法形式的任何论证都能证明因果联系，密尔不得不表明这种联系既是恒常的又是无条件的。密尔自认为能够做到这一点。但科学哲学家们一般都认为，密尔未能证明他的论断。密尔的论据基于两个前提，而他未能确定任何一个前提是真的。

第一个前提是，符合差异法方案的肯定和否定的事例仅仅在一个相关情况上是不同的。但正如以上所指出的，密尔无法确定这一点。他最多只能表明，在许多情况下序列据观察是恒常的，尽管只考虑了少数情况。但这并不足以证明没有进一步的情况与现象的出现或不出现相关。

第二个前提是普遍因果律，它规定对于任何现象都有一组先行情况，该现象恒常地和无条件地随之而起。密尔要求因果律的真理性建立在经验基础上，他承认，这种要求使他面临一个悖论：如果因果律应由经验来证明，那么它本身必须是归纳论证的结论。但每一个证明其结论的归纳论证都预设了因果律为真。密尔承认，他的证明似乎陷入了一个恶性循环。他认识到不能用使用差异法的归纳论证来证明因果律。这样做将是循环论证，因为需要因果律来证明差异法本身是正当的。

密尔认为，他可以凭借一个用简单枚举作归纳论证的论点来打破这个循环。他认为，

> 简单枚举法的不确定性与概括的大小成反比。观察的主题越是专门，范围越是有限，这一过程就越不可靠，越不充分。随着范围的扩宽，这种不科学的方法变得越来越不容易产生误导；单凭那种

方法就能恰当地、令人满意地证明……最普遍类型的真理，例如因果律。[12]

因此，虽然“所有乌鸦都是黑的”这一概括是不可靠的（回想一下黑天鹅的发现），但“对于某一类型中的每一个事件，都有一组情况恒常地、无条件地引起它”这一概括则是可靠的。

密尔认为，因果律概括的范围是如此之广，以至于每一个事件序列都是对其真理性的一次检验。他还认为，我们还不知道因果律有任何例外。根据密尔的说法，“只要经过充分考察”，每一个表面上的例外都是要么因为缺失了一个通常存在的先行情况，要么因为存在着一个通常不存在的情况。[13] 他断言，由于每一个事件序列都是对因果律的一次检验，而且所研究的每一个序列都已经确证了因果律，所以因果律本身是必然真理。

于是，密尔声称已经证明，用简单枚举法从经验前提所作的归纳论证证明因果律是必然真理。但密尔的“证明”是不成功的。诉诸经验和事物的实际情况并不能证明事物不会是别的样子。即使真如密尔所说，因果律从来没有一个真正的例外，这也不能证明因果律是必然真理。密尔要求因果律是必然真理，是为了证明他的主张是正当的，即符合差异法的论证**证明**了因果联系。

杰文斯的假说—演绎观

密尔关于辩护语境的归纳主义论点立刻遭到了杰文斯的质疑。杰文斯坚称，要想为一个假说辩护，必须做两件事情。一是必须表明它与其他得到充分确证的定律并非不一致，二是必须表明它的推论与实际观察相一致。[14] 然而，要想表明一个假说的推论与实际观察相一致，必须利用**演绎**论证。于是，杰文斯拒绝接受密尔的主张，即通过满足归纳方案来为假说辩护。在此过程中，杰文斯重申了亚里士多德、伽利略、牛顿、赫歇尔等人对演绎检验的强调。

注释

1 J. S. Mill, *System of Logic* (London: Longmans, Green, 1865), i. 480.

2 密尔还讨论了第五种方法，即求同差异共用法，它把这两种方法合并为同一个方案。

3 J. S. Mill, *System of Logic* (London: Longmans, Green, 1865), i. 431.

4 Ibid., i. 486.

5 Ibid., i. 485.

6 W. S. Jevons, *Pure Logic and Other Minor Works* (London: Macmillan, 1890), 295.

7 Mill, *System of Logic*, ii. 11–13.

8 Ibid., ii. 22.

9 Ibid., i. 518.

10 Ibid., i. 378.

11 Ibid., i. 378n.

12 Ibid., ii. 101.

13 Ibid., ii. 103.

14 Jevons, *The Principles of Science* (New York: Dover Publications, 1958), 510–511.

第十一章　数学实证主义和约定主义

乔治·贝克莱（George Berkeley，1685—1753）是有英格兰血统的爱尔兰人。他曾在都柏林的三一学院学习，后来在那里任教。作为虔诚的英国国教徒，他于1724年被任命为德里的教长。此后不久，他试图在百慕大建立一所学院，但因缺少资金而没有成功。1734年，他担任了克罗因（Cloyne）主教。贝克莱在《人类知识原理》（*Treatise Concerning the Principles of Human Knowledge*，1710年）和《希勒斯与菲洛诺斯的对话三篇》（*Three Dialogues Between Hylas and Philonous*，1713年）中提出了他的反唯物主义哲学。他后来的著作包括对牛顿微分演算的批判（《分析者》，*The Analyst*, 1734年）和对牛顿物理学的实证主义批判（《论运动》，*De Motu*，1721年）。

恩斯特·马赫（Ernst Mach，1838—1916）是在维也纳受教育的物理学家，他在力学、声学、热力学、实验心理学和科学哲学等方面都有贡献。他竭力反对"形而上学"解释侵入物理学。马赫反对科学应当试图描述现象背后的某种"客观实在"（比如原子），认为科学的目标应当是对现象之间的关系作出经济的描述。

昂利·彭加勒（Henri Poincaré，1854—1912）出生在法国南锡的一个著名家庭。他的堂兄雷蒙（Raymond）曾在第一次世界大战期间担任法兰西共和国的总统。彭加勒进入矿业学院学习，打算当一名采矿工程师，但其兴趣却转向了纯粹数学和应用数学。在卡昂大学短暂过渡之后，他转到了巴黎大学任教（1881年）。彭加勒在纯粹数学和天体力学方面都做出了重要贡献。在1906年论电子的论文中，他预见到爱因斯坦在狭义相对论中得出的一些结果。他的科学哲学著作——《科学与假说》（*Science and*

Hypothesis，1905年）和《科学的价值》（*The Value of Science*，1907年）——强调了约定对于提出科学理论的作用。

卡尔·波普尔（Karl Popper，1902—1994）曾任伦敦大学的逻辑学和科学方法教授。在颇有影响的《科学发现的逻辑》（*Logic of Scientific Discovery*，德文版1934年，英文版1959年）中，波普尔对维也纳学派寻求一种经验上有意义的陈述的标准提出批判，提出应就实际运用的方法论来对科学与伪科学进行划界。在《猜想与反驳》（*Conjectures and Refutations*，1963年）中，他重申并且扩展了这种立场。在第二次世界大战期间，波普尔出版了《开放社会及其敌人》（*The Open Society and its Enemies*），抨击了柏拉图、黑格尔、马克思以及把不可阻挡的规律强加于历史的所有思想家。

贝克莱的数学实证主义

乔治·贝克莱是牛顿科学哲学的早期批判者之一，他因为提出了许多论证来证明"物质实体"并不存在而成了一位有些声名狼藉的哲学家。在批判牛顿时，贝克莱指责牛顿没有注意他自己的警告。牛顿曾警告说，表述包含力的数学关系是一回事，而发现力"本身"是什么则是另一回事。贝克莱认为，牛顿正确地区分了他关于折射和引力的数学理论与关于光和引力的"真实本性"的假说。使贝克莱感到不满的是，牛顿以提出"疑问"为伪装，的确谈论了力，就好像力不仅仅是方程中的项似的。贝克莱强调，力学中的"力"类似于天文学中的本轮。这些数学构造有助于计算物体的运动。但贝克莱认为，把这些构造归于世界中的一种实际存在是错误的。

贝克莱认为，牛顿力学的全部内容，连同物体不能自行运动这一主张，都包含在一组方程中。贝克莱非常愿意承认牛顿所说的物体没有自我运动能力。但他提醒说，牛顿所说的"吸引力"、"内聚力"和"分解力"容易误导读者。这些力仅仅是数学实体。贝克莱宣称，

> 数学实体在事物的本性中没有稳定的本质：它们依赖于定义者的想法。因此，同样的事物可以用不同的方式来解释。[1]

于是，贝克莱对力学定律持一种工具主义看法。他认为，这些定律不过是描述和预测现象的计算工具罢了。他坚称，无论是定律中出现的术语还是定律所表达的函数关系，都不必涉及自然之中存在的任何事物。尤其是，贝克莱认为，我们对“引力”、“作用”、“动量”等术语所指的事物一无所知。我们只知道特定物体在特定条件下以特定的方式运动。不过贝克莱承认，像“引力”和“动量”这样的术语在力学中有重要用处，因为它们在理论中的出现使我们能够预言事件的序列。

贝克莱反对把科学比作制图学的科学观。科学定律和理论并不像地图。地形图上的每一项记录都标记着一种地形特征。地图描绘得是否准确，可以用一种合理的、直截了当的方式来确定。但科学理论中的每一个术语并不一定要标记宇宙中的一种可以独立认识的客体、性质或关系。

贝克莱的这种工具主义强调符合甚至是源于他的一个形而上学论点，即宇宙中只包含着两种东西——观念和心灵。他对这一立场的总结是，“存在即感知或被感知”。根据这种观点，心灵是唯一的因果动因。力不可能有因果效力。

此外，贝克莱还主张，不能区分作为物体客观属性的“第一性质”和只存在于主体知觉经验中的“第二性质”。伽利略、笛卡尔和牛顿都承认第一性质与第二性质的区分，并且指出广延、位置和运动是第一性质。但贝克莱否认物体有什么第一性质。他坚称，广延和运动与热和亮度一样是可感性质。我们关于物体的广延和运动的任何知识都源于我们的知觉经验。

贝克莱认为，像牛顿那样谈论绝对空间中的运动是毫无意义的。空间并不是某种脱离和独立于我们对物体的知觉而存在的东西。贝克莱指出，如果宇宙中没有物体，那么也将无法指定空间间隔。他断言，如果在这种情况下不可能指定空间间隔，那么谈论没有任何物体的“空间”就是毫无意义的。

贝克莱还指出，如果除一个物体外，一切事物都不复存在，那么这个物体将不可能被指定运动。这是因为一切运动都是相对的。谈论一个物体的运动就是谈论它相对于其他物体不断变化的关系。绝对空间中单个物体的运动是无法设想的。

牛顿的水桶实验也未证明绝对空间的存在性。贝克莱正确地指出，水在桶中的运动并非“真正的圆周运动”，因为它是水桶的运动与地球的自转和绕太阳的公转运动的复合。他断言，牛顿所谓相对于绝对空间的这种旋转运动也许应当归诸宇宙中的物体而不是水桶。[2]

牛顿在应用其力学理论时，不得不用相对的空间间隔来代替绝对空间中的距离。贝克莱指出，可以把牛顿所说的绝对空间中的运动从物理学中消除，而不会对这门学科有任何不利。他强调，虽然“引力”和“动量”是有用的数学虚构，但“绝对空间”却是无用的虚构，应当从物理学中消除。他建议把恒星当成描述运动的参照系。

马赫对力学的重新表述

19世纪下半叶，恩斯特·马赫对牛顿的科学哲学进行了批判，它与贝克莱的批判非常相似。关于科学定律和理论，马赫也持有贝克莱那样的工具主义看法。他宣称：

> 科学的目标是通过在思想中复制和预见事实来代替或**拯救**经验。[3]

根据马赫的说法，科学定律和理论都是对事实的隐含概括，从而使我们能去描述和预见现象。斯涅耳的折射定律是一个很好的例子。马赫指出，自然之中有各种折射事例，折射定律乃是在心灵中对这些事实进行重建的“简明规则”。[4]

马赫把一条经济原则当成了科学事业的规范原理。他声称：

> 可以把科学本身……看成一个**尽可能用最少的思维**来尽可能最全面地描述事实的极小值问题。[5]

科学家应当试图表述能够概括大量事实的关系。马赫强调，要想实现描述的经济性，一个特别有效的方法是提出一些内容广泛的理论，使经验定律能从若干条一般原理中推导出来。

和贝克莱一样，马赫也相信，不能认为科学的概念和关系对应于自然之中实际存在的事物。例如他承认，原子论也许对于描述某些现象是有用的，但他坚称，这并没有为自然之中原子的存在提供任何证据。

和贝克莱一样，马赫也拒绝在现象领域背后设定一个“实在”领域，无论是第一性质、原子还是电荷。他的现象主义与贝克莱的一样彻底。他宣称：

> 在研究自然时，我们不得不只讨论关于现象彼此之间联系的知识。在现象背后，我们呈现给自己的东西只存在于我们的理解力中，对我们来说只有记忆技巧（*memoria technica*）或表述（*formula*）方面的价值，因其任意性和不相干性，这些东西的形式很容易随着我们文化的观点而改变。[6]

马赫试图从现象主义的立场来重新表述牛顿力学。他希望通过这种重新表述来表明力学不需要关于绝对时空中运动的“形而上学”思辨。这种重新表述是把力学的基本命题细分成两类——经验概括和先验定义。

根据马赫的说法，力学的基本经验概括是：（1）在实验物理学所指定的某些情况下，彼此相对的物体沿着它们连线的方向，在对方之中引起相反的加速度；（2）两个物体的质量比与物体的物理状态无关；（3）每一个物体A、B、C……在物体K中引起的加速度彼此独立。

马赫又给这些经验概括增加了“质量比”和“力”的定义。两个物体的“质量比”是“那些物体相互引起的加速度的负反比”，“力”是“质量与加速度的乘积”。[7]

马赫认为经验概括是被实验证据确证的偶然真理。如果事实证明实验结果与迄今观察到的结果不一致，这些概括据信将被否证。

马赫强调，在他的重新表述中，只有明确指明了测量空间间隔和时间间隔的程序，这些概括才有经验意义。他建议，空间间隔应当相对于一个由“恒”星确定的坐标系来测量，从而消除一切对绝对空间的参照。他还坚称，由于谈论“自身均匀的”运动是毫无意义的，所以对绝对时间的参照也应消除。根据马赫的说法，时间间隔必须通过物理程序来测量。

然而，即使可以找到令人满意的物理程序来确定时—空间隔，我们也可以说，马赫并未确定他重新表述的经验概括有可能被否证。在第一个概括中出现的“在实验物理学所指定的某些情况下”隐藏着一个问题。物理学家试图检验对于不受外界变化影响的孤立系统的概括。但未能记录下“它们沿着连线方向相反的加速度”，并不一定证明这个概括错了，而是可以证明这两个物体没有完全摆脱干扰的影响。一个愿意不惜一切代价维护相关概括的物理学家可以把它用作一种约定，以确定一个物体系统能否被称为孤立系统。作为一种约定，这种关系既不能确证，也不能反驳。

迪昂论否证的逻辑

皮埃尔·迪昂对否证假说的分析进一步支持了约定主义观点。迪昂强调，我们根据一组前提预言一个现象将会出现，这组前提包括定律和关于先行条件的陈述。

考察以下这个例子：把一张纸置于一种液体中，以检验“所有蓝色石蕊纸遇酸性溶液会变红”这条定律。我们基于以下演绎论证，预言这张纸会变成红色：

L 在任何情况下，若把一张蓝色石蕊纸置于酸性溶液中，则它会变成红色。

C 把一张蓝色石蕊纸置于酸性溶液中。

∴ E 这张纸会变成红色。

这个论证是有效的——如果前提为真，则结论也必定为真。因此，如果结论为假，那么必有一个或多个前提为假。但如果纸没有变红，那么被否证的是 L 与 C 的合取，而不是 L 本身。为了继续断言 L，我们可以声称不存在蓝色的石蕊染料，或者纸并未放入酸性溶液。当然，可能有独立的方法来确定关于先行条件的陈述是否为真。但观察到 E 的情况并非如此本身并不能否证 L。

迪昂主要感兴趣的是更复杂的情形，在这些情形中，预言某种现象出现涉及若干假说。他强调，即使对这些情况的先行条件陈述无误，未观察到所预言的现象也只是否证了那些假说的合取。为了恢复与观察的一致，科学家可以随意改变前提中的任何一个假说。例如，他可以决定保留某个特定的假说不变，而取代或修改其他假说。采取这种策略就是把那个特定的假说当成一种约定，而约定不会产生真假的问题。

然而，尽管迪昂的确指出过如何把假说变成一个不可取消的约定，但他并未列出有哪些具体假说应该只解释为约定。他认为，当否证的证据出现时，理论中的哪些假定需要修改，应当交由科学家去判断。他还指出，作出良好判断的一个必要条件是一种冷静客观的态度。

在某些情况下，也许有很好的理由去改变理论中的某个假设而不是另一个假设。例如，如果一个假设出现在若干得到确证的理论中，而另一个假设仅仅出现在正在考虑的理论中，那么情况就是如此。但否证的逻辑中没有任何东西能够准确描述理论错在何处。

迪昂把他对否证逻辑的分析应用于“判决性实验”的想法。弗朗西斯·培根曾经提出，的确存在着判决性实验或“指路牌式事例”，它们能在相互竞争的理论中最终作出判决。在 19 世纪，人们普遍认为傅科判定光在空气中的速度大于光在水中的速度就是一个判决性实验。例如物理学家阿拉果（Arago）声称，傅科的实验不仅证明光不是一束发射的粒子，而且证明光是一种波动。

迪昂指出，阿拉果错在两个地方。首先，傅科实验仅仅否证了一组假说。在牛顿和拉普拉斯的微粒说内部，光在水中要比在空气中运动更快这个预言仅仅是从一组命题中推导出来的。而把光比作一群抛射体的发射假说只是这些前提中的一个。此外还有关于发射粒子和介质之间相互作用的命题。面对着傅科的结果，微粒说的支持者本可以决定保留发射假说，对微粒说的另一些前提作出调整。第二，即使微粒说除发射假说之外的每一个假设都基于其他理由而被认为是真的，傅科的实验也仍然不能证明光是一种波动。无论是阿拉果还是其他科学家都未能证明，光必定要么是一束发射微粒，要么是一种波动。也许还有第三种可以选择的理论。迪昂强调，只有当一个实验最终消除了除一个以外一切可能的解释性前提时，它才是“判决性”实验。他坚持认为不可能有这样的实验，这是正确的。[8]

彭加勒的约定主义

正是昂利·彭加勒最有说服力地阐明了约定主义关于一般科学原理的观点的含意。彭加勒把休厄尔的主张，即某些科学定律是先验真理，与康德的认识论（休厄尔诉诸它去证明那些定律的先验地位）分开。对彭加勒而言，存在使科学定律具有必然性的一组永恒不变的理念是毫无疑问的；彭加勒强调，科学定律被认为是真的并不取决于诉诸经验这一事实，只不过反映出科学家隐含地决定把这条定律作为规定科学概念意义的约定来使用。如果一条定律是先验地真，那是因为对它的陈述使得没有任何经验证据反对它。

力学定律的两种用途

例如，惯性定律并不被经验证据直接确证或反驳。在彭加勒的表述中，“广义惯性原理”规定物体的加速度只依赖于它的位置以及相邻物体的位置和速度。[9]彭加勒指出，对这一原理的**决定性**检验要求，经过一段时间之后，宇宙中每个物体都重新回到它在之前某个时间的位置和速度。但这样的检验不可能做到，最多只能考察与宇宙的其余部分“适当隔离”的一组组物体的行为。不用说，在据信孤立的系统中未能观察到预言的运动不会否证广义惯性原理。差异可以归因于系统的隔离不完全。计算可重复进行，把更多物体的位置和速度考虑进去。所能作的这种修正在数目上没有限制。

彭加勒断言，可以把广义惯性原理当作一种约定，它明确指明了“惯性运动”这个短语的含义。根据这种观点，“惯性运动”**意指**“一个物体的运动，其加速度仅仅依赖于它的位置以及相邻物体的位置和速度”。根据定义，任何物体，只要它的运动不能经由它的位置以及一组相邻物体的位置和速度等数据被正确地计算出来，它就不是正在做惯性运动的物体。

然而，尽管彭加勒认为广义惯性原理可以被用作而且正在被用作一种隐含地定义了“惯性运动”的约定，但他也主张，该原理可被用作一种有经验意义的概括，它近似地适用于“几乎孤立的”系统。对于牛顿的其他两条运动定律的认知地位，彭加勒也作了类似的分析。一方面，这些定律充当着“力”和“质量”的约定定义。另一方面，给定空间、时间和力的测量程序，这些定律就是对于“几乎孤立的”系统来说近似得到确证的概括。

因此，把一般科学定律**不过是**定义基本科学概念的约定这一观点归于彭加勒是不正确的。这些定律的确具有像约定那样的合法功能，但它们也有一组像经验概括那样的合法功能。在评论力学定律时，彭加勒宣称，它们

> 向我们呈现出两个不同的方面。一方面，它们是以实验为基础的真理，而且就几乎孤立的系统而言，近乎得到了证实。另一方面，它们是可应用于整个宇宙的公设，并且被视为严格正确的。[10]

彭加勒指出，在科学发展的过程中，某些定律渐渐展示出这两个方面。起初，这些定律仅仅被用作实验概括。例如，一个定律可能陈述 A 与 B 这两个术语之间的关系。科学家注意到这种关系只是近似成立，遂引入了术语 C，根据定义，C 与 A 的关系正是该定律所表示的关系。这样一来，原先的实验定律被分成了两个部分：一个部分是陈述 A 与 C 之间关系的先验原理，另一个部分则是陈述 B 与 C 之间关系的实验定律。[11]

在用牛顿的运动定律隐含地定义时，“惯性运动”、“力”和“质量”

是与 C 相同类型的术语。彭加勒认为，将这些术语视为以牛顿定律定义的，这是约定的问题。没有经验证据能够证明所陈述的术语 A 与 C 之间的关系是错误的。但这并不是说定义可以任意选择。彭加勒坚称，只有事实证明在尔后的研究中约定是有成效的，将约定引入物理学理论才是正当的。[12]

选择一种几何学来描述“物理空间”

彭加勒还认为，用纯粹几何学来描述物体的空间关系也是一个约定的问题。但他预言，科学家将继续选择欧几里得几何学，因为它应用起来最简单。

19 世纪的数学家卡尔·高斯做实验来确证欧几里得几何学对空间关系的描述。他测量了从遥远山顶发出的光线形成的三角形的内角和。高斯发现，在其观测仪器的精度范围内，测量结果与欧几里得几何学说的 180 度没有偏离。

但是，即使高斯发现结果与 180 度有显著偏离，也并不能证明欧几里得几何学就不适用于地球表面的空间关系。与欧几里得数值的任何偏离都可以归因于被用来观测的光线发生了“弯曲”。

彭加勒注意到，把纯粹几何学应用于经验必然会涉及关于光线的传播、量杆的性质等物理现象的假说。彭加勒强调，和所有物理学理论一样，纯粹几何学在经验中的应用有抽象的成分，也有经验的成分。当一种物理几何学与观察不一致时，要想恢复一致，要么可以用一种不同的纯粹几何学（一种不同的公理系统）取而代之，要么可以修改有关的物理假说。彭加勒相信，面对这样一种选择，科学家总是会选择修改物理假说，保留更方便的欧几里得纯粹几何学。[13]

但正如亨普尔指出的，在某些情况下，采用一种非欧几何学，保持相关的物理假说不变，可以获得整体上更大的简单性。根据亨普尔的说法，彭加勒错把对复杂性的考虑仅限于纯粹几何学。而真正的关键则是纯粹几何学与相关物理假说的合取的复杂性。[14]

波普尔论可证伪性是经验方法的标准

卡尔·波普尔决定认真对待约定主义观点。他指出，总有可能在一种理论与观察证据之间达成一致。如果某个证据与理论的推论不一致，那么可以用若干种策略来“拯救”这个理论。可以完全拒绝接受这个证据，也可以通过增加辅助假说或修改对应规则来解释它。[15] 这些策略也许会给理论系统引入惊人的复杂性。但用这些方式来避免证伪的证据总是可能的。

根据波普尔的说法，正确的经验方法是使理论不断面临被证伪的可能性。他断言，反驳约定主义的方式是决定不用它的方法。与此结论相一致，他为经验科学提出了一套方法论规则。最高规则是对于所有其他规则的恰当性标准，就像康德的绝对律令是道德规范的恰当性标准一样。这个最高规则说，经验方法的所有规则

> 必须这样设计，使它们不会保护科学中的任何陈述免遭证伪。[16]

例如，关于给理论增加辅助假说这个问题，波普尔指出，只有那些增加理论的可证伪程度的假说才能得到承认。在这方面，他将泡利的不相容原理与洛伦兹的收缩假说作了对比。[17] 泡利原理是对原子的玻尔—索末菲（Bohr-Sommerfeld）理论的补充。泡利假定，给定原子中任何两个电子都不可能有同一组量子数。例如，一个原子的两个电子可以在轨道角动量或自旋方向上有所不同。把这条不相容原理添加到当时流行的原子结构理论中，就可以作出有关原子光谱和化合的许多新的预言。而洛伦兹的收缩假说却并没有提高它所附属的以太理论的可证伪程度。洛伦兹提出，地球上的所有物体都会沿着地球穿过周围以太运动的方向发生微小的收缩。凭借这一假说，他得以解释迈克尔逊—莫雷（Michelson-Morely）实验的结果。迈克尔逊和莫雷已经表明，在地球表面的各个方向上，光的往返速度都相同。这一实验结果与以太理论不一致，根据以太理论，沿着地球穿过以太的方向运动的光的往返速度应当低于与此运动垂直的往返速度。洛伦兹的收缩

假说恢复了以太理论与实验的一致性，但这是以一致特设性的方式做到的。从这个扩充的以太理论中引不出任何进一步的预言。波普尔把洛伦兹假说当成一个根据可证伪性标准应当从经验科学中剔除出去的辅助假说。

有可能被证伪的假说满足了波普尔的划界标准。它有资格被包括在可允许的科学话语中。一个假说要想是可接受的，必须满足进一步的标准。它必须经得起旨在反驳它的检验。

波普尔区分了检验和单纯的事例。检验是旨在反驳的严肃尝试。它涉及假说的演绎推论与记录观测的“基本陈述”之间的比较。[18]“基本陈述”描述了一个主观际的可观察事件在指定的时空区域内的发生。

波普尔承认，基本陈述并非无法纠正。关于事件的发生，我们也许会弄错。然而，要想检验一个假说，就必须把某个基本陈述当成真的。因此，在检验假说的过程中存在着一个约定主义的要素。波普尔宣称，

> 因此，客观科学的经验基础设有任何“绝对的”东西。科学并非建立在坚固的基底上。科学理论的突出结构仿佛耸立在沼泽之上。它就像一座竖立在木桩上的建筑物。木桩从上面被打入沼泽，但没有到达任何自然的或“既定的”基底；如果我们不再尝试把木桩打到更深一层，这并非因为我们已经到达了坚固的基础；而只是我们在认为木桩至少暂时坚固得足以支撑整个结构时停了下来。[19]

波普尔指出，定律或理论的可接受性取决于它所经受的检验的数目、种类和严格性。作为一种定性的叙述，这是有说服力的。大多数科学哲学家都同意，用各种不同的入射角和无数对介质来检验折射定律，要比仅仅局限于空气—水界面的检验更为准确。一般也都同意，1919 年测量日食的远征队的发现，即遥远的星光被太阳所偏折，是对广义相对论的严格检验。[20]

很容易引证严格检验的例子，但很难衡量检验的严格性。波普尔承认这一点，他指出，严格性依赖于实验安排的精巧设计，所获得结果的准确性和精确性，以及将待检验假说与其他理论假设结合在一起的联系

的广泛性。

尽管如此，波普尔试图借助逼真性（verisimilitude）概念提出一种关于可接受性的定量量度。他认为，从理论中推导出来的陈述可以分成真陈述（它的“真内容”）和假陈述（它的“假内容”）。波普尔假设，理论 T_1 和 T_2 的真内容和假内容是可以比较的，基于这一假设，波普尔对“比较逼真性”（comparative verisimilitude）提出了以下定义：

> T_2 要比 T_1 更近似于真，或者更好地对应于事实，当且仅当要么（1）T_2 的真内容但不是假内容超过了 T_1，要么（2）T_1 的假内容但不是真内容超过了 T_2。[21]

波普尔的定义是不恰当的。蒂希（Tichy）[22] 和米勒（Miller）[23] 证明，如果 T_1 和 T_2 都为假，那么条件（1）和（2）都不可能满足。但引入逼真性的要旨是使我们可以说，一个错误的理论（比如牛顿的万有引力定律）要比另一个错误的理论（比如伽利略的自由落体理论）“更接近真理”。波普尔承认，他对“比较逼真性”的初始定义是不恰当的。不幸的是，波普尔等人修改这一定义的后续努力是不成功的。[24]

波普尔把科学史看成一系列猜想、反驳、修改的猜想和再反驳。正当的科学程序就是让猜想接受可能设计的最严格的检验。如果某种猜测通过了检验，它就获得了“确证”。波普尔坚称，确证是一种“向后看”的评价。获得确证并不能证明相信一个假说为真或近似为真是正当的。波普尔一贯反对用归纳论证来为假说辩护。在他看来，由于假说 H 通过了检验 $t_1 \ldots t_n$，所以 H 也很可能通过检验 t_{n+1}，这种论证是不正确的。

然而，波普尔也经常诉诸一个从有机进化论中引出的类比。一个得到充分确证的理论已经证明了它的“生存适应性”。这种进化类比在波普尔的反归纳主义科学哲学内部创造了一种张力。理论通过检验是很重要的，这使它在科学史中建立了自己的进化适应性。但通过检验并不能带来认识论上的好处。我们不能归纳地论证说，通过检验便能正当地相信一个理论近似于真理。但我们不清楚为什么要选择一种得到充分确证的理论而不是一种遭到反驳的理论来作进一步的应用。如果不允许作出归纳推论，那么以下两条指令就是等价的：

1. 应用 T_2，因为以前成功的理论在未来更有可能成功。
2. 应用 T_1，因为以前不成功的理论也可能扳回。

波普尔意识到了这个困难。他的回应是接受“一点点归纳主义”，基于以下假设：

> 实在虽然是未知的，但在某些方面类似于科学告诉我们的东西。[25]

有了这一实在论假设，

> 我们可以论证说，如果一个像爱因斯坦那样的理论能够正确地预言未被其前身预言的非常精确的测量，而其中又没有“某种真理”，那将是可能性极小的巧合。[26]

波普尔的批评者坚持认为，接受这种“一点点归纳主义”等于完全放弃了反归纳主义立场。[27]

注释

1　George Berkeley, ‘Of Motion’, in *The Works of George Berkeley*, ed. A. A. Luce and T. E. Jessop (London: Thomas Nelson, 1951), iv. 50.

2　Ibid., 48–49.

3　Ernst Mach. *The Science of Mechanics*, trans. T. J. McCormack (La Salle, Ⅲ.: Open Court, 1960), 577.

4　Ibid., 582.

5　Ibid., 586.

6　Mach, *History and Root of the Principle of the Conservation of Energy*, trans. P. E. B.

Jourdain (Chicago: Open Court, 1911), 49.

7 Mach, *The Science of Mechanics*, 303–304.

8 Pierre Duhem, *The Aim and Structure of Physical Theory*, trans. Philip P. Wiener (New York: Atheneum, 1962), 186–190.

9 Henri Poincaré, *Science and Hypothesis*, trans. G. B. Halsted (New York: Science Press, 1905), 69.

10 Ibid., 98.

11 Ibid., 100.

12 Poincaré, *The Value of Science*, trans. G. B. Halsted (New York: Science Press, 1907), 110.

13 Poincaré, *Science and Hypothesis*, 39.

14 Carl Hempel, 'Geometry and Empirical Science', *American Mathematical Monthly*, 52 (1945), 7–17; repr. in H. Feigl and W. Sellars (eds.), *Readings in Philosophical Analysis*, 238–249.

15 对应规则是将理论公理与关于经验确定的量的陈述联系起来的语义规则或"词典条目"（坎贝尔）。Karl Popper, *The Logic of Scientific Discovery* (New York: Basic Books, 1959), 81.

16 Karl Popper, *The Logic of Scientific Discovery* (New York: Basic Books, 1959), 54.

17 Ibid., 83.

18 更确切地说，是假说的**合取**的演绎推论、关于相关条件的陈述、也许还有辅助假说，与观测报告相比较。

19 Karl Popper, *The Logic of Scientific Discovery* (New York: Basic Books, 1959), 111.

20 例如参见 Sir Arthur Eddington, *Space, Time and Gravitation* (New York: Harper & Row, 1959), ch. 7。

21 Popper, *Conjectures and Refutations* (New York: Basic Books, 1963), 233.

22 Pavel Tichy, 'On Popper's Definition of Verisimilitude', *Brit. J. Phil. Sci.* 25 (1974), 155–160.

23 David Miller, 'Popper's Qualitative Theory of Verisimilitude', *Brit. J. Phil. Sci.* 25 (1974), 178–188.

24 例如参见 Anthony O'Hear, *Karl Popper* (London: Routledge & Kegan Paul, 1980), ch. 3。

25 Popper, 'Replies to My Critics', in *The Philosophy of Karl Popper*, ed. P. A. Schilpp (La Salle, Ill.: Open Court, 1974), ii. 1972.

26 Karl Popper, *The Logic of Scientific Discovery* (New York: Basic Books, 1959), 1192.

27 例如参见 W. H. Newton-Smith, *The Rationality of Science* (London: Routledge & Kegan Paul, 1981), ch. 3; O'Hear, *Karl Popper*, ch. 4; Wesley Salmon, 'Rational Prediction', *Brit. J. Phil. Sci.* 32 (1981), 115–125。

第十二章　逻辑重建主义的科学哲学

珀西·威廉斯·布里奇曼（Percy Williams Bridgman，1882—1961）是物理学家，曾获诺贝尔奖，他对高压下的物质性质进行了开创性的研究，包括在高达10万个大气压下对各种物质的电性质和热性质作了实验测量。1939年，他所在的哈佛高压实验室不再向来自极权主义国家的来访者开放，此举在学术界内部引起了争议。布里奇曼持一种被称为操作主义的方法论导向，强调的是给科学概念赋值的操作。

卡尔·亨普尔（Carl Hempel，1905—1997）是德裔哲学家，曾在哥廷根、海德堡和柏林就读。他是柏林小组的成员，该小组支持20世纪30年代初维也纳小组的目标和观点。1937年，亨普尔赴美在耶鲁和普林斯顿大学教书。他在科学解释的逻辑以及理论的结构方面写了一些重要的论文，其中一些被收在《科学解释诸方面》（*Aspects of Scientific Explanation*，1965年）中。

欧内斯特·内格尔（1901—1985）生于捷克斯洛伐克，1911年赴美，作为哲学教授在哥伦比亚度过了几乎整个学术生涯。他是最早支持维也纳学派工作的美国哲学家之一。他的《科学的结构》（*The Structure of Science*，1960年）一书对科学解释的逻辑、律则的普遍性、因果性以及理论的结构和认知地位等作了深刻的分析。

语言层次的等级结构

第二次世界大战以后，科学哲学作为一门独特的学科出现了，并且随着研究生项目和期刊文献而完善起来。这种专业化之所以出现，部分原因在于科学哲学家认为，科学可以从业已获得的成就中受益。

战后的科学哲学试图实施诺曼·坎贝尔所提出的一项纲领。在《科学的基础》(1919年)[1]一书中，坎贝尔指出，希尔伯特、皮亚诺等人最近对数学基础的研究澄清了公理系统的本质。这种发展对于数学实践来说不无重要性。坎贝尔指出，对经验科学的“基础”进行研究对于科学实践也有类似的价值。坎贝尔所讨论的“基础”包括测量的本性和科学理论的结构。[2]

一些科学哲学家试图把他们的学科发展成类似于数学基础研究那样的东西，这些人接受了赖欣巴赫(Reichenbach)关于科学发现的语境与辩护的语境之间的区分。[3]他们同意，科学哲学的固有领域是辩护的语境。此外，他们还试图以形式逻辑的模式来重新表述科学定律和理论，以使关于解释和确证的问题能像应用逻辑的问题那样来处理。

逻辑重建主义的巨大成就是对科学语言有了一种新的理解。科学语言包含一个层次的等级结构，其底部是记录仪器读数的陈述，顶部是理论。

逻辑重建主义的科学哲学家就这个等级结构的性质得出了一些重要结论：

1. 每一个层次都是对低一级层次的“解释”；
2. 陈述的预言能力从底部向顶部逐渐增加；
3. 科学语言内部的主要划分是在“观察层次”(该等级结构底部的三个层次)与“理论层次”(该等级结构的顶部层次)之间。观察层次包括关于“压力”、“温度”等“可观察事物”的陈述；理论层次则包括关于“基因”、“夸克”等“不可观察事物”的陈述。
4. 观察层次的陈述为理论层次的陈述提供了检验基础。

科学中的语言层次

层次	内容	例子
理论	其中定律是定理的演绎系统	分子运动理论
定律	科学概念之间的不变（或统计）关系	波义耳定律 （“$P \propto \frac{1}{V}$”）
概念的值	赋予科学概念以数值的陈述	“P=2.0 大气压” “V=1.5 公升”
原始实验数据	关于指针的读数、液柱的弯月面、计数器的咔嗒声等等的陈述	“指针 P 在 3.5 上”

操作主义

在从 1927 年开始的一系列分析中，布里奇曼强调，一切真正的科学概念都必须与确定其数值的仪器程序联系起来。[4] 爱因斯坦关于同时性概念的讨论给布里奇曼留下了深刻的印象。

爱因斯坦分析了在判断两个事件同时发生时所涉及的操作。他指出，同时性的确定预设了从相关事件到观察者的某个信号所带来的信息转移。但是，从一点到另一点的信息转移需要一段有限的时间。因此，如果相关事件发生在彼此作相对运动的两个系统上，则同时性的判断依赖于这些系统与观察者的相对运动。给定一组运动，系统 1 上的观察者林克斯判断系统 1 上的事件 x 和系统 2 上的事件 y 是同时的。系统 2 上的观察者霍克则判断这两个事件不是同时的。没有一个优先的观点可以确定林克斯是正确的而霍克是不正确的，反之亦然。爱因斯坦得出结论说，同时性是两个或两个以上的事件与观察者之间的关系，而不是事件之间的客观关系。

布里奇曼宣称，正是赋予数值的那些操作给科学概念赋予了经验意义。他指出，操作定义通过以下方案将概念与原始实验数据联系了起来：

$$(x)\,[Ox \supset (Cx \equiv Rx)]$$ [5]

给定一个操作定义和适当的原始实验数据，我们就能为这个概念推导出一个数值。考察这样一种情况，一个带电体的存在是由验电器的操作来确定的：

$$(x)\,[Nx \supset (Ex \equiv Dx)\,]$$

$$\begin{array}{ll} & Na \\ & \underline{Da} \\ \therefore & Ea \end{array}$$

其中 $Nx = x$ 是指把物体带到中性验电器附近。$Ex = x$ 是指使该物体带电，$Dx = x$ 是指验电器的金属薄片分开。

既然 Na 和 Da 都是原始实验数据，这种演绎论证能使科学家仿佛从原始实验数据（“直接观察”的层次）登上科学概念的层次，即：

语言层次		例如
赋予科学概念以数值的陈述	↑	Ea
操作方案	│	$(x)\,[Nx \supset (Ex \equiv Dx)\,]$
原始实验数据	│	Na，Da

布里奇曼坚称，如果不能给概念指定操作定义，这个概念将不具有经验意义，因此应当从科学中排除出去。这就是“绝对同时性”的命运。布里奇曼建议以类似的方式排除牛顿的“绝对空间”和克利福德（Clifford）的猜测，即因为太阳系在空间中运行，测量仪器和被测物体的体积会以相同比率收缩。[6]

然而，尽管布里奇曼坚称，应当在关于理论术语的陈述与用以记录测量结果的观察语言之间确立联系，但他承认这些联系可能非常复杂。布里奇曼所举的一个例子是变形的弹性物体中的应力概念。我们不能直接测量应力，但可以借助在物体表面进行测量的数学理论来计算它。于是，对于应力概念，所执行的操作包括“纸和笔”的操作。没关系。只要给定“应力”与“应变”之间的形式关系以及在物体表面执行的仪器操作的结果，就可以导出应力的值。根据操作主义观点，这足以使应力成为一个可容许的概念。

布里奇曼在战后的著作中强调操作分析的两个局限性。[7]一个局限性是，当执行一个操作时，不可能明确指明所有情况。主观际的可重复性要求与希望完全阐明执行操作的条件之间必须达成妥协。

关于哪些因素与某个量值的确定有关，科学家具有先行的信念，他们的做法基于一个假定，即在重复某一类型的操作以测量那个量时，可以忽略许多“无关的”因素。例如，科学家用压力计测量气体压力时，不会考虑屋内的光照强度或太阳黑子的活动范围。布里奇曼指出，只有通过经验才能证明不考虑某些因素是正当的。他警告说，把一些操作扩展到新的经验领域可能需要考虑以前忽略的因素。

操作分析的第二个局限性是，必须接受某些未经分析的操作。出于实际的理由，通过一些更基本的操作来分析操作不可能无限进行下去。例如，“重于”这个概念可以通过梁式天平的操作来分析，而这些操作又可以通过指定构造和校准天平的方法来作进一步分析。但只要遵守有关视差的标准预防措施，科学家就可以假定，对天平刻度上的指针位置进行测定，这种操作不需要作进一步分析。

无论在经典物理学还是在相对论物理学中，测量“局域时间”和“局域长度”的操作都被视为未经分析的操作。一个事件的“局域时间”是它与时钟上的指针位置相重合。在物体与杆没有相对运动的情况下，一个物体的“局域长度”是它的两端与一个正确校准的刚性杆相重合。

当然，用以上方式测定重合并不能保证所涉及的仪器能像天平或时钟那样不出毛病，也不能保证杆是对长度的正确量度。此外，我们可以既接受某些未经分析的重合—测定，又不赞同这种重合—测定都是不可分析的这一僵硬立场。布里奇曼强调，虽然有必要把**某些**操作当作未经分析的接受下来，但承认某些特定的操作是未经分析的，这种决定随着我们的经验变得更广泛而会被重新考虑。他指出，根据我们迄今为止的经验，不会因为承认上述重合—测定是未经分析的而产生物理理论的困难。但他坚称，对操作进行更详细的分析总是可能的。[8] 因此，根据布里奇曼的说法，目前被认为未经分析的那些重合—测定只是为理论陈述提供了观察语言中的一种暂时可以依靠的东西。

解释的演绎模式

操作方案将关于科学概念的陈述与原始实验数据联系起来。在更高一级的层次上，正统程序是明确指明科学概念与定律之间的逻辑关系。该程序可以从任何一端实施。给定一个科学概念的值的陈述，可以尝试通过提到某个定律来解释这一事实。给定一个定律，可以在关于科学概念数值的陈述中寻找确证的证据。

卡尔·亨普尔和保罗·奥本海姆（Paul Oppenheim）在 1943 年发表的一篇影响广泛的论文中提出了科学解释的问题。[9] 在评论一个划手观察到他的桨是“弯的”时，亨普尔和奥本海姆指出，

> “为什么会发生这种现象”这个问题被解释成意指“根据什么一般定律，由于哪些先行条件而出现了这种现象？”[10]

对一个现象的解释的演绎模式有如下形式：

$$\begin{array}{ll} L_1,\ L_2,\ \cdots L_k & \text{一般定律} \\ \underline{C_1,\ C_2,\ \cdots C_r} & \text{先行条件的陈述} \\ \therefore E & \text{现象的描述} \end{array}$$

就划手的观察而言，一般定律是折射定律和水的光密度比空气大这个定律。先行条件是，桨是直的，以及它以特定的角度没入水中。

亨普尔和奥本海姆提出了一个重要的逻辑论点：关于一个现象的陈述不能只从一般定律中演绎出来，必须包括一个关于该现象出现的前提。先行条件既包括使这些定律成立的边界条件，也包括先于待解释现象实现或与待解释现象同时实现的初始条件。例如，对一个受热气球的膨胀的演绎解释可以是如下形式：

$\left(\frac{V_2}{V_1}=\frac{T_2}{T_1}\right)_{m,\,P=k}$	盖–吕萨克定律
质量和压力均恒定	边界条件
$T_2=2T_1$	“初始”条件
$\therefore\ V_2=2V_1$	

达尔文对观察到的生物地理分布的某些解释似乎有相同的形式。迈克尔·盖斯林（Michael Ghiselin）指出，达尔文为这些分布提出了多条件的解释。所引“定律”——如果的确是定律的话——是，

> **如果**有变异，**如果**这些变异被遗传，**如果**一个变异比另一个变异更适合某项任务，**如果**成功完成那项任务影响了生物体在其环境中的生存能力，**那么**自然选择将会产生一种进化变化。[11]

例如，达尔文对某种金丝雀在一个离岸岛屿上成为主导提出了多条件的解释。论证形式为：

如果 1 和 2 和 3 和……那么 C
　　1 和 2 和 3 和……

∴ C

其中，

1. 存在着大陆的金丝雀在该岛的初始分布。
2. 地理屏障确保了岛上的繁殖隔离。
3. 岛上有一个独特的栖息地 H，它不同于大陆的栖息地。
4. 最初的大陆种群中存在着变异。
5. H 上的那些具有特质 T * 的金丝雀要比缺乏 T * 的金丝雀更适合完成

任务 K。

6. K 的成功对其拥有者存活和繁殖的可能性产生了积极影响。

7. T * 是遗传的。

C. 具有 T * 的金丝雀在 H 上成为主导。

要想成功运用亨普尔和奥本海姆的演绎模式，必须满足两个条件：(1) 条件前提必须是一个真正的定律，2) 关于初始条件和边界条件的陈述 1 到 7 必须为真。

亨普尔和奥本海姆在讨论解释的演绎模式时谨慎地指出，许多真正的科学解释并不符合演绎模式。许多基于统计规律的解释就是如此。[12] 亨普尔在后来的一篇文章中给出的例子是：

大部分受链球菌感染的病人在服用青霉素后 24 小时内痊愈。

约翰受到链球菌感染，并且服用了青霉素。

═════════════════════════

约翰在服用青霉素 24 小时内从链球菌感染中痊愈。[13]

这种解释论证并不具有演绎效力。毋宁说，前提只是为结论提供了很强的归纳支持。[14]

因此，亨普尔承认，置于一般定律之下既可以通过演绎来实现，也可以通过归纳来实现。但他始终强调，任何可接受的科学解释都涉及把待解释项演绎地**或**归纳地置于一般定律之下。

似律概括与偶然概括

根据正统的观点，成功的科学解释会把待解释项置于一般定律之下。但我们如何能够确定在某一特殊情况下前提的确包含定律呢？我们承认以下论证是对绿色火焰检验结果的科学解释：

所有沾有钡的火焰都是绿色的。
这是沾有钡的火焰。

∴ 火焰是绿色的。

但我们否认以下论证有解释力：

现在我口袋里所有的硬币都含有铜。
这是现在我口袋里的一个硬币。

∴ 这个硬币含有铜。

这两个论证具有相同的形式。但前一论证把它的待解释项置于一个真正的定律之下，后一论证则把它的待解释项置于一个“纯粹偶然的”概括之下。

正统的理论家接受休谟关于科学定律的观点。比如，布赖斯怀特（Braithwaite）宣称：

> 我同意休谟论点的主要部分，这个部分断言，定律的概括在客观上就是事实的概括，自然之中没有必然联系的额外要素。[15]

但布赖斯怀特指出，休谟对定律的分析中有一些困难。一个困难是，休谟的分析模糊了似律（lawlike）概括与偶然概括之间的区分。[16]

假定把两座相似的摆钟安排成 90° 的异相，使得这两座钟的嘀嗒声处于恒常的时序连接中。如果科学定律**仅仅是**关于恒常连接的陈述，那么以下陈述将是一条定律：

> 对于所有的 x 来说，如果 x 是钟 1 的一次嘀嗒声，那么 x 后面将会跟随着钟 2 的一次嘀嗒声。

现在假定这两座钟的钟摆是静止的。这条定律是否支持了反事实条件句“如果钟 1 在嘀嗒作响，那么这个嘀嗒声后面将会跟随着钟 2 的嘀嗒声”？大概不是。

另一方面，“真正的科学定律”的确支持了反事实条件句。“所有沾有钡的火焰都是绿色的”这一陈述的确支持以下说法：“如果那个火焰是沾有钡的，那么它将是绿色的。”

此外，一些重要的科学定律似乎根本不是关于恒常连接，因为它们涉及并不存在的理想化情况。理想气体定律就是这种类型的定律。虽然不存在分子的广延为零、分子间的力场也为零的气体，但如果有这样一种气体，那么它的压力、体积和温度之间的关系将是：

$$\frac{PV}{T} = \text{常数}$$

因此，似律概括与偶然概括之间似乎存在着一种明显差异。似律概括支持反事实条件句，偶然概括则不然。但在这种语境下，“支持”意指什么呢？

根据布赖斯怀恃的说法，这种“支持”源于似律概括与更高层次概括的演绎关系。他指出，一个全称的条件句 h 是似律的，如果 h

> 出现在一个确立的演绎系统中，它是从并非 h 本身的直接证据的经验证据所支持的更高层次的假说中推导出来的。[17]

关于钡—火焰—颜色的概括是原子论公设的一个演绎推论。对于这些公设，存在着广泛的确证证据（除了沾有钡的火焰颜色以外）。关于两座钟的概括，我们并不知道这种演绎关系。

欧内斯特·内格尔为休谟关于科学定律的立场作了类似的辩护。他强调，可以把似律概括与偶然概括区分开来，而不必考虑像“必然性”与“可能性”这样一些模态概念。内格尔列出了似律概括的四个特征：[18]

1. 概括不能只凭借空洞地真来获得似律的地位。如果不存在火星人，那么“所有火星人都是绿色的”就是真的。但以这种方式获得的真并不能赋予一个陈述以似律的地位。

当然，空洞的真定律是存在的。但它们作为定律的地位取决于它们与科学理论中其他定律的逻辑关系。

2. 我们知道，似律概括的谓述范围是可以进一步扩大的，而偶然概括的谓述范围却是封闭的。一个例子是，“现在我口袋里所有的硬币都含有铜”。

3. 似律概括并没有把满足前件条件和后件条件的个体限制于特定的时空区域。

4. 似律概括往往会从直接支持同一科学演绎系统中其他定律的证据那里得到间接支持。例如，如果定律 L_1、L_2 和 L_3 可以从一个得到解释的公理系统中一起推导出来，那么直接支持 L_2 和 L_3 的证据就为 L_1 提供了间接支持。例如，由于波义耳定律、查理定律和格雷姆的扩散定律都是气体运动论中的推导结果，因此波义耳定律就被确证查理定律或格雷姆定律的证据间接确证。而偶然概括并没有得到这种间接支持。

对科学假说的确证

亨普尔在 1945 年指出，评价科学假说有三个阶段：[19]

1. 积累陈述观察结果或实验结果的观察报告；

2. 确定这些观察报告是确证、否证还是中立于假说；并且

3. 根据这种确证或否证的证据来决定是接受假说、拒斥假说还是悬搁判断。

亨普尔为第二和第三个阶段概述了一个研究计划。阶段 2 是确证的问题。亨普尔强调，这是一个应用逻辑的问题。观察报告和假说都是句子，句子之间的关系可以用形式逻辑的范畴来表达。需要做的是通过诸如一致性和蕴涵这样的逻辑概念提出一个“*o* 确证 *H*”的定义。有了合适的定义，科学哲学家就能决定某个观察报告是否确证了假说。

定性确证：乌鸦悖论

亨普尔在 1945 年指出，“定性确证”是一种自相矛盾的说法。[20] 考虑假说“所有乌鸦都是黑的”与记录证据的陈述之间的关系。我们的直觉是，一只黑色的乌鸦为该假说提供了支持，而一只橙色的乌鸦则反驳了假说。到目前为止一切都没有什么问题。但下列命题都是逻辑上等价的：

$$(1)\ (x)\ (Rx \supset Bx)$$

$$(2)\ (x)\ (\sim Rx \vee Bx)$$

$$(3)\ (\sim Bx \supset \sim Rx)$$

如果有一个观察报告确证了一个概括，那么它也确证了每一个逻辑上等价于它的句子，这似乎是可信的。但一只黑色的鞋子（ ~Ra · Ba ）确证了（2），[21] 一只白色的手套（ ~Ra · ~Ba ）确证了（3）。如果一个等价的条件被接受，那么黑色的鞋子和白色的手套都确证了乌鸦假说。这是一个悖论的结果。它表明，甚至不研究鸟类就在屋里从事鸟类学是恰当的。

亨普尔强调，当以下四条原则得到肯定时，“乌鸦悖论”就产生了。这些原则是：

1. 事例确证原则（尼科德 [Nicod] 标准）。[22]

2. 等价条件。

3. 认为许多重要的科学定律都是被恰当符号化的全称条件句。‘(x) $(Ax \supset Bx)$’。

4. 我们关于什么应当算作确证事例的直觉。

要想解决这个悖论，需要拒斥这四条原理中的一条或更多条。

亨普尔认为，事例确证原则和等价条件在科学实践中无处不在，许多重要的科学定律都被正确地称为全称条件句。他自己对乌鸦悖论的看法是，我们被我们的直觉误导了。首先，我们错误地判断，“所有乌鸦都是黑色”是专门“关于”乌鸦的。但事实并非如此。毋宁说，它是“关于”宇宙中的所有物体。它断言，“给定宇宙中的任何东西，如果它是一只乌鸦，那么它是黑色的”。一个等价的表述是 $(x)[\sim Rx \vee Bx]$，它断言，“给定宇宙中的任何东西，它要么不是乌鸦，要么是黑色的”。

为什么我们关于确证的直觉常常是错误的，第二个理由是，我们在判断一个证据陈述是否确证了一个概括时，心照不宣地诉诸我们的背景知识。例如我们知道，非黑色物体要比乌鸦多得多。我们也知道，检查乌鸦的颜色要比检查非黑色物体的“乌鸦性”，找到一个否证案例（$Ra \cdot \sim Ba$）的机会要更大。由于我们关注乌鸦的类时证伪的风险要更大，所以我们会把乌鸦已经通过检验的案例（$Ra \cdot Ba$）当作一个确证案例。另一方面，当一个非黑色物体通过检验时（$\sim Ba \cdot \sim Ra$），我们并没有留下深刻的印象。

但假定我们知道宇宙中只有十个物体，而且其中有九个是乌鸦，十个里面只有一个不是黑色的。如果这是我们的背景知识，那么我们关于确证的直觉将有所不同。我们将通过检查一个非黑色物体的乌鸦性来寻求“所有乌鸦都是黑色的”的确证证据。亨普尔断言，概括与它们的确证事例之间的关系与得到正确教育的直觉并不矛盾。如果我们牢记一个普遍概括的逻辑形式，排除关于相对类大小的背景知识，那么就没有悖论。亨普尔坚称，关于黑乌鸦的陈述、关于黑色鞋子的陈述以及关于白色手套的陈述，所有这些都可算作“所有乌鸦都是黑色的”的确证证据。[23]

卡尔纳普论定量确证

鲁道夫·卡尔纳普认为，定性确证理论的前景是没有希望的。他试图提出一种理论来衡量证据 e 对假说 H 的确证度。卡尔纳普的步骤是：

1. 明确指明一种可以定义“$c(H, e) = k$”的人工语言的结构和词汇；[24]
2. 用数学概率论的资源给 k 赋值；
3. 论证计算结果与我们关于确证的直觉相一致。[25]

不幸的是，卡尔纳普所提出的“c-函数”给那些可能有无限多种替代事例的全称条件句赋值“$c= 0$”。这是违反直觉的。例如我们相信，万有引力定律基于证据的确证度明显大于零。

卡尔纳普承认这一点。但他坚称，当科学家使用一个普遍概括时，他无需相信这一概念对大量事例为真。这一概括只要对下一个事例为真就够了。卡尔纳普能够表明，随着样本大小的增加，对一个普遍概括的这“下一个事例的确证”接近 1，只要样本中没有反驳的事例。[26] 关于侧重点从“确证”转到“下一个事例的确证”是否恰当，人们意见不一。

科学理论的结构

战后对理论结构的分析建立在坎贝尔关于公理系统与它在经验中的应用之间的区分的基础上。[27] 鲁道尔夫·卡尔纳普在 1939 年发表于《国际统一科学百科全书》（*International Encyclopedia of Unified Science*）的一篇颇具影响的论文中重新阐述了关于科学理论的“假说加词典”观点。他宣称，

> 任何物理理论乃至整个物理学都能……用一个解释系统的形式来呈现，该系统由一种具体的演算（公理系统）和一个解释它的语义规则系统所组成。[28]

菲利普·弗兰克（Philipp Frank）和卡尔·亨普尔在同一部百科全书其后的文章里重复了这一主张。[29]

亨普尔版本的“假说加词典”观点与用来保护杂技演员的“安全网”有些相似。公理系统是一张网，由固定在科学语言观察层次上的一些杆从下面支撑起来。[30]

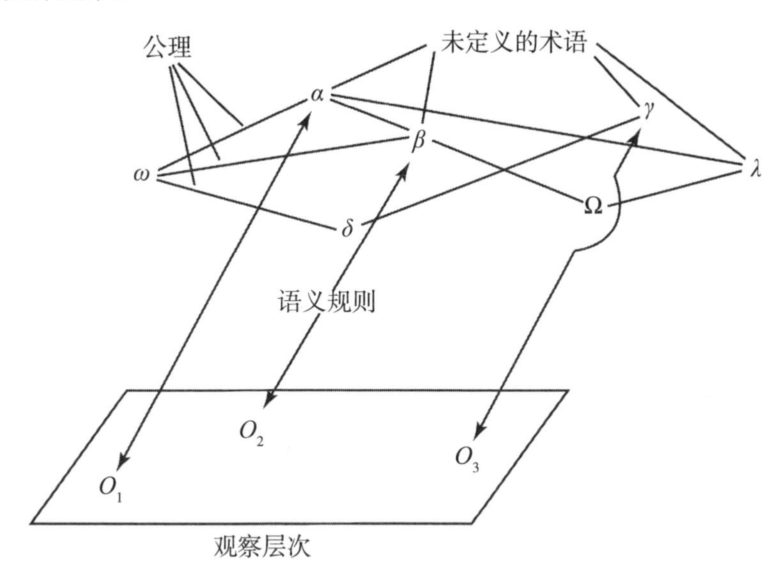

亨普尔关于理论的“安全网”比喻

亨普尔遵循坎贝尔的看法，他指出，每一个网结并不必然在观察层次的陈述中都有一个支撑点。如果是这样，那么自然就有一个问题：在什么条件下这张网能被安全固定呢？如何能够知道网与观察平面之间是否存在足够多具有足够强度的连接呢？这种支撑关系的强度在“数学理论”为最大，在其中，演算的每一个术语都被指定了一个语义规则。物理几何学就是这种理论的一个例子。演算的每一个术语（“点”、“线”、“全等”……）都与物理操作相关联。在另一极端，我们可以想象一种“力学理论”，它的演算是通过单个语义规则与可观察事物相联系的。这样一种“理论”有经验意义吗？

亨普尔指出，如果有一种合适的确证理论，就可以给这个问题一个令人满意的回答。根据亨普尔的说法，一种恰当的确证理论将会包含一些规则，使得对于每一个定理（T）和报告证据（E）的观察语言的每一个句子，这些规则都赋予了 T 相对于 E 的一个具体的确证度。确证规则以这种方式适用的理论就被认为具有经验意义。这样一个理论的语义规则将有足够的力量来支撑它的演算。但亨普尔承认，对于所要达到的目的来说，现有的任何确证理论都不合适。[31] 后来他（在 1952 年）建议用一种对于进一步研究有纲领地位的确证理论来衡量对演算的经验解释的恰当性。

然而，没有词典词条的理论术语被认为有经验意义。布赖斯怀特指出，经验意义是从关于可观察事物的陈述向上赋予公理的。[32] 例如在量子理论中，赋予"ψ-函数"以经验意义的是关于电荷密度、散射分布等等的一些定理。诺雷塔·克尔特奇（Noretta Koertge）指出，逻辑重建主义的立场是，经验意义经由"毛细作用"从科学语言的观察层次土壤向上渗透。[33]

理论的替换：通过纳入而发展

正统观点认为，解释一个现象就是表明对它的描述可以从定律和先行条件陈述中逻辑地（通常是演绎地）得出来。同样，解释一条定律就是表明它可以从其他定律逻辑地得出来。[34]

应用于科学史，这种对定律之间关系的逻辑重建的关切反映在对"通过纳入而发展"的强调上。欧内斯特·内格尔指出，

> 一个相对自主的理论被另一个更具包容性的理论所吸收或纳入，这种现象是现代科学史的一个无可否认且一再出现的特征。[35]

内格尔区分了两种类型的纳入。第一种是同质的纳入，即一条定律后来被纳入到这样一种理论中，后者利用了出现在该定律中的"实质上相同的"概念。他指出，伽利略的落体定律被"吸收"到牛顿力学中便是这种类型的纳入。[36] 根据内格尔的说法，伽利略定律已经被归结为牛顿力学原理并且被它所解释。

第二种纳入要更有趣，也就是把一条定律演绎地置于一种理论之下，该理论缺乏表达该定律所使用的一些概念。被纳入的定律常常涉及客体的

宏观性质，包容它的理论则往往涉及客体的微观结构。内格尔关注的一个例子是将经典热力学归结为统计力学。[37] 经典热力学定律中有一些概念并没有被包括在统计力学的概念中，比如“温度”和“熵”。但麦克斯韦和玻耳兹曼从分子运动的统计定律等前提中成功地导出了经典热力学定律。

在思考异质纳入的这种典型案例时，内格尔试图揭示出将一门科学分支归结为另一门科学分支的充分必要条件。他警告说，只有对于已经形式化的科学分支才能表述出归结条件。形式化的一个要求是，相关理论中出现的术语的意义是由适合于每一学科的使用规则来确定的。如果是这样，并且每个理论内部的逻辑依赖关系已经阐明，那么以下便是将 T_2 归结为 T_1 的必要条件。[38]

归结的形式条件

1. 可连接性：对于出现在 T_2 而不出现在 T_1 中的每一个术语，都存在着一个连接陈述，将该术语与 T_1 的理论术语联系起来。

2. 可推导性：T_2 的实验定律是 T_1 的理论假设的演绎推论。

归结的非形式条件

3. 经验支持，T_1 的理论假设得到了除支持 T_2 的那个证据以外的证据的支持。

4. 增殖力：T_1 的理论假设暗示着 T_2 的进一步发展。

通过纳入而进步

成功的归结是纳入。一个理论被吸收到第二个范围更大的理论中，这表明科学的进步很像是创造出一组不断扩展的中国套箱。

在 20 世纪 20 年代以及后来所写的一些文章中，尼尔斯·玻尔（Niels Bohr）支持了这种科学进步观。他认为，这种中国套箱的看法是对对应原理（Correspondence Postulate）的一种富有成效的方法论应用。

把对应原理当作可接受性的一个标准来应用就是要求用每一个候选者

来接替理论 T，使得（1）新理论的内容比 T 具可检验，（2）新理论在 T 得到充分确证的领域与 T 渐近一致。

约瑟夫·阿伽西（Joseph Agassi）把对应原理的这种方法论扩展表达为：

> 对于任何新提出的理论，都可以提出两个公认的方法论要求：它应该产生它最终要取代的理论，作为后者的一个结果或一阶近似，也作为一个特例。第一个要求无非是要求新理论能够解释之前的理论所取得的成功。第二个要求相当于要求新理论更加一般和更可独立检验。[39]

注释

1 N. R. Campbell, *Foundations of Science* (New York: Dover Publications, 1957), 1–12.

2 坎贝尔对理论结构的看法参见第九章。

3 Hans Reichenbach, *The Rise of Scientific Philosophy* (Berkeley, Calif.: University of California Press, 1951), 231. 这一区分更早由约翰·赫歇尔做出。赫歇尔对此区分的应用见本书第九章第二节的讨论。

4 P. W. Bridgman, *The Logic of Modern Physics* (New York: The MacMillan Company, 1927); *The Nature of Physical Theory* (Princeton, NJ: Princeton University Press, 1936).

5 “对于所有情况来说，如果执行操作 O，那么当且仅当结果 R 发生，概念 C 才适用。”

6 Bridgman, *The Logic of Modern Physics*, 28–29.

7 Bridgman, *Reflections of a Physicist* (New York: Philosophical Library, 1950), 1–42; *The Way Things Are* (Cambridge, Mass.: Harvard University Press, 1959), Chapter 3.

8 Bridgman, *The Way Things Are*, 51.

9 Carl G. Hempel and Paul Oppenheim, ‘Studies in the Logic of Explanation’, *Phil. Sci.* 15 (1948), 135–175; repr. in Hempel, *Aspects of Scientific Explanation* (New York: Free Press, 1965), 245–295.

10 Carl G. Hempel and Paul Oppenheim, ‘Studies in the Logic of Explanation’, *Phil. Sci.* 15 (1948), 135–175; repr. in Hempel, *Aspects of Scientific Explanation* (New York: Free Press, 1965), 246.

11 Michael Ghiselin, *The Triumph of the Darwinian Method* (Berkeley: University of California Press, 1969), 65.

12　Hempel, *Aspects of Scientific Explanation*, 250–251.

13　Hempel, *Aspects of Scientific Explanation*, 582.

14　前提与结论之间使用双线是为了表明该论证是一个归纳论证。

15　R. B. Braithwaite, *Scientific Explanation* (Cambridge: Cambridge University Press, 1953), 294.

16　休谟本人对这一区分并不担心。参见第九章。

17　R. B. Braithwaite, *Scientific Explanation* (Cambridge: Cambridge University Press, 1953), 302.

18　Ernest Nagel, *The Structure of Science* (New York: Harcourt, Brace, & World, 1961), 56–57.

19　Carl Hempel, 'Studies in the Logic of Confirmation', *Mind*, 54 (1945), 1–26; 97–121. Repr. in Hempel, *Aspects of Scientific Explanation*, 3–46.

20　Carl Hempel, 'Studies in the Logic of Confirmation', *Mind*, 54 (1945), 1–26; 97–121. Repr. in Hempel, *Aspects of Scientific Explanation*, 3–46.

21　由于（2）说，"给定宇宙中的任何事物，它要么不是乌鸦，要么是黑色的"，所以把某个黑色的、并非乌鸦的东西当成（2）的一个事例是恰当的。

22　Jean Nicod, *Geometry and Induction* (London: Routledge & Kegan Paul, 1969), 189–190.

23　Hempel, 'Studies in the Logic of Confirmation', 18–20.

24　这种人工语言的成分包括：1. 真值函数的连接词和量词；2. 命名个体的个体常量；3. 数目有限的、协调的、逻辑上彼此独立的原始谓词；4. 句子形成和演绎推理的规则。

25　Rudolf Carnap, *Logical Foundations of Probability* (Chicago: University of Chicago Press, 1950).

26　Ibid., 572–573.

27　坎贝尔对理论的看法参见第九章。

28　Carnap, 'Foundations of Logic and Mathematics' (1939), in *International Encyclopedia of Unified Science*, vol. i, pt. 1, ed. O. Neurath, R. Carnap, and C. Morris (Chicago: University of Chicago Press, 1955), 202.

29　Philipp Frank, 'Foundations of Physics, ' in *International Encyclopedia of Unified Science*, vol. i, pt. 2, 429–430; Hempel, 'Fundamentals of Concept Formation in Empirical Science', in *International Encyclopedia of Unified Science*, vol. ii, no. 7, 32–39.

30　Hempel, 'Fundamentals of Concept Formation in Empirical Science', 29–39.

31　Ibid., 39.

32　Braithwaite, *Scientific Explanation*, 51–52, 88–93.

33　Noretta Koertge, 'For and Against Method', *Brit. J. Phil. Sci.* 23 (1972), 275.

34 Nagel, *The Structure of Science*, 33–42.

35 Ibid., 336–337.

36 Ibid., 339.

37 Nagel, *The Structure of Science*, 342–366; 'The Meaning of Reduction in the Natural Sciences', in *Readings in Philosophy of Science*, ed. P. Wiener (New York: Charles Scribner's Sons, 1953), 535–545.

38 Nagel, *The Structure of Science*, 345–366.

39 Joseph Agassi, 'Between Micro and Macro', *Brit. J. Phil. Sci.* 14 (1963), 26.

第十三章　正统学说受到抨击

保尔·费耶阿本德（Paul Feyerabend，1924—1998）从维也纳大学获得哲学博士学位，执教于加利福尼亚大学。他是自称“无政府主义者”，反对探求理论更替的规则和对科学进步进行“理性重建”。费耶阿本德的立场是“怎么都行”，主张科学创造性的标志是理论的增殖。与这种倾向相一致，他的主要著作题为《反对方法》（*Against Method*，1975 年）。

纳尔逊·古德曼（Nelson Goodman，1906—1998）在哈佛大学获得哲学博士学位，任教于宾夕法尼亚大学、布兰迪斯大学和哈佛大学。他在归纳逻辑、认识论和艺术哲学等领域做出了重要贡献，著有《现象的结构》（*The Structure of Appearance*，1951 年）、《事实、虚构和预测》（*Fact, Fiction and Forecast*，1955 年）和《艺术的语言》（*Languages of Art*，1968 年）等著作。

斯蒂芬·图尔敏（Stephen Toulmin，1922—　）在牛津大学获得哲学博士学位，任教于利兹大学、密歇根州立大学、芝加哥大学和加利福尼亚大学。他的著作广泛涉及科学史和科学哲学、认识论和伦理学等方面。在最近的一部著作中，他借用生物进化论的范畴对科学的发展进行了重建。

赫伯特·费格尔（Herbert Feigl，1902—1988）曾作为石立克和卡尔纳普的朋友和同事参与了维也纳学派的活动（1924—1930）。1930 年，他赴美与布里奇曼一起工作。1940 年，费格尔被任命为明尼苏达大学的哲学教授，帮助创建了明尼苏达科学哲学中心，并且继续保持了它的成功。费格尔的著作支持心—身同一性、科学实在论以及一种摆脱了形而上学的经验论。

科学的逻辑重建主义观点在 20 世纪 50 年代末和 60 年代越来越受到抨

击。批评者抨击观察层次与理论层次的区分、解释的覆盖律模型、理论的安全网比喻、事例确证的原理以及中国套箱的科学进步观。

存在一种不依赖于理论的观察语言吗?

逻辑重建主义科学哲学的基本点是一个关于观察报告不依赖于理论的主张。正统理论家认为，观察报告的真假无需诉诸理论层次的句子就能直接判定。正统立场是，不依赖于理论的观察层次的句子为理论提供了真正的检验。正统立场还认为，理论层次的句子从观察层次的句子那里获得了经验意义，因此理论层次是寄生在观察层次上的。

保尔・费耶阿本德指出，这种依赖性遭到了误解。事实上是观察报告寄生在理论上。费耶阿本德用以下例子让人注意观察报告对理论的依赖性。[1]假定 L_0 是把颜色归因于自发光物体的一种语言，L_0 包含名称 $a, b, c \ldots$ 和颜色谓语 $P_1, P_2, P_3 \ldots$。还假定这种语言的使用者把 P_i 项解释成标示物体所具有的性质，无论这些性质是否被观察到。

现在假定有一个科学家声称，一位观察者所记录的颜色依赖于观察者与光源的相对速度。接受这种理论就是要改变对 L_0 句子的解释。现在“a 是 P_1”不再把一种性质归于所命名的物体。现在它断言的是物体与观察者之间的一种关系，这种关系依赖于它们的相对速度。根据这种新的解释，谈论未被观察到的物体的颜色性质是没有意义的。费耶阿本德断言：

> 对一种观察语言的解释取决于我们用以解释观察对象的理论，那些理论一改变，它就会改变。[2]

费耶阿本德论点的一个推论是，观察项与理论项之间的区分是依赖于语境的。彼得・阿钦斯坦（Peter Achinstein）对这个推论提供了另外的支持。

阿钦斯坦考察了可观察物与不可观察物的区分在实践中是如何区分的。有时候，我们会把对通常伴随着 X 的某个 Y 的观察当成“观察到 X”的一个例证。在这种“观察”的意义上，护林员通过注视一朵黑烟云来观察火情，物理学家则通过注视一条弯曲的白色径迹来观察一个电子穿过云室。我们也把注意到镜子或透镜所产生的 *X* 的映像当成“观察到 *X*”的一个例证。假定我们想观察一片肌肉组织。我们可以相继用肉眼、在显微镜下、染色和固定后在显微镜下以及在电子显微镜下来考察这片组织。我们在每一种情况下都“观察”到这片组织了吗？抑或在这一序列中有一个点，在该点上我们不再观察到这片组织？阿钦斯坦强调，我们对“可观察物”与“不可观察物”的分类依赖于分类的目的。[3]

“可观察物与不可观察物”的对比依赖于语境。对于“*X* 是可观察的吗？”这个问题，恰当的回应是要提问者指明他想到的对比是什么种类。假定“*X*”是在某些语境下使用的，提问者认为其他哪些术语——‘*A*’，‘*B*’，‘*C*’...——是“不可观察物”呢？有了这一信息，就可以作出比较。试考虑“在电子显微镜下观看的染色病毒”这个术语（*t*）。相对于“在电子显微镜下观看的金刚石”，我们也许会把这个术语归于“不可观察物”一类，因为在前一情况下“观察到的”并非病毒本身，而是在染色过程中附于其上的重分子。但是相对于“用 X 射线衍射观看的染色病毒”，我们也许会把‘*t*’归于可观察物一类，因为电子显微镜的映像与病毒相似，而 X 射线衍射图样与病毒不相似。[4]

威拉德·范·奥尔曼·奎因（Willard van Orman Quine）就观察术语与理论术语的区分提出了另一些困难。奎因重新断言并且发展了皮埃尔·迪昂所提出的一个论点。[5]奎因版本的迪昂论题是，“我们关于外部世界的陈述不是个体地、而是作为一个全体来面对感觉经验的裁判”。[6]奎因要我们注意迪昂论题的以下推论：

1. 谈及个体陈述的“经验内容”会产生误导；

2. 只要在系统中的其他地方进行足够大的调整，任何陈述都能保持为真；

3. 其真（或假）依赖于经验证据的综合陈述与其真（或假）不依赖于经验证据的分析陈述之间并无截然的界线。[7]

如果迪昂—奎因论题是正确的，那么科学理论的正统观点就站不住脚了。例如，根据“安全网”比喻，公理系统和对应规则可以以多种方式重新表述，只要因此造就的网能够得到从科学语言的观察层次伸出的杆的支撑。在“安全网”解释中，支撑这些杆的正是观察报告。正统立场是，观察报告的真理地位独立于被解释的公理系统陈述的真理地位。继续借用这个隐喻，首先要有支撑点，理论家的任务就是保证杆被直接置于它们之上。

但如果费耶阿本德和奎因是正确的，那么一个理论的支撑点将是由理论本身所建立。观察报告离开了它们所从出的理论语境就没有地位。

对覆盖律解释模型的怀疑

战后正统学说的一块基石是，科学解释是把待解释项置于一般定律之下。根据覆盖律模型，对个体事件的解释要么例示了 DN 模型（deductive-nomological，演绎—律则模型），要么例示了 IS 模型（inductive-statistical，归纳—统计模型）。覆盖律模型的某些批判者指责亨普尔坚持认为置于一般定律之下是科学解释的充分条件。[8] 但亨普尔并没有为这种立场作出辩护。事实上，他让我们注意布隆伯格（S. Bromberger）所提出的以下例子：

定律	物理几何学定理
先行条件	旗杆 F 垂直地立在平地上，从 80 英尺远处看，它与平地成 45 度角
∴现象	旗杆 F 高 80 英尺

亨普尔承认，该论证的前提并没有解释为什么旗杆高 80 英尺。[9]

此外，亨普尔还指出，科学家常常出于预测的目的而使用“指示定律”（indicator laws）。他指出，置于一般指示定律之下可能无法解释现象。一个例子是，所有脸颊黏膜上长有科泼力克斑的患者随后都会发展成麻疹。
上周琼斯的脸颊上长了科泼力克斑。

∴ 琼斯今天有麻疹。[10]

这个论证例示了 DN 模型。然而，声称琼斯有麻疹是**因为**他以前脸颊上有斑，算不上对琼斯有麻疹的解释。声称下雨是**因为**气压计读数昨天下降，也算不上对今天下暴雨的解释。“指标定律”对于预测的目的来说是有价值的，但作为解释性论证的前提却没有价值。

IS 模型的例示也不是科学解释的充分条件。卫斯理·萨尔蒙（Wesley Salmon）指出，许多与亨普尔的“链球菌—青霉素”论证相似的论证都无法实现解释。例如，

很高比例的感冒患者服用维生素 C 后不到一周就康复了。
琼斯感冒了，并且服用了维生素 C。

===

∴ 琼斯服用维生素 C 后不到一周就康复了。[11]

这个论证是非解释性的，尽管它援引了一种高度可能的相关性。就解释的目的而言，重要的是服用维生素 C 后的康复是否比自然康复更有可能。萨尔蒙坚持认为，在统计解释中重要的并非高概率，而是解释性前提的“统计相关性”。

因此，我们可以例示这两种覆盖律模型中的任何一种而没有实现解释。然而，对其中一种模型的例示仍然可能是科学解释的**必要**条件。

亨普尔与迈克尔·斯克里文（Michael Scriven）就 DN 模型的地位展开了持续的争论。[12] 斯克里文认为，按照 DN 模型置于一般定律之下并非演绎解释的必要条件。他指出，对事件的演绎解释常常具有“q 因为 p”的形式。斯克里文给出的一个例子是，“桥垮塌是因为附近爆炸了一颗炸弹”。斯克

里文承认，如果这种解释遭到质疑，那么恰当的辩护就是引用把爆炸力、距离和材料的抗张性能联系起来的定律。但并不需要把相关的定律当作解释的前提明确陈述出来。

亨普尔回应说，挑选一组特定的先行条件作为特定结果的原因，就是预设了覆盖律的适用性。他认为，断言“q 因为 p”就是声称，“p”所描述的那种先行条件通常会产生“q”所描述的那种结果。正是这种推定的规律性把“q 因为 p”从单纯的序列叙述提升为因果解释。亨普尔宣称，只有当覆盖律存在时，“q 因为 p”才能算作解释，“q 因为 p”与“p”（也许还有其他暗中假定的先行条件）结合起来蕴含着“q”。[13] 因此，亨普尔强有力地捍卫了这样一种立场：按照 DN 模型置于一般定律之下乃是演绎解释的必要条件。

事实证明，IS 模型对批评更没有防御能力。萨尔蒙抱怨说，IS 模型无法解释不大可能发生的事件的出现。考虑暴露在辐射之下与后来发展出白血病之间的关联。萨尔蒙强调，这些情况中有一种偶然关系，即使在暴露在一定辐射之下的人当中只有 1% 发展出了白血病。具有解释力的正是“暴露与不暴露”之对比的统计关联。[14]

假定史密斯暴露在低强度的辐射之下并且发展出了白血病。对这一事件不可能做出 IS 模型的解释，因为 IS 模型只适用于高度可能的关联，而辐射与白血病之间的关联并非很有可能。我们也无法用 DN 模型来解释史密斯的疾病。[15] 但似乎很清楚，我们的确通过引证史密斯之前暴露于辐射而解释了他的疾病。

对理论的非陈述看法

根据正统看法，理论是句子的集合。一些批评者反对这种看法。例如，弗雷德里克·萨普（Frederick Suppe）提出了一种对理论的“非陈述看法”。[16] 根据这种“非陈述看法”，“理论”更像是一个命题。考虑句子：

（1）约翰爱玛丽。

（2）玛丽被约翰爱着。

一些逻辑学家会认为，虽然这两个句子不同，但它们都表达了同一个命题。[17] 对量子理论的各种表述与量子理论本身之间也可以提出类似的关系。冯·诺伊曼（von Neumann）已经表明，薛定谔的波动力学与海森伯的矩阵力学是等价的。[18] 量子理论被这些表述中的每一种来“表达”，似乎就像约翰—玛丽关系的“命题”或“意义”被以上两个句子中的每一句来“表达”一样。

萨普认为，对冯·诺伊曼成果的概括为科学理论的性质提供了一种富有成果的重新解释。根据这种重新解释，理论是一种非语言的东西，它既与一组语言表述有关，又与之不同。理论有一个“预期范围”、一类需要解释的现象。但理论并不直接描述现象。毋宁说，它指明了一个复制品、一个理想化的物理系统。这个理想化系统的状态由理论的参数值决定。该理论的表述作出了“如果现象完全由理论的参数来刻画，那么……”形式的反事实主张。

罗纳德·吉尔（Ronald Giere）认为，只有当理想化系统与一个“理论假说”相结合，即某些物理系统显示出了理想化系统的结构时，该系统才获得了解释意义。[19] 当然，一定程度的近似总是存在的。例如，气体运动论规定了一群点质量的行为，除了碰撞引起的动量转移以外，这些点质量没有受其他的力。实际气体是由相互吸引的有限大小的分子所构成的。同样，伽利略的落体理论只涉及距离和时间两个变量。在伽利略的理论中，对物体运动的描述就好像它们没有碰到阻力似的。但对于任何实际运动来说，都存在一定的阻力。

I. B. 科恩（I. B. Cohen）指出，牛顿创造了一系列越来越复杂的数学模型来解释太阳系中物体的运动。[20] 牛顿逐步修改他的最初模型，即点质量受到从一个固定点发出的 $1/R^2$ 的吸引力，以尽可能与观测到的运动一致。后来，他修改模型以提供**相互的**引力、三体相互作用以及地球的非对称质量分布。

既然理论陈述的是关于理想系统的主张，而定律适用于物理系统，那么这两者是如何相联系的呢？逻辑重建主义的立场是，理论解释了实验定律。理论是通过以定律为结论的演绎论证来解释实验定律的。例如，要想解释波义耳定律，可以提出一个演绎论证，它的前提包括气体运动论的公理和对应规则。于是，正统理论家附和皮埃尔·迪昂的格言，认为理论是通过把定律纳入一个演绎系统来解释定律的。迪昂曾经坚称，理论之所以能解释是因为它蕴含定律，而不是因为它描述了现象背后的某种"实在"。[21]

威尔弗雷德·塞拉斯（Wilfred Sellars）抱怨说，以这种方式把解释等同于蕴含是错误的。塞拉斯认为，理论解释的是为什么现象会服从特定的实验定律。例如，运动论解释为什么适度压力下的气体会服从定律$\frac{PV}{T}=k$。适度压力下的气体表现得就像是一种其参数由理论规定的"理想气体"。塞拉斯宣称，

> 粗略地说，正因为气体"是"——在"是"的某种意义上——一团分子云，这些分子正在按照理论规定的方式活动……气体才服从波义耳—查理定律。[22]

塞拉斯指出，运动论还解释了为什么气体在高压下的行为偏离了$\frac{PV}{T}=k$。"理想气体"是一群没有粒子内力的点质量。任何实际气体都不可能是这样组成的。因此，随着气体压力的增加，"理想化复制品"变成了一种越来越不准确的近似。

古德曼的"新归纳之谜"

在 1953 年发表的一项重要研究中，纳尔逊·古德曼指出了确证理论的一个重要困难，[23] 即并非每一个概括都能被它的肯定事例所支持。尼科德标准是不恰当的。古德曼指出，概括是否被它的事例所支持依赖于出现在概括中的性质词项的本性。他比较了以下两个概括：

（1）所有翡翠都是绿色的。

（2）所有翡翠都是绿蓝的（grue）。

其中“x是绿蓝的”，当且仅当“要么x在时间t之前被检查且是绿色的，要么x在时间t之前没有被检查且是蓝的”。[24]

在t之前被检查且被发现是绿色的翡翠事例据信将既支持（1）也支持（2）。但这就弄乱了。设t是今天的某个时间，我们应当用哪个概括来预测明天可能发现的翡翠颜色呢？如果只依靠符合t之前概括的肯定事例的数目，我们就没有理由更偏向（1）而不是（2）。

我们认为（1）是一个似律概括，而（2）却不是。古德曼指出，（2）是与“（3）现在这个房间里的所有人都是第三子”相同种类的“偶然”概括。根据古德曼的说法，现在这个房间里有一个人是第三子的证据并不支持现在这个房间里的另一个人也是第三子。这种情况不同于“真正的”概括或“似律的”概括。例如，一块冰浮在水上的证据的确支持另一块冰也将浮在水上的主张。古德曼认为，关于翡翠是“绿蓝”的概括，就其与它的事例的关系来说，类似于关于第三子的“偶然概括”。他提醒我们要指明标准，以区分那些被其肯定事例所支持的概括和那些不被其肯定事例所支持的概括。

一种方法也许是把谓词细分成涉及空间或时间的那些谓词与不涉及空间或时间的那些谓词。于是，似律概括可以局限在其非逻辑词项不涉及空间和时间的那些概括。据信这将排除关于绿蓝翡翠和现在这个房间里的人的那些概括。

古德曼拒绝接受这种方法。他指出，无需使用涉及时间的谓词就能重新表述翡翠之谜。[25]假定存在有限个个体n，它们已经被检查且被发现是绿翡翠，谓词“绿蓝”可以就这组个体定义如下：

“x是绿蓝的”当且仅当，“要么x等同于（$a \vee b \vee c \vee ... n$）且是绿色的，要么$x$不等同于（$a \vee b \vee c \vee ... n$）且是蓝的”。

根据“绿蓝”这个定义，每一个是概括（1）的肯定事例的个体也是概括（2）的肯定事例，这仍然为真。[26]

古德曼认为，要想克服与“绿蓝”和“现在这个房间里的人”这样的谓词有关的困难，可以采取一种实用的—历史的方法。应该先记录谓词过去的用法，再用这种“追踪记录”对它们进行分类。某些谓词已经包含在成功地用来解释新事例的概括中。古德曼把这些词项称为“牢固谓词”（entrenched predicates）。[27]例如，“绿色的”就是一个牢固谓词，因为像“所有翡翠都是绿色的”和“所有钡化合物燃烧时都有绿色火焰”这样的概括被投射到了新的事例上。而“绿蓝”则不是一个牢固谓词，它并未包含在被成功投射的概括中。当然，它本可以这样使用，但重要的是实际用法，而且“绿蓝”和“绿色”的传记记录（biographies）是非常不同的。

如果古德曼是正确的，那么似律的地位就是可投射性的问题，可投射性是谓词的比较牢固性（comparative entrenchment）的函数，而牢固性本身又取决于过去的用法。古德曼对“新归纳之谜”的讨论的后果之一是把一个哲学问题“降格”为一个历史问题。诚然，科学哲学家仍然要明确指明可投射性的标准，但由于这一标准涉及谓词的牢固性，而牢固性又取决于对谓词传记记录的考察，所以真正重要的任务要由科学史家来完成。

古德曼所作讨论的第二个后果是破坏了一个正统看法，即确证乃是句子之间的一种完全逻辑的关系。亨普尔在为其1945年的论文所写的附言（1964年）中承认，

> 寻找定性或定量确证的纯句法标准预先假定，相关假说是用允许投射的词项来表述的；而单凭句法手段挑选不出这些词项。[28]

对科学进步的中国套箱观点的怀疑

费耶阿本德的不可公度性论点

费耶阿本德声称，正统理论家所讨论的“纳入”的传统例子无法满足他们自己对纳入的要求。据信可以把伽利略物理学纳入牛顿物理学便是这样一个例子。费耶阿本德指出，内格尔的可推导性条件在这种情况

下并没有被满足。伽利略物理学的一个基本定律是，落体的垂直加速度在地球表面附近任何有限的垂直距离内是常数。但这个定律不能从牛顿物理学定律中推导出来。在牛顿物理学中，两个物体的引力吸引从而相互加速度会随着距离的减少而增加。只有当下落距离与地球半径之比为0时，才能从牛顿定律中推导出伽利略定律。但是在自由落体的情况下，这个比永远也不等于零。伽利略关系并不能从牛顿力学定律中逻辑地推导出来。[29]

第二个例子是据信可以把牛顿力学“纳入”广义相对论。费耶阿本德承认，在某些限制条件下，相对论方程所得出的值会接近于牛顿力学的计算值。但这并不足以证明可以把牛顿力学纳入广义相对论。在这种情况下，可连接性条件没有得到满足。考虑“长度”概念：在牛顿力学中，长度是独立于信号速度、引力场和观察者运动的一种关系。在相对论中，长度是一种其值依赖于信号速度、引力场和观察者运动的关系。从牛顿力学到相对论的过渡涉及时空概念意义的变化。“经典长度”和“相对论长度”是不可公度的概念，[30]牛顿力学不可被纳入广义相对论。费耶阿本德还认为，经典力学不可被纳入量子力学，[31]经典热力学不可被纳入统计力学。[32]

希拉里·普特南（Hilary Putnam）指出，内格尔的纳入理论稍作修改就能免受费耶阿本德的批评。我们只需明确指明，从新理论中推导出来的是旧理论的恰当近似。[33]

费耶阿本德回应说，最初对纳入的兴趣是对各种实际科学理论之间关系的兴趣。[34]他指出，普特南仅仅是通过使纳入理论不能应用于实际的理论更替情况而挽救了它。

费耶阿本德声称已经表明，正统理论家所引用的纳入例子并不满足他们自己的纳入条件。毋宁说，高层次的理论更替涉及出现在两种理论中的那些描述性术语意义的改变。后继理论重新解释了先前使用的描述性词汇。但以这种方式依赖于理论的观察报告不能充当评价竞争性理论的客观基础。费耶阿本德得出结论说，高层次理论在观察上是不可公度的。[35]

发展是通过纳入还是革命性地推翻？

威廉・休厄尔曾把科学的发展比作支流汇成江河。[36]这种支流—江河比喻与通过纳入而进步的中国套箱观点以及与之伴随的对纳入问题的哲学兴趣是一致的。支流—江河比喻也与玻尔把对应原理用作理论形成的方法论指南相一致。[37]

战后批评这种观点的人抱怨说，支流—江河比喻给科学史强加了一种虚假的连续性。科学的发展并不平坦，理论并非彼此汇入。相反，竞争是规则，一个理论被另一个理论所取代常常是通过革命性地推翻而实现的。

斯蒂芬・图尔敏指出，剧烈的概念变化往往伴随着一个包容性的理论被另一个所取代。[38]"自然秩序理想"的改变在科学史中是非常重要的。自然秩序理想是规律性的标准，这些标准

> 为我们在周围的世界中划分出一些事件，这些事件的确需要通过与"事件的自然进程"（即那些不需要解释的事件）进行对比来解释。[39]

牛顿第一定律就是这样一种理想。它规定了匀速直线运动是惯性运动，并且规定了需要作出解释的只是运动的变化。牛顿的自然秩序理想取代了相应的亚里士多德的理想。亚里士多德把物体在有阻力的表面拖曳当作是周部运动的范例。这样一种物体所达到的速度取决于施加的作用力与产生的阻力之比。正是运动的存在表明作用力的确发挥作用了。按照亚里士多德的自然秩序理想需要解释的是运动本身而不只是运动的变化。这两种理想是冲突的，牛顿理想的获胜是对亚里士多德理想的否定，而不是纳入。

图尔敏宣称，

> 一种解释要想是可接受的，就必须表明所研究的事件是我们基本的可理解类型的特例或复杂结合。[40]

如果一种现象怎么都无法应用我们的可理解性原理，它渐渐就会被视为一种反常。就以上提到的亚里士多德的理想而言，抛射体运动就是一种反常。按照亚里士多德的思想，投掷者投出标枪之后，标枪的连续运动需要一种解释。但在空中运动的标枪似乎没有受到任何推动。亚里士多德不无犹豫地提出，邻近的空气陆续把一种保持运动的倾向传递给抛射体。[41]不用说，这种解释令亚里士多德主义自然哲学家感到不安。图尔敏指出，正是对反常的认识才导致建立新的自然秩序理想。

给定自然秩序理想之间的竞争，"最适者"才能生存，"适应"与概念整合和增殖力有关。由于在这场冲突中关键是概念革新的恰当性，所以不可能通过诉诸某种"证据演算"来解决冲突。图尔敏认为，确证逻辑的逻辑重建主义纲领价值有限，因为这样一种逻辑不适用于可理解性标准本身有争议的那些重要冲突。[42]

汉森（N. R. Hanson）指出，科学中的概念革命类似于一种格式塔（gestalt）转换，人们渐渐以一种新的方式来看待相关事实。[43]汉森遵循维特根斯坦的看法，[44]区分了"看见"（seeing that）和"看作"（seeing as）。汉森强调，"看作"（即看的格式塔含义）在科学史上一直很重要。

考虑16世纪关于地球运动的争论。假设第谷·布拉赫和开普勒于黎明时分面朝东方站在一座小山上。根据汉森的说法，在某种意义上，第谷和开普勒看见的是同样的东西。他们都"看见"绿色和蓝色的色斑之间有一个橘红色的圆盘。但在另一种意义上，第谷和开普勒并没有看见同样的东西：第谷"看见"太阳从固定的地平线上升起，开普勒则"看见"地平线滚到了静止的太阳以下。像开普勒那样看太阳就是实现了一种格式塔转换。[45]

费耶阿本德和费格尔论正统学说的死亡

费耶阿本德在1970年宣布，"科学哲学"是"一门有着伟大过去的学科"。[46]表面看来，这并不是一个有争议的说法。但他同时也是想暗示，"科学哲学"是一门没有未来的学科。他所指的"科学哲学"是逻辑重建主义。

他宣称，

> 有这样一种事业，得到了其中每一个人的认真对待，它对简单性、确证、经验内容的讨论是考虑形式为 $(x)(Ax \supset Bx)$ 的陈述及其与形式为 Aa, Ab, Aa & Ba 等等的陈述之间的关系，我断言这种事业与科学中实际发生的事情一点关系也没有。[47]

费耶阿本德认为没有理由让一个执业科学家去咨询科学哲学。科学哲学中没有任何东西能帮他解决问题。特别是，确证理论并不能帮助科学家决定接受哪些理论。这是因为，确证理论基于两条错误的假设。第一条错误假设是，存在着一种独立于理论的观察语言，用它可以对理论作出评价。第二条错误假设是，一个理论有可能符合其领域中的所有已知事实。但在实践中，总有某种证据是违反这一理论的。根据费耶阿本德的说法，哲学家将其确证理论基于这一假设是无用的，就像制药公司生产了一种药，只有当病人没有任何细菌时才能被治愈一样。

在费耶阿本德看来，正统的科学哲学是一种“退化的问题转移”。其从业者忽视了科学，以解决关于反事实、“绿蓝”和确证的问题。但这一切只不过促进了博士论文的产生。科学家应当无视它。

也没有任何理由让科学史家来研究科学哲学。正统科学哲学中没有任何东西能够帮助历史学家来理解科学过去的进步。

费耶阿本德的建设性建议是“回到源头”。想成为科学哲学家的人应当放弃对逻辑重建主义的幻想，沉浸在科学史中。费耶阿本德赞扬库恩、龙基（Ronchi）、汉森和拉卡托斯对科学史上特定情节的研究。[48]

“回到源头”，这无疑是很好的建议。但费耶阿本德未能明确“科学哲学”如何涉及科学史，或者是科学史的产物。给定一个特定的情节，科学哲学家会怎样做才能将他的研究与科学史家的研究区分开来呢？

费耶阿本德无疑会反驳说，提出这样一个问题是秉持着一种不被允许的狭隘观点。为什么应当有科学哲学这样一门脱离了科学的实践和科学史的与众不同的学科呢？事实上，为什么应当有一种迥异于思想和行动的历史的**科学**史呢？费耶阿本德坚信可以消除“科学哲学”与更广泛的文化史研究之间的界线。[49] 在他看来，科学哲学是而且应当是一门破灭的学科。

这是一个相当严厉的评价。但随后费耶阿本德作为一个异教徒而闻名。相比之下，赫伯特·费格尔则不愿把逻辑重建主义看成彻底的失败。[50] 费格尔参与了正统学说的兴起和统治，他回顾了正统学说的消亡，看看其中是否包含着什么值得挽救的东西。他的结论是的确有。

一方面，正统立场解释了如何对理论进行检验和比较。根据费格尔的说法，对理论的检验和比较之所以可能，是因为

1. 理论与经验定律之间存在着演绎关系，

2. 有许多经验定律是“相对稳定和近似准确的”。

当然，经验定律并非不可纠正。特别是，它们可以“从上面”进行纠正。费格尔承认，例如一种天体物理学的理论也许有一天会建议修正其检验基础——物理光学的定律。但他宣称，

> 这些纯粹思辨的可能性并没有给我留下多深的印象，经验主义的对手以深奥得令人震惊的超级复杂性不知疲倦地将它们不断发明出来！我的观点很简单，数以千计的物理和化学（“低层次”）常数出现在极为稳定的经验定律之中。[51]

费格尔引用了折射率、比热、导热和导电性能、化学组成的规律性，以及欧姆定律、安培定律、库仑定律、法拉第定律、基尔霍夫定律和巴尔默定律。

费格尔强调，他不想说存在着一种理论中性的观察语言。他建议把理论的检验基础从观察报告转到经验定律。他宣称，

> 虽然所有理论都可能“天生就是错的”，即它们都有可以由经验来证明的反常，但有数以千计的经验定律——至少是在特定范围的相

关变量之内——数十年、甚至数百年都不需要作任何修改或修正。[52]

经验定律的相对稳定性一直是正统科学哲学着重强调的一点。例如，欧内斯特·内格尔曾经指出，许多定律都有自己的独立生命，不依赖于用来解释它们的理论。[53]

费耶阿本德认为，随着经验定律被纳入层次越来越高的理论，其术语含义会发生变化。虽然它的句法形式在过渡中可能不变，但“定律”在每一种理论中都是不同的。

费格尔坚称，这种对经验定律的理论负载特性的强调没有公正对待定律在科学实践中的作用。在实践中，理论是通过它们解释经验定律的能力而得到评价的。就此而言，爱因斯坦的相对论优于牛顿力学，而牛顿力学又优于伽利略的落体理论。根据费格尔的说法，正统理论家正确地认为，科学的进步往往是把定律纳入更具包容性的理论。

费格尔的经验定律清单完全是从物理科学中收集来的。斯马特（J. J. C. Smart）强调了生物学的缺漏。他认为生物学中没有定律。当然概括是有的，但它们并非严格的一般定律，而是充满了例外。生物学的概括隐含地涉及了地球及其历史。考虑“白化病老鼠总是纯育的”这样一个概括。由于“老鼠”是通过地球生命形式的谱系树来定义的，所以概括的范围是有限的。[54] 此外，如果发现生物学概括的例外，可以作出调整而不必在这门学科中产生动荡。生物学家只需把“所有”改成“绝大多数”就可以了。例如，考虑到鸭嘴兽和针鼹鼠的证据，他们把“所有给幼崽哺乳的动物都不产卵”改成到“给幼崽哺乳的动物绝大多数不产卵”。[55]

迈克尔·鲁斯（Michael Ruse）回应说，物理科学的定律也可以作同样的修正。[56] 开普勒定律、斯涅耳定律、波义耳定律和欧姆定律同样只适用于“绝大多数”。认识到这一点也不会在物理学中产生动荡。

然而，在进化生物学中似乎并没有低层次的经验定律。如果有这样的定律，它们将会陈述不同类型的生物体在特定特征的环境中的相对适应性的不同结果。

约翰·比蒂（John Beatty）试图解释为什么没有这样的生物学定律。根据比蒂的说法，生物学概括“描述偶然的进化结果”。[57] 进化结果依赖于环境压力的改变。事实上，正如斯蒂芬·J. 古尔德（Stephen J. Gould）所说，

> 进化就像一盘录像带，如果再三重复播放，每一次都会有一个不同的结局。[58]

即使选择的压力相同，相同的初始条件也可以导致完全不同的结果。这有两个原因：（1）偶然事件（突变、地震等）的发生，和（2）不同的适应性反应在功能上的等价性。考虑伯格曼定律（Bergmann's Principle）——温血生物的地理种成员在寒冷气候中要比在温暖气候中体型更大。[59] 这个原则有许多例外，大概是因为体型的增大（从而减小了生物体的表面积与体积比）并非减少寒冷气候中散热的唯一途径。挖掘地洞和长出更重的皮毛或羽毛是对寒冷气候的其他适应性反应。

考虑到突变以及在功能上等价的适应性反应在进化过程中的作用，生物学概括并不支持反事实主张。因此，与像“钠样品若暴露于氯会起反应”这样的化学定律相反，像“所有 O 类型的生物在环境 E 中都会发展出性质 P”这样的生物学概括不会支持“如果 x 是 E 中的一个 O，那么 x 将发展出 P”。因此，根据贝蒂的说法，生物学概括不是定律。

马丁·卡里尔（Martin Carrier）回应说，贝蒂一直在错误的地方寻找生物学定律。卡里尔认为，它们终将被发现，不过不是在关于物种及其性质的概括层面，而是在一个更高的分析层面。[60] 卡里尔遵循埃利奥特·索伯（Elliott Sober）的观点，认为在随附（supervenient）性质层面存在着生物学定律。随附性质 P 与较低层次的一组属性相关联，使得 P 的每一个变化都会伴随着较低层次的某个（或更多个）性质的变化，较低层次性质的每一个变化都会改变 P。

“适应性”是一种随附性质。它随附于指称物理特性（如长颈鹿的颈长、蜂鸟的鸟嘴结构）或行为（如求偶、筑巢）的较低层次的性质。索伯

指出，生物学家指定了适应性的量度，以解释捕食者与猎物的关系、性别比例均衡以及镰刀型细胞贫血症在疟区人群中的持久性。他承认，对“适应性”这种随附性质的每一次应用都可以代之以引用适应性差异的具体物理基础的解释。但他坚持认为，提及“适应性”

> 可以使我们对物理上迥然不同的系统进行概括。[61]

例如，生物学家解释了非镰刀型细胞贫血症情况下杂合了适应性的增加。

但是，关于随附性质的概括完全不同于费格尔所引用的低层次定律。罗伯特·布兰登（Robert Brandon）强调，进化生物学的基础并不是一套低层次的经验定律，而是一种概要原理（schematic principle）：

> a 比 b 在 E 中更能适应，当且仅当 a 比 b 在 E 中更能生存和繁殖。[62]

布兰登承认，该概要原理本身缺乏具体的生物学内容。但他指出，它变得可以应用于进化背景，当

1. 存在着一些生物学实体，它们是“关于繁殖的机会安排”；
2. 这些实体在一个共同的选择性环境中的适应性上有所不同；
3. 适应性的差异可以遗传。[63]

上述三个条件都是有经验意义的存在性要求。因此，对概要原理的应用是经验的，即使该原则本身缺乏经验内容。

上述概要原理充当着进化生物学中的一条指导原则。生物学家需要寻找能够满足这三条存在性要求的情况。在这方面，该原则类似于牛顿第二定律和质量—能量守恒定律。牛顿第二定律—— $F = ma$ ——指导物理学家把观测到的加速度与某种力的存在联系起来。质量—能量守恒定律指导物

理学家确认（或者万不得已就假定）足以平衡反应物能量源的产物能量源。

注释

1 Paul K. Feyerabend, 'An Attempt at a Realistic Interpretation of Experience' *Proc. Arist. Soc*. 58 (1958), 160–162.

2 Paul K. Feyerabend, 'An Attempt at a Realistic Interpretation of Experience' *Proc. Arist. Soc*. 58 (1958), 164.

3 Peter Achinstein, *Concepts of Science* (Baltimore: The Johns Hopkins Press, 1968), 160–172.

4 Ibid., 168.

5 Pierre Duhem, *The Aim and Structure of Physical Theory* (New York: Atheneum, 1962), 180–218.

6 Willard van Orman Quine, 'Two Dogmas of Empiricism', in *From a Logical Point of View* (Cambridge, Mass.: Harvard University Press, 1953), 41.

7 Ibid., 43.

8 批评者包括 William Dray，Michael Scriven 和 Richard Zaffron 等。

9 Carl Hempel, 'Deductive-Nomological vs. Statistical Explanations', in Feigl and Maxwell (eds.), *Minnesota Studies in the Philosophy of Science*, iii. 109–110.

10 Hempel, *Aspects of Scientific Explanation* (New York: Free Press, 1965), 374–375.

11 Wesley Salmon, 'The Status of Prior Probabilities in Statistical Explanation', *Phil. Sci*. 32 (1961), 145.

12 Michael Scriven, 'Truisms as the Grounds for Historical Explanations', in P. Gardner (ed.), *Theories of History*, (Glencoe, Ⅲ.: The Free Press, 1959), 443–475; 'Explanation and Prediction in Evolutionary Theory', *Science* 130, 1959, 447–42; 'Explanations, Predictions, and Laws', in Feigl and Maxwell (eds.), *Minnesota Studies in the Philosophy of Science*, iii. 170–230.

13 Hempel, *Aspects of Scientific Explanation*, 362.

14 Salmon, 'Why ask "Why"? An Inquiry Concerning Scientific Explanation', *Proc. Am. Phil. Soc*. 6 (1978), 689. Repr. in J. Kourany (ed.), *Scientific Knowledge* (Belmont, Calif.: Wadsworth, 1987), 56.

15 对于史密斯患白血病的（低）**概率**可以有一种 DN 模型的解释。但这种解释并不是对这里事件的解释。

16 Frederick Suppe, 'The Search for Philosophic Understanding of Scientific Theories', in Suppe (ed.), *The Structure of Scientific Theories* (Urbana, Ⅲ.: University of Illinois Press, 1974), 221–260.

17 关于句子与命题的区分的讨论，见 S. Gorovitz and R. G. Williams, *Philosophical Analysis* (New York: Random House, 1963), ch. 4。

18 Frederick Suppe, 'The Search for Philosophic Understanding of Scientific Theories', in Suppe (ed.), *The Structure of Scientific Theories* (Urbana, Ⅲ.: University of Illinois Press, 1974), 222.

19 Ronald Giere, 'Testing Theoretical Hypotheses', in John Earman (ed.), *Minnesota Studies in the Philosophy of Science*, x. 269–298; *Understanding Scientific Reasoning*, 4th edn. (Fort Worth: Harcourt Brace, 1997), 27.

20 I. Bernard Cohen, *The Newtonian Revolution* (Cambridge: Cambridge University Press, 1980), 52–154.

21 Pierre Duhem, *The Aim and Structure of Physical Theory*, trans. P. Wiener (New York: Atheneum, 1962), 32.

22 Wilfrid Sellars, 'The Language of Theories', in H. Feigl and G. Maxwell (eds.), *Current Issues in the Philosophy of Science* (New York: Holt, Rinehart, and Winston, 1961), 71–72; repr. in B. A. Brody (ed.), *Readings in the Philosophy of Science*, 348.

23 Nelson Goodman, *Fact, Fiction and Forecast*, 2nd edn. (Indianapolis: The Bobbs-Merrill Co., Inc., 1965).

24 Ibid., 74.

25 Ibid., 78–80.

26 这种方法的另一个困难是，被科学家称为"定律"的一些概括的确包含着涉及空间和时间的词项。开普勒第一定律便是一例，它将行星的椭圆轨道与太阳的位置联系起来。

27 Nelson Goodman, *Fact, Fiction and Forecast*, 2nd edn. (Indianapolis: The Bobbs-Merrill Co., Inc., 1965). 94.

28 Carl Hempel, 'Postscript (1964) on Confirmation', in *Aspects of Scientific Explanation* (New York: The Free Press, 1965), 51.

29 Feyerabend, 'Explanation, Reduction, and Empiricism', in *Minnesota Studies in the Philosophy of Science*, iii. 46–48.

30 Feyerabend, 'On the "Meaning" of Scientific Terms', *J. Phil.* 62 (1965), 267–271; 'Consolations for the Specialist', in I. Lakatos and A. Musgrave (eds.), *Criticism and the Growth of Knowledge* (Cambridge: Cambridge University Press, 1970), 220–221; 'Against Method: Outline of an Anarchistic Theory of Knowledge', in M. Radner and S. Winokur (eds.), *Minnesota Studies in the Philosophy of Science*, iv. 84.

31 Feyerabend, 'On the "Meaning" of Scientific Terms', 271–272.

32 Feyerabend, 'Explanation, Reduction, and Empiricism', 76–81.

33 Hilary Putnam, 'How Not to Talk About Meaning', in R. Cohen and M. Wartofsky

(eds.), *Boston Studies in the Philosophy of Science*, ii. (New York: Humanities Press, 1965), 206–207.

34 Feyerabend, 'Reply to Criticism: Comments on Smart, Sellars and Putnam', in Cohen and Wartofsky (eds.), *Boston Studies in the Philosophy of Science*, ii. 229–230.

35 Feyerabend, 'Explanation, Reduction, and Empiricism', 59.

36 参见第九章。

37 参见第十二章。

38 Stephen Toulmin, *Foresight and Understanding* (New York: Harper Torchbooks, 1961), 44–82.

39 Ibid., 79.

40 Ibid., 81.

41 Aristotle, *Physics*, book vii, 267a.

42 Toulmin, *Foresight and Understanding*, 112.

43 N. R. Hanson, *Patterns of Discovery* (Cambridge: Cambridge University Press, 1958), ch. 4 and *passim*.

44 Ludwig Wittgenstein, *Philosophical Investigations* (New York: Macmillan, 1953), 193–207.

45 Hanson, *Patterns of Discovery*, 5–24.

46 Feyerabend, 'Philosophy of Science: A Subject with a Great Past', in R. Stuewer (ed.), *Historical and Philosophical Perspectives of Science* (Minneapolis: University of Minnesota Press, 1970), 172–183.

47 Ibid., 181.

48 Ibid., 183.

49 Feyerabend, *Against Method* (London: NLB, 1975), 294–309.

50 Herbert Feigl, 'Empiricism at Bay?' in Cohen and Wartofsky (eds.), *Boston Studies in the Philosophy of Science*, xiv. 8.

51 Herbert Feigl, 'Empiricism at Bay?' in Cohen and Wartofsky (eds.), *Boston Studies in the Philosophy of Science*, 10.

52 Ibid., 9.

53 Ernest Nagel, *The Structure of Science*, 86–88.

54 J. J. C. Smart, *Philosophy and Scientific Realism* (London: Routledge & Kegan Paul, 1963), 53–54.

55 Smart, *Between Science and Philosophy* (New York: Random House, 1968), 93.

56 Michael Ruse, *The Philosophy of Biology* (London: Hutchinson, 1973), 28.

57 John Beatty, 'The Evolutionary Contingency Thesis' in G. Wolters and J. Lennox (eds.), *Concepts, Theories and Rationality in the Biological Sciences* (Pittsburgh: University of

Pittsburgh Press, 1995), 47.

58 John Beatty, 'The Evolutionary Contingency Thesis' in G. Wolters and J. Lennox (eds.), *Concepts, Theories and Rationality in the Biological Sciences* (Pittsburgh: University of Pittsburgh Press, 1995), 45. Beatty cites Stephen J. Gould, *Wonderful Life* (New York: Norton, 1989), 45–52, 277–291.

59 参见 Ruse, *Philosophy of Biology*, 59–60。

60 Martin Carrier, 'Evolutionary Change and Lawlikeness' , in *Concepts, Theories and Rationality in the Biological Sciences*, 91–93.

61 Elliott Sober, *The Nature of Selection* (Chicago: University of Chicago Press, 1984), 83.

62 Robert Brandon, *Adaptation and Environment* (Princeton: Princeton University Press, 1990), 15; *Concepts and Methods in Evolutionary Biology* (Cambridge: Cambridge University Press, 1996), 23.

63 Brandon, *Adaptation and Environment*, 158.

第十四章　科学进步理论

托马斯·库恩（Thomas Kuhn，1922—1996）在哈佛大学获得物理学博士学位，在普林斯顿任教多年，后来去了麻省理工学院。他在哥白尼革命和20世纪物理学方面作了重要的历史研究。他颇具影响的著作《科学革命的结构》（*The Structure of Scientific Revolutions*）使人们注意到范式在科学历史发展中的作用。

伊姆雷·拉卡托斯（Imre Lakatos，1922—1974）出生于匈牙利，受过纳粹迫害，后于斯大林主义镇压时期坐过三年牢。1956年，他离开匈牙利前往英国，在剑桥和伦敦经济学院从事数学哲学和科学哲学研究。

拉里·劳丹（Larry Laudan，1941—　）在普林斯顿获得哲学博士学位，曾在匹兹堡科学史和弗吉尼亚理工大学任教，现任职于夏威夷大学。劳丹对科学理论之间的关系、评价标准和认知目标作过批判性的历史研究。他的工作为科学哲学与科学史的相互依赖性提供了重要解释。

库恩论"常规科学"和"革命科学"

对正统学说的诸多批评有一种累积的效果。许多科学哲学家渐渐认为，用形式逻辑范畴来重建科学时会失去一些至关重要的东西。在他们看来，对"理论"、"确证"和"纳入"所作的正统分析与实际的科学实践少有相似性。

托马斯·库恩的《科学革命的结构》（第一版，1962年）[1]对科学作了一种非正统的科学解释，且被广泛讨论。库恩基于他本人对科学史发展的解释，对科学的进步作了一种"理性重建"。但库恩的重建并不仅仅是另一种科学史。毋宁说，它包含一种二阶评论，即科学哲学，就科学方法给出了规范性的结论。

图尔敏和汉森已经指出了对科学进步的理性重建可能采取的方向。他们强调了不连续性的重要性，科学家渐渐以新的方式来看待现象。库恩把这种强调发展成一个科学进步模型，“常规科学”时期与“革命科学”时期在其中交替进行。

常规科学

科学史家最关注的是概念的革新。但许多科学（如果不是大多数科学）都是在较为乏味的层次上进行的，它包含一种“扫尾操作”，[2] 把业已接受的“范式”应用于新情况。常规科学包括：

1. 提高观测结果与基于范式的计算相一致的精确性；
2. 扩展范式的范围，以涵盖其他现象；
3. 确定普遍常数的值；
4. 提出进一步阐明范式的定量定律；
5. 判定把范式应用于新的领域哪一种方式最令人满意。

常规科学是一种保守的事业，库恩称之为“解难题活动”。[3] 只要对范式的应用令人满意地解释了现象，常规科学研究就能不受干扰地进行下去。但事实证明，某些材料很难解释。如果科学家们认为范式应当符合这些材料，那么对常规科学纲领的信心就会被动摇，这些材料所描述的那些现象也随之被视为一种反常。库恩同意图尔敏的看法，认为反常的出现促进了他样范式的发明。库恩宣称：

> 常规科学最终只会导致对反常和危机的承认。反常和危机不会以认真考虑和解释而告终，而会以一个类似于格式塔转换的相对突然和未经组织的事件而告终。[4]

范式之间的竞争完全不同于竞相符合一组数据的数学函数之间的竞争。

竞争的范式是不可公度的，它们反映了不同的概念导向。竞争范式的支持者们以不同的方式来看待某些类型的现象。例如，亚里士多德“看到”受约束物体在缓慢下落，牛顿则“看到”摆的（近乎）等时的运动。

革命科学

一两个反常的存在不足以导致抛弃一个范式。库恩认为，证伪逻辑不适用于拒斥范式的情况。对范式的拒斥并非基于对范式的推论和经验证据的比较。毋宁说，对范式的拒斥是三项关系，涉及业已确立的范式、竞争的范式和观察证据。

随着一个可行的竞争范式的出现，科学进入了革命阶段。在这个阶段，所要求的似乎是两个范式与观察结果的比较。但必得有一种独立于范式的语言来记录观察结果，才能作出这种比较。这样一种语言是否可以得到呢？库恩认为没有。他宣称，

> 在某种我无法进一步阐明的意义上，竞争范式的支持者是在不同的世界中从事其工作的。一个世界包含着缓慢下落的受约束物体，另一个世界则包含着一再重复运动的摆。在一个世界中，溶液是化合物，在另一个世界中，溶液则是混和物。一个世界嵌在平坦的空间模子中，另一个世界则嵌在弯曲的空间模子中。这两组科学家在不同的世界中工作，当他们从同一点沿同一方向观看时，看到的是不同的事物。[5]

因此，范式的替代类似于一种格式塔转换。[6]竞争的范式并非完全可以公度。对于一个特定的问题，两种范式可能会作出不同种类的可容许的回答。例如，在笛卡尔主义传统中，问什么力作用于物体，就是要求明确指明正在对这个物体施加压力的其他物体。而在牛顿主义传统中，无需讨论接触作用就可以回答这个关于力的问题。只要指明恰当的数学函数就够了。[7]此外，虽然一个新范式通常会包含来自旧范式的概念，但往往会以新的方

式使用这些借来的概念。例如，在从牛顿物理学过渡到广义相对论时，“空间”、“时间”、“物质”等术语都经历了影响深远的重新解释。[8]

伊斯雷尔·舍夫勒（Israel Scheffler）抱怨库恩对范式替代的看法把科学史归结为一系列观点的接续。[9] 舍夫勒认为，与哲学体系的历史不同，科学史可以通过描述是否恰当来衡量。科学中的进步之所以可以衡量，是因为竞争的理论往往作出了相同的指称性要求。诚然，竞争的高层次理论可能会强加不同的分类系统，但被分类的往往是同样的对象。[10]

舍夫勒提出，库恩通过诉诸格式塔类比加剧了“看见X”与“把X看成某种东西”之间的混淆。舍夫勒指出，这并不意味着因为两个范式的分类系统不同，它们就是关于不同的对象。不同的范式有可能对同一组对象引入不同的分类方法。

考虑电子在同步加速器中的加速。如果我们按照牛顿力学的概念框架来解释这种情况，那么我们就给粒子赋予了一种独立于速度的“质量”。如果我们按照狭义相对论的概念框架来解释这种情况，那么我们就给粒子赋予了一种数值随速度变化的“质量”。这两个“质量”概念是不一样的。但如果在这些应用中，竞争理论有相同的所指，而且相对论解释在预测上更为成功，那么用狭义相对论来取代牛顿力学就被视为进步。

库恩否认相互竞争的范式可以通过描述的准确性来衡量，但他的确坚称，存在着合理性标准可以应用于范式的取代。最重要的是，胜利的范式必须能够建设性地处理导致危机的反常。而且在其他情况不变的情况下，定量精确性的增加有利于新范式。

在《科学革命的结构》第一版中，库恩明确指明了一种应当加诸历史发展的科学进步模式。这种模式是否适用必须由科学史家来确定。但在这样做之前，历史学家必须弄清楚这一模式的轮廓。他如何判定一个实验结果是否是反常，解难题的活动是否达到了危机阶段，或者是否已经发生格式塔转换呢？

不幸的是，库恩对“范式”概念的使用是模糊不清的。达德利·夏佩尔（Dudley Shapere）[11] 和格尔德·布赫达尔 [12] 批评库恩在广义和狭义的“范式”之间移来移去。

在广义上，“范式”是一个“学科基体”或“某个共同体成员所共享的一整套信念、价值、技巧等”。[13] 科学从业者共同体的成员可能都相信理论实体（绝对空间、原子、场、基因……）的存在。此外，成员们对于哪些类型的研究和解释是重要的也许有一致意见（活体内还是活体外研究，接触作用还是用场来解释，决定论解释还是概率论解释……）。这些承诺和信念是广义“范式”的一部分。一个学科基体也包括一个或更多个狭义的“范式”。

在狭义上，“范式”是一种“范例”，是对科学理论的一种有影响的描述。在正常情况下，这些范例在教科书中得到陈述、增订和修正，教科书包含着对理论的标准说明和应用。[14]

夏佩尔和布赫达尔指出，“范式”的这种模糊使用对库恩的科学史论点起了破坏作用。如果库恩想到的是狭义的范式，那么常规科学与革命科学之间的对比就大大缩小了。历史学家将不会谈论“对单个范式的阐明”，而不得不去讨论不同范例的更替。例如在狭义上，牛顿、达朗贝尔、拉格朗日、哈密顿和马赫都提出了不同的力学“范式”。但这些“范式”之间的过渡很难称得上是“革命”。另一方面，如果库恩想到的是广义的“范式”，那么这个概念将过于模糊而不能用作历史分析的工具。

在《科学革命的结构》第二版（1969 年）的附言中，库恩承认他对“范式”的使用是模糊不清的。[15] 但他认为，历史—社会学研究也许可以既揭示范例，又揭示专业基体。社会学家首先考察参加的会议、阅读的期刊、发表的论文和引用的文献等，然后根据这些材料，他确认出不同的“从业者共同体”。接着他将考察共同体成员的行为，看看他们共同享有什么样的信念。

在对这些研究的可能结果进行分析时，库恩模糊了此前常规科学与革命科学之间清晰的界限。他预言，社会学研究的一个结果将是确认出大量较小的群体。他承认，一个微观共同体内部可能会发生一场革命而不引起科学内的动荡。他允许微观共同体内部不必先发生危机，一个范式就可以被另一个范式所取代。他增加了对危机形势的可能反应，包括把反常留待未来去考虑。但更引人注目的是库恩承认，微观共同体内所从事的“常规科学”可以伴随着对科学“专业基体”的那些基本形而上学信念的争论。他承认，在19世纪，化学共同体的成员虽然对原子是否存在意见不一，但都在从事共同的解难题活动。成员们承诺使用某些研究技巧，但对这些技术的恰当解释常常持激烈的不同看法。[16]

一些批评家抱怨说，在《科学革命的结构》第一版中，库恩对科学作了夸张的描述。例如沃金斯（Watkins）认为，库恩把科学描绘成由漫长的教条间隔所分开的一系列相距甚远的动荡。[17]但是在库恩的附言中，常规科学已经失去了它以前具有的那种铁板一块的性质。就微观共同体的成员都同意一个范例（范式）的研究价值而言，常规科学已由微观共同体建立起来。现在库恩允许在没有任何危机的情况下取代一个范例。库恩似乎已经使批评者解除了武装。的确，艾伦·默斯格雷夫（Alan Musgrave）宣称：“在我看来，库恩目前的‘常规科学’观将很难在那些人当中引起慌乱，那些人强烈反对他们在库恩第一版中所看到的东西或者自认为看到的东西。”[18]

拉卡托斯论科学研究纲领

在20世纪60年代，科学进步的理性重建是一个备受争论的议题。波普尔和库恩为这一争论提供了基本文本，接下来是一个阐述和比较的时期。在这些讨论中，也许最重要的新观点是伊姆雷·拉卡托斯的观点。

拉卡托斯承认，库恩强调科学中的连续性是正确的。[19]在面对似乎反驳理论的证据时，科学家的确继续使用这些理论。牛顿力学就是一个例子。19世纪的科学家认识到，水星的反常运动被认为对牛顿力学不利。但他们继续使用这个理论，他们这样做并不是非理性的。然而，按照波普尔的方法论原理，无视起证伪作用的证据乃是非理性的。拉卡托斯批评波普尔未能区分反驳与拒斥。[20]拉卡托斯同意库恩的看法，认为反驳后面并不总是也不应总是跟着拒斥。应当允许理论即使在“反常的海洋”中也能繁荣。

但是在赞赏了库恩对连续性的强调之后，拉卡托斯批评他把革命事件视为“神秘皈依”的实例。[21] 根据拉卡托斯的说法，库恩已经把科学史描述为理性时期的非理性更替。这对库恩非常不公平。虽然库恩的确把理论更替比作新视角开始出现，但他并不认为科学革命是非理性的。我猜想，由于“非理性主义者库恩”并不存在，所以必须把他发明出来。对于那些相信能为理论更替找到评价规则的科学哲学家来说，“非理性主义者库恩”是一个有用的对照点。

拉卡托斯认为，除非能对理论更替作一种理性重建，否则科学变革就必须留给历史学家和心理学家去解释。波普尔已经提出了一种理性重建，认为科学进步是一系列猜想和反驳的尝试。拉卡托斯试图改进这种重建。特别是，他极力主张评价的基本单位应当是“研究纲领”，而不是个别理论。根据拉卡托斯的说法，研究纲领由若干方法论规则所组成：有些规则告诉我们哪些研究途径应当避免（反面启发法），另一些规则告诉我们哪些研究途径应当遵循（正面启发法）。[22]

研究纲领的反面启发法将一个无法证伪的命题“硬核”孤立出来。执行这个研究纲领的人通过约定而认可这些命题，认为它们是不可反驳的。

硬核原则的例子包括：斯丹诺（Steno）的原始水平原理（Principle of Original Horizontality），解释地质柱状图的方法论原则，原子论者的假定（即化学反应是原子联合或分离的结果），自然选择原理，等等。

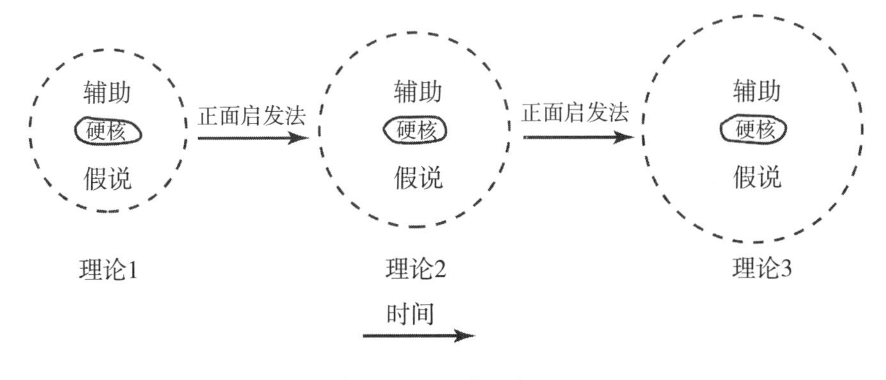

拉卡托斯的科学研究纲领

正面启发法是构造一系列理论来克服任何特定阶段的缺陷的策略。它是用来处理预期反常的一套程序建议。随着研究纲领的展开，辅助假说的一个“保护带”围绕着不可证伪命题的硬核被创造出来。例如，用来计算行星和月球轨道的牛顿研究纲领[23]可以重建如下：

理论	辅助假说	应用理论的结果
T_1	太阳静止 太阳和行星都是点质量，且 m 太阳 $>>m$ 行星	导出开普勒定律 只是近似符合
T_2	太阳和行星围绕共同的引力中心运转	符合程度提高，但木星和土星的运动反常
T_3	承认扰动 寻找三体相互作用的近似解决方案	符合程度进一步提高 木星和土星的反常运动由 T_3 来描述月球的运动反常
T_4	为非对称质量分布引入修正	月球的运动由准确度更高的 T_4 来描述天王星的反常运动作为更多的数据被注意到
T_5	天王星之外还存在一颗行星	海王星在预测的位置附近被发现

对研究纲领的检验针对的是辅助假说的保护带。拉卡托斯强调，单个否定检验结果并不能反驳整个研究纲领。他批评波普尔夸大了否定检验结果的重要性。给定一个否定的检验结果，可以用富有成果的策略来修改辅助假说的保护带，以适应这一反常。在某些情况下，最佳的反应是把反常搁置起来留待以后考虑。

但那样一来，如何来评价研究纲领呢？与迪昂和库恩的看法相反，拉卡托斯坚称有一些评价理论序列的规则。一些序列构成了“进步的问题转换”，另一些则构成了“退化的问题转换”。

如果满足以下条件，理论序列 $T_1, T_2, \ldots T_n$ 就是进步的：

（1）T_n 能够解释 T_{n-1} 之前的成功；

（2）T_n 比 T_{n-1} 有更多的经验内容；

（3）T_n 的一些超量内容已被确证。

否则，问题转换就是退化的。[24]

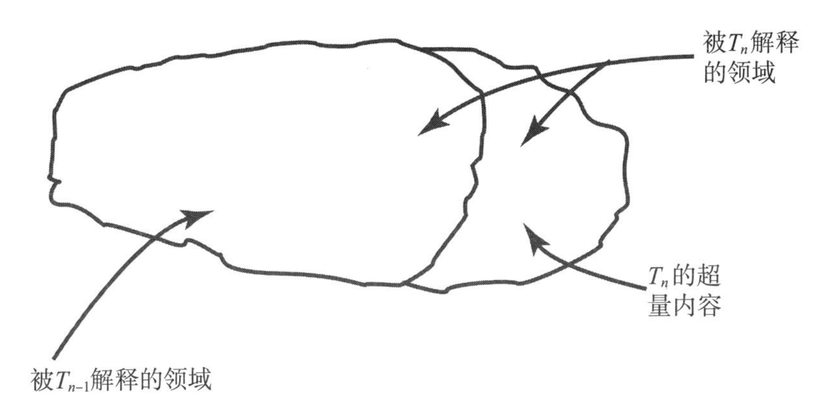

拉卡托斯的包含被确证的超量内容的标准

一种理论可以通过计算的渐近一致来“解释”其先前理论的成功。于是，满足玻尔对应原理的历史事件也满足“包含被确证的超量内容”的标准。从理想气体理论到范德瓦尔斯理论的过渡，从玻尔的氢原子理论（把电子限制在圆形轨道上）到玻尔—索末菲理论（允许椭圆轨道）的过渡，都是符合资格的理论替代的例子。

拉卡托斯强调，他的标准是一种**客观**标准。一个研究纲领只要显示出预见和包容新材料的能力就会得到肯定的评价。

然而，这个客观标准必须应用于特定的时间。一个在其发展的某一阶段被断定为“退化的”研究纲领，可能在若干年后卷土重来。拉卡托斯以普劳特（Prout）研究纲领的命运变迁为例，这一纲领旨在表明化学元素的原子量是氢的原子量（1 克 / 克・原子）的整数倍。[25]1816 年，这个纲领似乎很有希望。对若干元素样品的进一步提纯使原子量测定接近于整数值。但是其他一些元素尤其是氯的原子量仍然是分数（Cl =35. 5 克 / 克・原子）。许多化学家都断定，普劳特纲领是一个退化的问题转换，遂抛弃了它。数十年后，人们发现许多元素在自然之中是以同位素的混合物而存在的。就氯而言，存在着两种同位素——Cl^{35} 和 Cl^{37}。新近发展的同位素分离技术被用来支持一种复活的普劳特纲领。

费耶阿本德抱怨说，拉卡托斯的评价规则只有与一个时间界限结合起来才有实际价值。如果不指明时间界艰，那么就永远没有理由抛弃一个研究纲领。初看起来是退化的问题转换，也许是一个长期的进步问题转换的开始阶段。正如费耶阿本德所说，“如果容许你等待，为何不等待再长一些时间呢”？[26]

拉卡托斯回答说，这种反驳是离题的。费耶阿本德将两个议题合在了一起：

（1）对一个研究纲领的方法论评价，

（2）决定是否继续使用一个研究纲领。

关于第一个议题，拉卡托斯让我们注意，他已经具体指明了研究纲领的评价规则。当然，对研究纲领的评价裁决可以随时间变化。尤其是，也许只有在回顾时，一个否定性的实验发现才会渐渐被视为“判决性地”反对一个纲领。

关于第二个议题，拉卡托斯坚称，向科学家建议研究决定并非科学哲学家的义务。一些科学家也许愿意继续从事一个退化的研究纲领，以期进一步的工作能把这一纲领重新确立为进步的。拉卡托斯宣称：“玩一个危险的游戏是完全理性的，就这种危险欺骗自己则是非理性的。”[27] 为了最大程度地减小自我欺骗的机会，拉卡托斯建议为每一个研究纲领的成功和失败建立一个积累的公开记录。

劳丹论解决问题

库恩和拉卡托斯的工作把注意力导向了科学的历史维度。20 世纪七八十年代的科学哲学大都试图说明关于科学什么是进步的。劳丹的《进步及其问题》（*Progress and its Problems*，1977 年）是这方面的一项重要贡献。

劳丹把科学解释成一种解决问题的活动。因此，科学领域中的进步单元是得到解决的问题。根据劳丹的说法，可以把科学问题细分成经验问题和概念问题。经验问题是关于该领域对象的结构或关系的实质性问题。概念问题包括当接受不相容的或难以置信的理论，或者当理论和该领域的方法论预设之间不一致时出现的问题。牛顿力学的公理结构与牛顿自称的归纳主义程序理论之间的不一致便是后一类的例子。只有当牛顿的某些继承者承认，归纳主义并不是理论物理学的一种恰当的程序理论时，这种概念的不一致才能得到解决。概念问题有时是通过改变方法论预设来解决的。因此，解决问题的模型运行理性的标准不断演变。

当相继的理论在解决问题方面显示出越来越高的效力时，在该领域就取得了进步。劳丹试图颠倒关于理性与进步之间关系的逻辑主义看法。逻辑主义认为，应以一种理性标准来判断科学的发展，符合标准的那些发展才有资格被视为进步的。而劳丹则认为，那些进步的发展——提高了解决问题的效力——才有资格被视为理性的。

科学进步可以通过若干种方式来取得。一种方式是增加所解决的经验问题的数目。劳丹坚称，理论可以“解决”经验问题，即使只是近似地解决了这个问题。[28] 因此，劳丹会把自由落体问题的解决归功于伽利略和牛顿。[29]

第二种类型的进步是解决反常。劳丹对于反常持一种宽泛的看法。他认为，经验结果即使与相关理论一致，也可以被算作反常。例如，如果某一理论解释了某个特定结果，而它的后继理论没有做到这一点，这种情况就可能发生。例如，笛卡尔的涡旋理论解释了行星为什么沿着同一方向绕太阳旋转，牛顿的引力理论则没有做到这一点。一些科学家认为，这被认为对牛顿理论不利。他们这样做是正确的。劳丹宣称：

> 每当一个经验问题 p 已被某个理论解决，那么此后 p 对于在相关领域没有解决 p 的任何理论来说都构成了一个反常。[30]

反常可以用若干种方式来消除。最简单的方式是修改它的经验基础。如果后来发现的行星天王星表现出逆行，牛顿理论就会脱离困境。第二种方式是增添辅助假说来适应反常。牛顿理论与拉普拉斯的星云假说合在一起可以解释行星的单向运动。消除反常的第三种方式是对相关理论作出重大改变。

科学进步的第三种类型是恢复据信冲突的理论之间的概念一致。这方面的例子有：克劳修斯证明经典热力学可以在气体运动论内部得到发展，[31] 卢瑟福等人关于放射性衰变中能量产生的研究，该研究消除了开尔文计算出来的地球年龄与达尔文进化论之间表面上的不一致。[32]

注释

1 Thomas Kuhn, *The Structure of Scientific Revolutions*, 1st edn. (Chicago: University of Chicago Press, 1962).

2 Ibid., 24.

3 Ibid., 35–42.

4 Ibid., 121.

5 Ibid., 149.

6 Ibid., 121.

7 Ibid., 147.

8 Ibid., 148.

9 Israel Scheffler, *Science and Subjectivity* (New York: Bobbs-Merrill, 1967), 19.

10 Ibid., 45–66.

11 Dudley Shapere, 'The Structure of Scientific Revolutions', *Phil. Rev.* 73 (1964), 383–394.

12 Gerd Buchdahl, 'A Revolution in Historiography of Science', *Hist. Sci.* 4 (1965), 55–69.

13 Kuhn, *The Structure of Scientific Revolutions*, 1 st edn., 175.

14 Ibid., 43.

15 Kuhn, 'Postscript-1969', in *The Structure of Scientific Revolutions*, 2nd edn. (Chicago: University of Chicago Press, 1970), 174–210.

16 Kuhn, 'Postscript-1969', in *The Structure of Scientific Revolutions*, 2nd edn. 180–181.

17 John Watkins, 'Against "Normal Science"' in I. Lakatos and A. Musgrave (eds.), *Criticism and the Growth of Knowledge* (Cambridge: Cambridge University Press, 1970), 31.

18 Alan Musgrave, 'Kuhn's Second Thoughts', *Brit. J. Phil. Sci.* 22 (1971) 291.

19 Imre Lakatos, 'Falsification and the Methodology of Scientific Research Programmes', in Lakatos and Musgrave (eds.), *Criticism and the Growth of Knowledge* (Cambridge:

Cambridge University Press, 1970), 177.

20　波普尔回应说，拉卡托斯误解了他。波普尔坚称自己已经清晰地区分了反驳的逻辑关系与拒斥的方法论问题。他指出，拒斥问题在部分程度上依赖于还有什么理论可资利用。Karl Popper, 'Replies to My Critics', in *The Philosophy of Karl Popper*, ii, ed. P. Schilpp (La Salle, Ⅲ.: Open Court, 1974) 1009.

21　Lakatos, 'Criticism and the Methodology of Scientific Research Programmes', *Proc. Arist. Soc.* 69 (1968), 151.

22　Lakatos, 'Falsification and the Methodology of Scientific Research Programmes', 132.

23　Ibid., 135-136.

24　Ibid., 116-118, 134.

25　Ibid., 138-140.

26　Paul Feyerabend, 'Consolations for the Specialist', in *Criticism and the Growth of Knowledge*, 215.

27　Lakatos, 'History of Science and its Rational Reconstructions', in R. Buck and R. Cohen (eds.), *Boston Studies in the Philosophy of Science*, viii (Dordrecht: D. Reidel, 1971), 104n.

28　Larry Laudan, *Progress and Its Problems* (Berkeley, Calif.: University of California Press, 1977), 23-24.

29　伽利略的解决方案仅仅是近似正确。伽利略说，落向地球表面的物体的加速度是恒定的。但由于落体与地球质心之间的距离在变化，所以作用于物体的引力及其加速度也会变化。

30　Larry Laudan, *Progress and Its Problems* (Berkeley, Calif.: University of California Press, 1977), 29.

31　Ibid., 94-95.

32　Joe D. Burchfield, *Lord Kelvin and the Age of the Earth* (New York: Science History Publications, 1975), 163-205.

第十五章 解释、因果关系和统一

卫斯理·萨尔蒙（Wesley Salmon，1925—2001），在加利福尼亚大学洛杉矶分校跟随赖欣巴赫学习时，对概率和归纳产生了兴趣，后来在时空哲学以及科学解释的模式方面做出了重要工作。萨尔蒙曾在印第安那大学和亚利桑那大学任教，目前在匹兹堡大学任哲学教授。

彼得·雷尔顿（Peter Railton，1950— ）在普林斯顿大学获得博士学位，目前任教于密歇根大学。他发表过有关科学解释和概率的文章，也发表过论述道德理论、医学伦理和价值论的文章。

菲利普·基切尔（Philip Kitcher，1947— ）在普林斯顿大学获得博士学位，曾在佛蒙特、明尼苏达和加利福尼亚大学圣地亚哥分校任教。基切尔提出了一种解释的统一理论，并把它详细应用于生物学的解释语境中。此外，他还尖锐批判了以下主张，即创世论是生物进化论的一个可行的科学替代方案。

萨尔蒙的因果模型

覆盖律模型与因果关系无关。因此，演绎—律则模型遭到了旗杆和气压计案例的反驳，而归纳—统计模型无法解释史密斯的白血病。[1] 卫斯理·萨尔蒙在从1965年开始的一些文章中[2] 提出，有效的科学解释明确指明了因果机制。就史密斯的疾病而言，这些机制包括核裂变产生的γ射线、γ射线引起的细胞结构变化，以及变化细胞和未变化细胞对于白血病病毒攻击的不同反应。解释史密斯的疾病就是表明这些因果机制如何在统计上与他的厄运相关。

萨尔蒙把“原因”看成一个事件，它触发了某种机制，由这种机制产生出结构并进行传播。他通过“过程”、“交叉”和“概率”等概念来解释“原因”。他赞同伯特兰·罗素的看法，认为过程是某种东西、性质或结构的持续存在。代表性的过程是物体的运动和波的传播。萨尔蒙认为，过程可以进一步分为“因果过程”和“伪过程”。因果过程传递的是变化或印于其上的“标记”，伪过程则不是。伪过程的一个标准例子是旋转的探照灯光束照亮墙面。可以沿着光束的 30 度半径放置一个红色滤光片来“标记”这束光，但随着光束的持续扫描，墙上这一点的光斑的红色并没有被传播出去。而因果过程则使结构从一个时空区域传播到另一个时空区域。[3]

根据萨尔蒙的说法，对于因果关系恰当的分析必须同时解释结构的传播和结构的产生。每当有两个或两个以上的因果过程相互交叉，并且在交叉之后都持续发生变化，新的结构就产生了。[4]（因果过程有可能交叉而没有后续变化。一个例子是两束光的交叉，交叉过程中没有光子碰撞。）[5]

萨尔蒙区分了过程后来发生变化的两种交叉——“合取交叉”（conjunctive fork）和“互动交叉”（interactive fork）。在合取交叉中，因果过程的交叉使得既定结果的产生不会改变由该原因所产生的其他结果的概率。原子弹—白血病的相关性就是一个合取交叉的例子。一个距离爆炸点 1 英里的个体在 10 年内患上白血病的概率，独立于距离相近的其他个体患上白血病的概率。设 A 和 B 为指定距离处的个体白血病案例，C 是爆炸，那么在 C 的情况下，A 和 B 都发生的联合概率等于 C 情况下个体概率的乘积，即：

（1）$P[(A\&B)] = P(A/C) \times P(B/C)$

在合取交叉中，结果 A 和结果 B 都是由先前的事件 C 产生的，因此得到以下四个条件：

（1）$P[(A\&B)/C] = P(A/C) \times P(B/C)$

（2）$P[(A\&B)/\bar{C}] = P(A/\bar{C}) \times P(B/\bar{C})$

（3）$P(A/C) > P(A/\bar{C})$

（4）$P(B/C) > P(B/\bar{C})$

赖欣巴赫表明，这四个条件合起来蕴含着：

（5）$P(A \& B) > [P(A) \times P(B)]$[6]

即两个结果联合发生的概率要高于事件发生的个体概率的乘积。据信是 C 的发生引起了这种不相等。然而，给定 C 时 A 的概率与给定 C 时 B 的概率是独立的。因此，A 和 B 联合发生的概率要大于这两个事件在统计上相互独立时所预期的概率，而统计的依赖性本身则源于这两个事件与共同因素 C 的因果关系。

萨尔蒙提出，在寻找合取交叉时，可以把赖欣巴赫的“共因原则”（Principle of the Common Cause）当作一条有益的指导原则。[7] 对于联合发生的概率要比独立发生的概率更高的那些事件，共因原则指导我们为其假定一个共同的原因。

合取交叉刻画的是“在特殊背景条件下产生”的独立过程的产生，而互动交叉刻画的则是“直接的物理相互作用”。[8] 在互动交叉中，给定结果的产生的确改变了由这个原因所产生的其他结果的概率。碰撞过程就符合这种互动交叉的模式。让我们考虑碰撞的台球的例子。碰撞之前，母球的运动是一个因果过程，它的结构由速度、质量和旋转的特定的值来刻画。碰撞之后，这一因果过程的结构被改变，而改变的性质依赖于碰撞的类型。给定初始运动，母球以某一角度弹回的概率与其他八个球以某种方式运动的概率相关联。假设 C 是母球在碰撞前的运动，A 是母球在碰撞后的运动，B 是八个球在碰撞后的运动，则

$$P[(A \& B) / C] > [P(A / C) \times P(B / C)]。$$

萨尔蒙对因果关系的看法的一个主要优点在于，对因果关系的两种看法——单一性观点和规律性观点——由此得到了调和。在萨尔蒙看来，因果过程是一个单一事件。它是传播结构的个体过程，产生结构之改变的是个别过程的交叉。但只有通过统计的规律性才能准确刻画涉及因果过程的合取交叉和互动交叉。

萨尔蒙因果理论的批评者提出了反例，以表明满足标记标准并非因果状态的一个充分条件。例如，菲利普·基切尔指出，车影可能会被一个在车与车影之间以车速运行的抛射体所改变。由于车与抛射体有部分重叠，影子得到标记，并且传递这个标记，但移动的影子并不是一个因果过程。[9]

萨尔蒙认为南茜·卡特赖特（Nancy Cartwright）对其旋转光束例子作了以下改进。假设把一个红色滤光片放在墙上的光束路径上，同时把另一个红色的滤光片放在光源上。墙上的斑点变成红色，随后保持红色。萨尔蒙承认，要把移动的红点归于“伪过程”，必须认为如果没有把红色滤光片放在旋转透镜上，移动的斑点将是白色的。因此，标记—传递标准的应用需要反事实的主张。针对这一认识，萨尔蒙放弃了这个标准，转而支持菲尔·道伊（Phil Dowe）的“守恒量”因果关系理论。[10]

道伊认为，

> 因果过程是对象的世界线，体现的是一个守恒量，因果相互作用是世界线的交叉，涉及的是守恒量的交换。[11]

守恒量是在封闭系统内随时间保持恒定的量，例如质量—能量、动量、电荷和自旋等。

根据守恒量理论，用一个 α 粒子轰击一个氮原子，发生的核反应称得上是一种因果相互作用：

$$_{2}He^{4} + {}_{7}N^{14} = {}_{8}O^{17} + {}_{1}H^{1}$$

为了解释 $_{8}O^{17}$ 的产生，我们追溯氮原子和 α 粒子的世界线，表明在世界线的交叉中电荷是守恒的（见下图）。根据守恒量观点，镭 ^{226} 的衰变也称得上是“因果”关系，因为存在着电荷交换，电荷总量保持不变：[12]

$$_{88}Ra^{226} = {}_{86}Rn^{222} + {}_{2}He^{4}$$

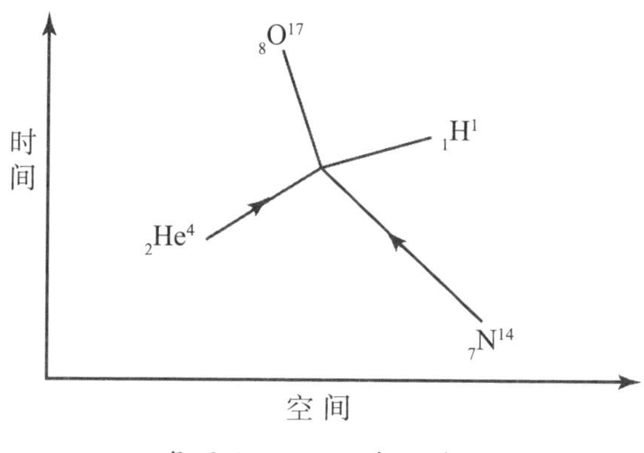

氮原子－α 粒子相互作用

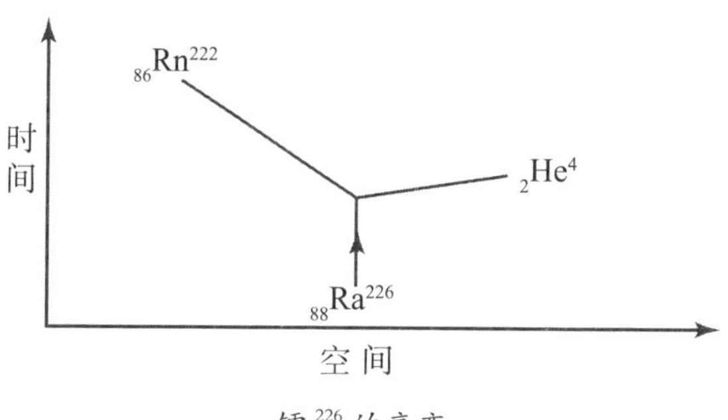

镭^{226}的衰变

萨尔蒙始终认为，要想提出完整的科学解释，就必须陈述统计关联关系和连接的因果过程。他对因果过程的看法从一种标记—传递理论转向了道伊的守恒量理论。但用守恒量理论来解释放射性衰变会给因果关联提出一些麻烦的问题。在上图中，氡原子和 α 粒子的产生是相关的“结果”，但什么是“原因”呢？有一条统计定律规定了在特定时间内衰变的镭原子的百分比，但特定原子的行为只能通过衰变的概率来指明。可以用演绎—律则论证来确定这一概率：

所有 Ra^{226} 原子核在时间间隔 $t_0 - t_0 + \Delta t$ 内发射一个 α 粒子的概率为 P，
原子核 n 在 t_0 时刻是一个 Rn^{226} 原子核。

∴原子核 n 在 Δt 时间内发射一个 α 粒子的概率为 P。

然而，这里解释的并非 α 粒子的发射，而是它在 Δt 时间内发射的概率。

根据隧道效应的量子理论，可以计算出某一特定时间段内发射 α 粒子的概率。但假定实际发射的 α 粒子击中了照相感光乳剂，要解释感光乳剂中的变化，就必须提到实际的原因，而不仅仅是提到“原因的概率”。

雷尔顿的演绎—律则—概率模型

彼得·雷尔顿发展出了一种可应用于 α 粒子发射和其他量子现象的概率解释模型。对于发射 α 粒子来说，此模型包括三个因素：（1）关于 α 粒子发射概率的 DN 论证；（2）对这一概率背后的机制作出因果解释；（3）关于实际发射事实的具体信息。[13]

这个增强版的解释模型并不是一个论证。如果把它当作论证，那将是一个恶性循环，因为（3）陈述了待解释的内容。然而，对原子 n 发射的解释性说明包括对发射本身的提及。那么，这个假定的解释有何价值呢？根据雷尔顿的说法，这个增强版的说明能够解释为什么一个极不可能的偶然事件会发生。原子 n 在 Δt 内之所以发射 α 粒子，是因为（1）在这一时间段内存在着有限的、尽管很低的发射概率；而且（2）原子在这一时间段内的确发生了衰变。此外，这个增强版的解释性说明还断言，发射是对原子 n 势垒的量子隧穿。

对于那些声称这根本就不构成解释的人，雷尔顿的回应是，这是非决定论系统唯一可资利用的解释类型。我们无法解释为什么原子 n 在 Δt 内必然会发射一个 α 粒子，这种发射并不是必然的。我们也无法解释为什么原子 n 在 Δt 内很可能会发射一个 α 粒子，这也并非很可能。需要解释的只有：尽管可能性极低，但衰变发生了。[14] 它之所以发生，是因为存在一个很小但却有限的发射概率，这一概率与量子隧道效应有关，而且事实上，n 在 Δt 内的确发射了一个 α 粒子。

量子领域中对个体事件作出因果解释似乎还做不到。一些科学哲学家认为，在非量子领域，因果关联也不是科学解释的必要条件。他们提醒我们注意那些未提及因果依赖性的关于宏观现象的公认解释。

有一类非因果解释借助“平衡定律”解释了物理系统的状态变量的值，例如解释静态平衡，诉诸状态方程来解释气体的热力学性质。[15] 这种类型的解释不涉及事件的时间序列。

第二类独立于时间的解释援引了分类原则。要想解释费多为什么是一条狗而不是一只猫，为什么 H_2SO_4 是一种酸，[16] 为什么氖在化学上是惰性的，[17] 需要诉诸的不是原因，而是对实体进行分类的原则。

也有一些含时序列可以接受非因果的解释。埃利奥特·索伯指出，费舍尔（R. A. Fisher）（在 1932 年）解释了为什么在一个繁殖种群中，无论初始的性别比例和选择力如何，最终总能达到 1 ∶ 1 的性别比例。根据索伯的说法，费舍尔解释了这个 1 ∶ 1 的比例是如何产生的，而

> 不论实际发生的是各种因果状况中的哪一种。[18]

这很难被称为对特定种群中出现的性别平衡的一种“因果”解释。

指出对因果关联的确认并不是科学解释的必要条件，这并非否认因果解释在科学中的重要性。彼得·阿钦斯坦在《解释的本质》（*The Nature of Explanation*）中对解释类型作了全面考察。[19]

基切尔和麦克斯韦论解释的统一

菲利普·基切尔抱怨说，寻求一种因果的解释理论是误导。根据基切尔的说法，可以通过“解释上的成功”来分析“因果关联”，反之则不然。他认为，

> 因果关系中的“因为”总是源于解释中的“因为”。我们在学习谈论原因或反事实时，正在吸收前人关于自然结构的观点。[20]

因此，我们把因果关联归于先前对科学解释的接受。

如果这是正确的，那么找到标准来为一个科学时代向另一个科学时

代的转变做辩护就很重要了。需要分析的是“理论比较”，最终是“科学进步”。

基切尔认为，恰当的标准是“比较统一”（comparative unification）。从直觉上说，通过“把使用的推导模式数量减到最少，把产生的结论数量增到最多”，[21] 就在我们的科学知识储备中达到了这种统一。当然，在许多情况下需要进行平衡。一个完全成熟的比较统一理论会设定一些条件，在这些条件下，解释模式数量的减少的重要性超出了所产生结论数量的损失，在另一些条件下，所产生结论数量的增加的重要性超出了解释模式数量的增加。对解释的统一（explanatory unification）的强调延续了休厄尔的传统。和“一致”（consilience）这个概念一样，“解释的统一”概念为正当的理论更替规定了一组条件。

尼古拉斯·麦克斯韦（Nicholas Maxwell）试图表明，全面统一的目标包含在“宇宙是可理解的”这个一般前提之中。他宣称，

> 从开普勒和伽利略的时代一直到今天，现代物理学都（或隐或显地）预设了宇宙是可以理解的，更具体地说，某种统一的物理定律模式（原则上通过某种融贯的、统一的、在物理上得到解释的数学来刻画）贯穿于所有现象。[22]

麦克斯韦认为，科学家们的确应当在这一预设的基础上工作。存在着不变的定律——决定论的和统计性的——明确指明了（给定恰当的事实信息）物理过程的时间展开。科学家的任务就是揭示这些定律，致力于获得一种统一而全面的“万有理论”。

麦克斯韦使统一成了“目标导向的经验论”的基石。他声称爱因斯坦明确表述和贯彻了这一立场。[23] 爱因斯坦将全面的统一既作为指导研究的原则，又作为接受理论的标准。他提出狭义相对论来消除牛顿力学与电磁学理论之间的明显冲突，从而统一了这两大物理学领域。

牛顿力学将力与加速度联系在一起，牛顿定律不关心速度。而麦克斯

韦的电磁学理论则挑出了一个特殊速度——光速。为了克服这种张力，爱因斯坦规定（1）光速在任何惯性（非加速）参照系中都是恒定的，（2）物理定律在任何一个这样的参照系中都是一样的。这需要彻底地重新解释时空关系的本质。在狭义相对论中，谈论独立于观察者的绝对长度、时间间隔或同时的事件是没有意义的。爱因斯坦坚称，为了实现动力学现象与电动力学现象的统一，必须接受这些对传统时空观所作的初看起来令人难以置信的修正。[24]

麦克斯韦认为，与标准的经验论相比，爱因斯坦的"目标导向的经验论"为理论评价提供了更恰当的说明。[25]仅仅是理论与数据的一致并不足以成为接受一个理论的理由。古德曼正确地强调，为了解释一组给定的证据，可以发明许多相互不一致的理论。在"标准的经验论"中，并不存在基本原理来要求拒斥那些在经验上成功的特设性理论。而在"目标导向的经验论"中，理论可能会因为不符合全面统一这个目标而遭到拒斥。

基切尔提出了一种科学解释的统一模型作为对因果模型的替代。萨尔蒙回应说，这两种进路表达了科学解释的既相容又互补的目标。统一模型表达的目标是对经验知识的系统化。因果模型表达的目标则是揭示"自然运作的隐秘机制"。[26]我们不满意完全不考虑因果机制的系统理论，也不满意缺乏等级结构的因果关系集合。

最好的科学解释会在实现统一的同时展示因果机制。不过，未提及因果机制的统一仍可算作解释的成功。对于未被整合到一种全面理论之中的因果关系的揭示也可算作解释的成功。

注释

1 参见第十三章。

2 萨尔蒙在 Wesley C. Salmon, ' Four Decades of Scientific Explanation' , in Philip Kitcher and Wesley C. Salmon (eds.), *Scientific Explanation: Minnesota Studies in the Philosophy of Science*, xiii (Minneapolis: University of Minnesota Press, 1989), 3–219中回顾了自己的贡献。

3 Salmon, 'Why Ask "Why" ? An Inquiry Concerning Scientific Explanation' , *Proc. Am. Phil. Soc.* 6 (1978), 685–701. Repr. in J. Kourany (ed.), *Scientific Knowledge* (Belmont,

Calif.: Wadsworth, 1987), 51–64.

4 Salmon, 'Causality: Production and Propagation', PSA 1980, ed. P. D. Asquith and R. W. Giere (East Lansing, Mich.: Philosophy of Science Association, 1981), 60.

5 Ibid.

6 Hans Reichenbach, *The Direction of Time* (Berkeley, Calif.: University of California Press, 1956), 160–161.

7 Salmon, 'Why Ask "Why"?', 691–694; 'Causality: Production and Propagation', 54.

8 Salmon, 'Causality: Production and Propagation', 62.

9 Philip Kitcher, 'Two Approaches to Explanation', *J. Phil.* 82 (1985), 637–638.

10 Salmon, 'Causality Without Counterfactuals', *Phil. Sci.* 61 (1994), 30–303.

11 Phil Dowe, 'Wesley Salmon's Process Theory of Causality and the Conserved Quantity Theory', *Phil. Sci.* 59 (1992), 210.

12 Ibid., 211.

13 Peter Railton, 'A Deductive-Nomological Model of Probabilistic Explanation', *Phil. Sci.* 45 (1978), 213–219.

14 Ibid., 216.

15 John Forge, 'The Instance Theory of Explanation', *Austral. J. Phil.* 64 (1986), 132.

16 Peter Achinstein, *The Nature of Explanation* (Oxford: Oxford University Press, 1983), 234.

17 Kitcher, 'Two Approaches to Explanation', 636–637.

18 Elliott Sober, 'Equilibrium Explanation', *Phil. Sci.* 43 (1983), 202.

19 Achinstein, *The Nature of Explanation.*

20 Kitcher, 'Explanatory Unification and the Causal Structure of the World', in Kitcherand Salmon (eds.), *Scientific Explanation*, 477.

21 Ibid., 432.

22 Nicholas Maxwell, 'Induction and Scientific Realism: Einstein Versus Van Fraassen Part One: How to Solve the Problem of Induction", *Brit. J. Phil. Sci.* 44 (1993), 62.

23 Maxwell, 'Induction and Scientific Realism: Einstein Versus Van Fraassen Part Three: Einstein, Aim-oriented Empiricism and the Discovery of Special and General Relativity', *Brit. J. Phil. Sci.* 44 (1993), 275–305.

24 Albert Einstein, *Relativity* (New York: Crown, 1961), 17–29; 'Autobiographical Notes', in Albert Einstein: *Philosopher-Scientist*, ed. by P. Schilpp (New York: Tudor, 1949), 53–61.

25 Maxwell, 'Induction and Scientific Realism . . . Part One', 70–78.

26 Salmon, 'Four Decades of Scientific Explanation', 182.

第十六章　确证、证据支持和理论评价

克拉克·格莱莫尔（Clark Glymour，1942—　）在印第安那大学师从卫斯理·萨尔蒙，1969 年获该校博士学位，现在卡内基梅隆大学任教。格莱莫尔的研究兴趣包括归纳逻辑、证据支持理论、会聚实在论（convergent realism）以及用计算机程序从统计相关性中引出因果推论。

贝叶斯的确证理论

古德曼的“新归纳之谜”是逻辑重建主义方案的一个障碍，该方案旨在为定性的确证提出一种纯句法的定义。古德曼表明，如果假说 H 从证据陈述 e 那里获得了支持，那么 H′、H″ 等替代性假说也是如此。[1] 一些科学哲学家得出结论说，对“新归纳之谜”的恰当回应是发展一种定量理论，为 H 指定一个高确证度，给其他替代性的“绿蓝”假说指定低确证度。

给定概率演算公理：

（1）$P(A) \geqslant 0$，其中 A 是系统 S 中的一个句子，

（2）对于 S 中的同义反复 t，$P(t)=1$，

（3）对于两个相互不一致的句子 A 和 B，$P(A \vee B) = P(A) \& P(B)$，

（4）$P(A/B) = \dfrac{P(A \& B)}{P(B)}$，其中 $P(A/B)$ 是给定 B、假设 $P(B) > 0$ 情况下 A 的概率，

因此有：

$$P(A/B) = \frac{P(B/A)\,P(A)}{P(B)}$$ [2]

这就是“贝叶斯定理”（1763 年托马斯·贝叶斯证明了一个这种形式的

定理[3])。该定理经过调整可以服务一个证据支持理论，使得

$$P(h/e)=\frac{P(e/h)P(h)}{P(e)}$$

其中 P (h/e) 是证据 e 赋予假说 h 的概率，P (h) 是独立于该证据的 h 的“先验概率”。

假设有一组排他且穷尽了所有可能性的假说 $h_1 \cdots h_n$，[4] 则贝叶斯定理的形式为：

$$P(h_1/e)=\frac{P(e/h_1)P(h_1)}{P(e/h_1)P(h_1)+P(e/h_2)P(h_2)+\cdots P(e/h_n)P(h_n)}$$

这个关系式似乎符合我们的某些直觉。把

$$P(h_1/e)-P(h_1)$$

当作额外证据 e 为假说 h_1 提供的证据支持度似乎是很自然的。在给定 h_1 的情况下，e 越有可能为真，这种支持就越大；($h_2 \vee h_3 \vee \ldots h_n$) 越有可能为真，支持就减小。

由上述关系式可得：

$$\frac{P(h/e)}{P(h^*/e)}=\frac{P(e/h)P(h)}{P(e/h^*)P(h^*)}$$

假定假说 h 是“所有翡翠都是绿色的”，假说 h^* 是“所有翡翠都是绿蓝色的”，报告 e 是“翡翠在时间 t 之前检查是绿色的”。由于无论根据哪个假说，翡翠在 t 之前检查是绿色的概率都相等，所以概率之比是：

$$\frac{P(h/e)}{P(h^*/e)}=\frac{P(h)}{P(h^*)}$$

按照贝叶斯的解释，问题是提出一种证据支持理论，为“绿色假说”赋予更高的先验概率。

在此之前，必须先明确“一个假说的概率”是什么意思，而在完成这一点之前，又必须先明确如何解释“概率”一词。主要选项包括：

1.“频率解释”，把概率当作在一系列长期试验中出现不同类型结果的频率，

2. “逻辑解释”，认为概率取决于假说与记录证据的陈述之间的逻辑关系，

3. “主观主义解释”，把概率当作理性信念的量度。

大多数贝叶斯主义者都认同主观主义解释。然而，如何指定理性信念的程度还远未清楚。考虑科学家对某个新假说的评价，他们之间可能有很大分歧。贝叶斯理论家承认这一点。但他们强调，这种分歧将缩窄贝叶斯定理在累积性证据上的应用。在假说的先验概率上意见不一的科学家会对其后验概率逐渐取得一致。

贝叶斯学习过程非常适合某些评价情况。假设从一个既有白球又有黑球的瓮中取出球来，然后再放回去。第一次取出一只白球的先验概率是多少，对此可能分歧很大。第一次取球之后，关于取出球的颜色的证据被用来计算从瓮中取出一只白球的后验概率。由此产生的后验概率成为第二次取球的先验概率，其结果被用来计算进一步的后验概率。将贝叶斯定理不断应用于陆续取球的结果，起初关于从瓮中取出白球概率的分歧便逐渐得以消除。

贝叶斯方法的批评者抱怨说，评价科学理论与估计瓮中白球的百分比毫无相似之处。考虑以下这种评价情况。史密斯和琼斯各自独立地试图确证新提出的折射定律，该定律声称：

$$\frac{\sin i}{\sin r} = k$$

其中，i 是从介质 1 射入介质 2 的光线的入射角，r 是折射角，k 是一个常数，它的值取决于两种介质的性质。

琼斯对从空气进入水的光线的折射角做了 20 次测量，每一次入射角都是 35 度。而史密斯则就四组不同的成对介质对 5 个不同的入射角做了测量。科学家认为史密斯收集到的证据更重要。在其他因素相同的情况下，对于某个假说，他们倾向于变化最大的证据支持。但这种偏好并没有反映在贝叶斯公式中。

一些贝叶斯主义者回应说，这种反驳是错误的。[5]他们指出，贝叶斯主义是一种推理理论。它试图根据某些证据衡量相信某一假说的合理程度。对于具体的实验结果，不应指望贝叶斯理论本身能够提供指导，告诉我们多大程度的信心是适当的。

旧证据的问题

克拉克·格莱莫尔强调，推理理论并不是科学解释理论。他抱怨说，

> 通过特设性地为相信的程度赋值，特定的**推论**几乎总能与贝叶斯方案相一致，但我们从这种一致中学不到任何东西。我们想要的是对科学论证的解释；而贝叶斯主义者为我们提供的却是一种学习理论，实际上是一种个人学习理论。[6]

根据格莱莫尔的说法，贝叶斯立场的一个重要缺点是，它低估了在理论提出之前已经指定为真的证据。对于旧证据 e_o 而言，$P(e_o/h)=P(e_o)=1$。在这种情况下，$P(h/e_o)=P(h)$，e_o 并不增加 h 的先验概率。这大大违反了直觉。考虑科学史中的以下例子：

理论与先验证据

证据	理论
岁差	牛顿的引力理论
心脏隔膜上没有孔隙	哈维的血液循环理论
矿灰的重量大于其对应金属的重量	拉瓦锡的燃烧氧化理论
迈克尔逊—莫雷实验的零结果	爱因斯坦的狭义相对论
水星近日点的反常	爱因斯坦的广义相对论

对于每一种情况，科学家当时都用证据 e 来支持理论 T。今天大多数科学哲学家都认同这一评价。当然，如果上述理论**仅仅**解释了这里的证据，那么评价又将不同了。

贝叶斯理论家们对这些抱怨作出了回应。例如，豪森（Howson）和乌尔巴赫（Urbach）通过信念的反事实程度而将“事先已知的”证据包含了进来。根据豪森和乌尔巴赫的说法，当 e 在提出 h 之前已知为真时，[P (h/e) – P (h)] 衡量的是由 e 提供的证据支持，以防 e 被新加入到与对 h 的理性信念相关的信息储备中。[7] 针对贝叶斯主义者的这种回应，批评者们怀疑他们能否提出估计信念反事实程度的规则。

丹尼尔·加伯（Daniel Garber）为先验证据问题提出了一种不同的解决方案。根据加伯的说法，通过假说来包含旧证据能使人认识到，该假说需要这个证据。[8] 只要

$$P(h/ep \,\&\, (h \rightarrow ep)) > P(h/ep),$$

假说 h 就能从先验证据 *ep* 中获得支持。

符号“h → *ep*”有些误导。假说 h 本身并不蕴含 *ep*。需要附加前提，即陈述相关条件的前提，常常也需要辅助假说。例如，基于几个**不发生相互作用的**质点围绕着一个 $1/R^2$ 的力心旋转这一假设，牛顿的引力理论蕴含着开普勒第三定律。

理论一旦提出，就能从新认识到的蕴含关系中获得证据支持。因此，这种修正的贝叶斯立场允许增加两种支持证据：能提高某个理论后验概率的新证据，以及新发现的与旧证据的蕴含关系。

加伯强调，在后一种情况下，只有提出理论之后发现蕴含关系，才能得到证据支持。另一方面，如果提出理论明确是为了蕴含旧证据，那么这个证据就不能支持该理论。古德曼已经表明，可以发明无数假说来蕴含给定的证据。[9]

评价新证据的影响

理查德·W. 米勒（Richard W. Miller）指出，针对新证据的发现，有两种很不相同的回应。既可以用贝叶斯公式去计算对所考察假说的修改的相信程度，也可以修改相关的先验概率，以使对假说的相信程度保持不变。[10] 例如，在面对表明岛屿物种与临近大陆物种非常相似的数据时，创世论者

可以修改其最初的信念，即这种相似性是令人难以置信的。创世论者

> 也许会推断说，与他最初的假设相反，岛屿环境与邻近大陆的环境必定相似而又不相同，使得不同但又相似的物种成为创造智能的最佳选择。[11]

米勒认为，贝叶斯方法缺少一条规则来确定何时可以接受这种对先验概率的特设性修正。他坚称，规定先验概率不可违背是行不通的。科学史中有许多事件表明，对先验概率的特设性修正后来产生了丰硕的成果。例如，古生物学家未能发现过渡形态的化石遗迹，对此，达尔文试图重新调整有关化石记录中“应当发现”什么的预期。[12] 米勒得出结论说，由于贝叶斯理论在面对新证据时，无法帮助我们确定是否要重新调整先验概率，因此，它在科学语境中不足以充当一种证据支持理论。

格莱莫尔论“拔靴法”

克拉克·格莱莫尔指出，科学假说有时候可以通过一种“拔靴法”获得证据支持，即援引理论的一部分来支持另一部分。[13] 牛顿的《自然哲学的数学原理》包含着大量“拔靴法”的例子。例如牛顿证明，木星卫星运动的数据支持了万有引力假说。他证明，卫星轨道数据结合第一和第二运动定律，意味着行星和它的每一颗卫星之间都存在着一个 $1/R^2$ 的力。

格莱莫尔坚称，牛顿由此实现了确证，即使他是用理论的一部分（如 F = ma）来支持理论的另一部分（万有引力）的。格莱莫尔宣称，

> 核心思想在于，某个理论假说可以通过一个证据加以确证，只要利用该理论可以从这个证据中推导出假说的一个事例，而这种推导并不能保证不论何种证据都能够获得假说的一个事例。[14]

在以上例子中，“拔靴法”之所以能够实现，是因为其他“力—距离”

关系与第一、第二定律都一致。

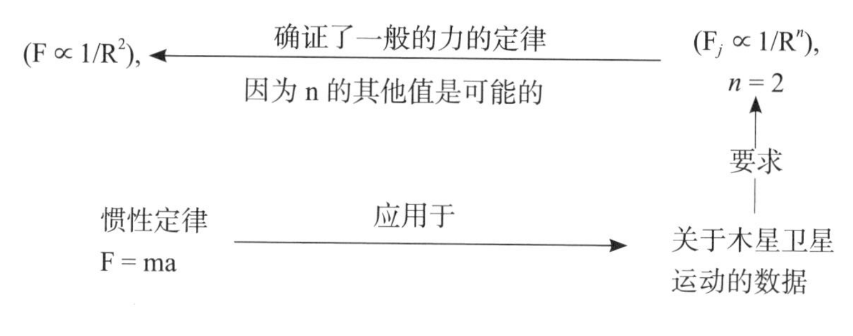

牛顿的“拔靴法”确证

牛顿在“拔靴法”的另一个应用中指出，将月球维持在轨道上的力正是使地面附近释放的物体加速的那种力。该论证的前提包含了第一和第二运动定律以及关于落体、月球轨道、地月距离的数据。牛顿再次用他理论的一部分来支持另一部分。

格莱莫尔并未声称，每一个证据支持都适合这种“拔靴法”模型。然而，一些重要的历史事件似乎的确符合这一模式。

“拔靴法”是通过从证据中推出假说事例而实现的。就“拔靴法”模型把确证当作句子之间的逻辑关系而言，它属于逻辑重建主义传统。

1966 年，亨普尔简洁地表述了逻辑主义者对于确证的立场：

> 从逻辑的角度来看，一个假说从给定数据中获得的支持应当仅仅依赖于假说所断言的内容以及数据是什么。[15]

从这种观点看来，假说与证据之间的时间关系并不重要。然而，从确证的历史理论的观点看来，这种时间关系的确很重要。

拉卡托斯论比较确证

古德曼已经表明，在提出一个假说（如“所有翡翠都是绿蓝色的”）之前已知的事例也许无法证实该假说。伊姆雷·拉卡托斯着手指明一些条件，在这些条件下，旧证据 e_o 确实能为假说 H 提供支持。他断言，要想做到这一点，只需满足以下两个条件：

1. H 蕴含 e_o，[16]
2. 存在一个竞争性的“检验假说” H_t，使得
（a）H_t 蕴含 ~ e_o，或
（b）H_t 既不蕴含 e_o，也不蕴含 ~ e_o。[17]

检验假说是该领域中一个严肃的竞争性假说，后者也能从执业科学家那里获得支持。

应用拉卡托斯的标准需要进行历史研究。科学哲学家必须考察历史，看看是否存在并不蕴含证据的替代性假说。旧证据只有在假说相互竞争的背景下才提供支持。

于是拉卡托斯会认为，拉瓦锡的燃烧氧化理论被关于重量关系的先验证据所确证。在拉瓦锡提出燃烧氧化理论之前，人们已经对金属燃烧时的重量增加作了一些研究（如 Boyle [1673]，Lémery [1675]，Friend [1709] 和 Guyton de Morveau [1770–1772]）。[18] 拉瓦锡知道这些先验证据。然而，关于重量关系的数据之所以确证了氧化理论，是因为这些数据与竞争性的燃素理论不一致。

理论评价

迪昂和坎贝尔强调，把定律演绎性地置于理论之下并不能确定理论的可接受性。[19] 那么，如何评价理论呢？

库恩的可接受性标准

托马斯·库恩认为，科学理论可以通过以下这些可接受性标准来评价：

1. 一致性
2. 符合观察

3. 简单性

4. 广泛性

5. 概念整合[20]

6. 增殖力[21]

库恩把这些标准当作规定性的优点提了出来。但他又认为，科学家在评价理论的恰当性时实际上已经使用了这些标准。

“内在一致性”是可接受性的第一个标准，它是具有认知意义的一个必要条件。如果一个理论所包含的假定相互不一致，则该理论将蕴含任何陈述（以及该陈述的否定）。一个既蕴含 S 又蕴含非 S 的理论不能为两者中的任何一个提供支持。

这里面临风险的是理论内部的一致性，认识到这一点很重要。为了让一个新理论能被接受，科学家不需要让它与其他既定理论相一致。例如，狭义相对论与牛顿力学不一致，牛顿力学又与伽利略的自由落体理论不一致。然而，从伽利略理论到牛顿理论再到爱因斯坦理论的转变是进步的。科学往往是通过引入一个与当前公认理论不一致的理论而进步的。

“符合观察”这个标准模糊不清，科学家对应用这条标准可能意见不一。一个科学家认为观察报告符合理论的演绎推论，另一个科学家也许会判断说不足以满足理论的要求。

“简单性”标准也模糊不清。此外，“简单性”要求什么并不总是很明显。就自变量的幂而言，方程 $y = mx + b$ 要比方程 $y = ax^2 + bx$ 更简单。但 $y = ax^2 + bx$ 是比 $y = xz + b$ 更简单还是更复杂？这取决于什么东西重要——是自变量的幂，还是变量的数目。

库恩让我们注意另一个困难。有些标准

> 同时应用时……会一再相互冲突。[22]

考虑关于属性 A 与属性 B 之间关系的一组观察报告。一个蕴含着数据点都能用直线连接起来的理论将与观察保持最大程度的一致。然而，一个蕴含着 A $\propto$ 1/B 的理论可以说更为简单，即使没有一个数据点刚好落在这条曲线上。

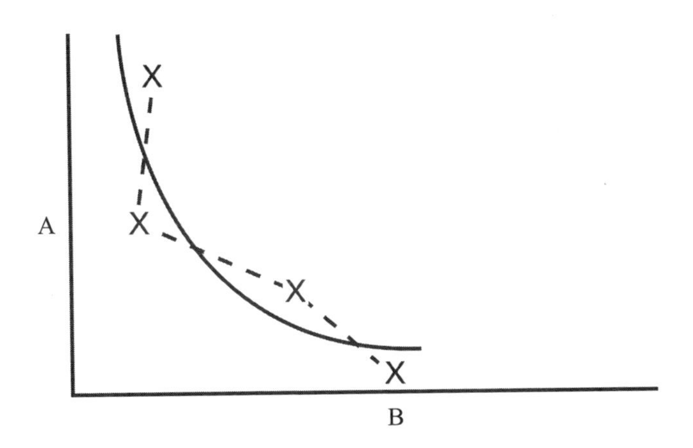

在 18、19 世纪，“广泛性”标准的应用为牛顿力学提供了重要支持。给定牛顿理论的公理和对应规则，我们可以解释行星的运动、潮汐、岁差、摆的运动、简谐运动、毛细作用以及各种其他现象。主要是因其巨大的适用范围，这一时期牛顿力学在科学家当中几乎获得了普遍认可。光的电磁理论也因为应用了广泛性标准而获得了重要支持，它成功地解释了微粒说和波动说所解释的现象。

如果事实表明，那些一直被当成“纯粹的事实”的关系源于一种理论的基本假设，那么就实现了“概念整合”。例如，哥白尼把概念整合的成就当作其太阳系日静理论的一个重要优点。在哥白尼提出他的理论之前，行星的逆行是“纯粹的事实”。哥白尼指出，他的理论要求木星的逆行比火星更频繁，火星的逆行范围比木星更大。于是，他把“纯粹的事实”变成了“理论要求的事实”。

增殖力是科学理论可接受性的重要标准。厄南·麦克马林（Ernan McMullin）区分了两种增殖力。[23] 为了确定一个理论“业已证明的增殖力”，我们可以研究它的成绩记录。如果一个理论的应用能以创造性的方式适应新的发展，那么该理论就有“业已证明的增殖力”。这个理论能够解释越来越多的观察报告，在与其他理论的竞争中获胜，并能有效地解决反常。“业已证明的增殖力”是成功的适应。一个可接受的理论就像一个成功的物种，能在“环境生态位”中适应下来。只有通过历史的考察，才能确定某个理论是否显示出了“业已证明的增殖力”。对理论“业已证明的增殖力”进行量化是困难的，但理论评价必须考虑理论是否具有弹性。

理论“潜在的增殖力”甚至更难估计。理论“潜在的增殖力”就像物种的适应性一样，是创造性地应对未来压力的一种能力。我们可以将一个理论“业已证明的增殖力”当作其“潜在增殖力”的量度，然而，这种判断是有风险的。一个理论——就像一个物种——总有可能在适应一系列现有压力的过程中耗尽它“潜在的增殖力”。

一个理论可以通过两种方式满足“增殖力”标准。第一种方式是“指向”对理论本身的修正。严格说来，这种意义上的“增殖”乃是理论的进展。但如果应用某个初始理论的科学家修改了理论，改进了它的准确性或拓展了它的应用范围，则我们可以把这个理论称为“增殖的”。例如，由于索末菲增加的椭圆轨道自然而成功地拓展了玻尔的氢原子理论，我们可以把玻尔的理论称为“增殖的”。

理论显示出“增殖力”的第二种方式是它成功地应用于一种新的现象。约翰·赫歇尔曾提出把“未计划范围”当作科学理论的可接受性标准。但他没有指明如何确定一个理论的应用是否可以算作对一种新现象的扩展。[24]

在赫歇尔讨论的声速的例子中，有人也许会说，拉普拉斯的热传播理论一直适用于声音。拉普拉斯认识到，声音的运动涉及弹性介质的压缩，而这种压缩会产生热。他最先认识到这一点，其他科学家认为他的这个认识“出乎意料”或“令人惊讶”，这些事实并不意味着他的理论已被拓展到一种新的现象。理论蕴含着它所蕴含的东西，不论何人或何时认识到了这一点。因此，似乎只有确定了一种应用如何出乎意料或令人惊讶，关于未计划范围的争论才能得到解决。

扎哈尔论“新颖事实”

埃利·扎哈尔（Elie Zahar）拒绝将“新颖事实”（novel facts）的确定

局限于对心理反应模式的考察上。他坚称应当明确指明一个客观基础。扎哈尔提出，

> 对于某个假说而言，如果一个事实不属于支配着构建该假说的问题情况，那么它就可以被视为新颖事实。[25]

在某些情况下，新颖支持要晚于受支持理论的提出。一个例子是确证门捷列夫关于尚未发现元素的属性的预言。另一个例子是麦克斯韦关于气体黏性不依赖于其密度的预言意外得到了确证。

在另一些情况下，证据支持的事实基础要先于受支持理论的创建。尽管如此，根据扎哈尔的解释，这种支持仍然可能是“新颖的”（而不是“新的”）。这里的“新”并非证据与理论的时间关系，而是理论的创建者在最初提出理论的问题情况中没有将这个证据包含进来。

根据扎哈尔对“新颖”的理解，声速的计算值与实验确定值之间的差异就是一个支持拉普拉斯理论的“新颖”事实，尽管它在理论提出之前就已经为人所知了。重要的是，拉普拉斯在提出其热传播理论时并未考虑这个关于声音的难题。

扎哈尔还认为，迈克尔逊—莫雷的零结果为狭义相对论提供了“新颖的”证据支持，因为据说爱因斯坦在提出理论时并不认为这个实验结果是他所考虑的问题情况的一部分。根据扎哈尔的解释，确定这个证据支持是不是“新颖”，需要对爱因斯坦的科学生涯进行历史研究，但不需要评价他的科学家同行觉得这个确证证据有多么“令人惊讶”。[26]

从赫歇尔的“未计划范围”到扎哈尔的“新颖事实”的术语转变可能会导致将本应分开的两个问题混在一起——（1）预言主义论题（the predictivist thesis）；（2）未计划范围的地位。

（1）预言主义论题是指，理论从提出理论时不为人知的事实那里获得的支持，要大于如果事实已经为人所知并且得到考虑时所获得的支持。[27]成功的预言要比单纯的适应更重要。预言主义论题在科学史上一直富有争议。

赫歇尔、休厄尔、库恩、拉卡托斯和麦克马林都曾为这个论题作过辩护。密尔和亨普尔表达过疑虑。帕特里克·马厄（Patrick Maher）指出，有些贝叶斯主义科学哲学家支持这一论题，另一些则反对。[28]

（2）关于未计划范围的问题是指，能否提出这个概念的量度，如果能，那么能否把这个概念当成科学理论可接受性的标准。斯蒂芬·布拉什（Stephen Brush）考察了科学家对于"未计划范围"的一些明显案例的公开反应。他指出，科学史上找不到一个例子，其中理论被接受主要是因为它成功地拓展到新颖事实。[29] 这当然并没有解决未计划范围的标准地位议题，即使布拉什的考察准确而全面。[30]

库恩坚持认为，科学家在创建科学的过程中，的确应用了他列出的一些可接受性标准。但他警告说，由于解释和应用的上述困难，

> 这组标准不足以作为选择的共同算法的基础。[31]

只有为各项标准赋予权重，这组标准才能充当一种确定恰当评价做法的算法。当对这些标准的应用发生冲突（比如"符合观察"与"简单性"相冲突）时，这一点就至关重要了。库恩指出，方法论学家对于如何为评价标准赋予权重似乎并未达成一致意见。他强调，科学家在应用这些标准时，评价决定不可避免会反映出"依赖于个人生平和个性的特质因素"。[32]

麦卡利斯特论审美标准

詹姆斯·麦卡利斯特（James McAllister）不愿接受库恩关于基本的"特质因素"的悲观结论。麦卡利斯特赞同一种关于科学评价活动的"理性主义"立场，断言

> 存在着一组做科学的规范（理性规范），对此可以作出一些原则性的、历史之外的辩护。[33]

麦卡利斯特推荐的规范包括内在一致性、符合现有的经验数据、新颖的预言。他认为这些理论评价标准是不可违背的基本标准。它们亦可应用于库恩的“常规科学”时期和“革命科学”时期。

根据麦卡利斯特的说法，革命科学时期的主角们接受上述“逻辑—经验”的标准。争议在其他地方。麦卡利斯特认为，将革命科学与常规科学区分开来的是，革命科学拒绝接受此前对科学理论的审美约束。他指出，科学家评价理论不仅要考虑“逻辑—经验”的标准，还要考虑直观性、对称性、解释的简单性和本体论的简约性等标准。这些“审美”标准在科学革命时期受到了挑战。成功的革命修改或取代了以往持有的审美标准。麦卡利斯特因此将库恩的评价标准分成不可违背的逻辑—经验标准和可修正的审美标准这两个子类。

麦卡利斯特把科学中的革命归于审美标准的变化。他认为开普勒、玻尔和海森伯的成就具有革命地位，但否认哥白尼和爱因斯坦的成就具有革命地位。[34]

行星运动应当由圆周运动的组合来解释，哥白尼、伽利略和第谷·布拉赫都接受这个要求，开普勒通过拒绝接受这个审美要求而实现了革命，玻尔和海森伯则通过拒绝接受当时决定论和直观性的审美要求而实现了革命。相比之下，哥白尼只是重申了柏拉图—亚里士多德的规定，即天文学模型只包含匀速圆周运动。他对托勒密使用偏心匀速点的批评并非抛弃当时天文学中广泛接受的审美约束。爱因斯坦也肯定了当时共同的审美准则。他对构建理论时需要考虑对称性的强调是保守的而非革命的。

即使麦卡利斯特的“审美准则的转变”标准被接受，这种对科学发展史的解释也会受到质疑。这在很大程度上取决于什么可以算作一种“审美标准”。

考虑哥白尼的情况。也许有人会说，哥白尼的确引入了一种新的审美标准——每一个球体“依其本性”绕轴旋转。因此，作为球体，地球需要旋转，月球也是如此。在哥白尼看来，月球的运动包括围绕地球的周月旋转和绕轴自转。通过实施这一美学要求，哥白尼使“水晶球壳”（月球嵌在这个球壳上，因此总把同一面呈现给地球）成为不必要的。在这方面，哥白尼的成就是革命性的。

麦卡利斯特声称，科学共同体认为爱因斯坦的狭义相对论符合共同的审美标准。德雷格特（Henk de Regt）批评了他的这一说法。[35] 德雷格特承认，由于狭义相对论强调对称性考虑，就此而言它是保守的。但他强调，狭义相对论也否认使波的传播成为可能的绝对时空和电磁以太的存在性。在这方面，狭义相对论具有审美上的革新性。许多科学家最终接受了这一理论，尽管它抛弃了一个审美标准，即被包含的东西需要有一个包含者存在。鉴于麦卡利斯特的立场是为审美标准的转变赋予革命性的地位，爱因斯坦的成就既"革命"又"不革命"，取决于考虑哪一种标准。这种"审美标准的转变"标准不足以成为革命地位的标准。

注释

1　例如，如果 H="所有翡翠都是绿色的"，那么 H′ ="所有翡翠都是绿蓝色的"，H″ ="所有翡翠都是绿红色的"……。参见第十三章。

2　因为 $P(A \& B) = P(A/B)\,P(B)$（根据（4））

$P(B \& A) = P(B/A)\,P(A)$（根据（4））

但 $P(A \& B) = P(B \& A)$

因此，$P(A/B) = \frac{P(B/A)\,P(A)}{P(B)}$。

3　Thomas Bayes, 'An Essay Towards Solving a Problem in the Doctrine of Chances', *Phil. Trans*. 53 (1763), 370–418. Repr. in *Biometrika*, 45 (1958), 296–315.

4　由于 h_n 相互排他而又穷尽了所有可能性，所以

（1）h_i 逻辑上蕴含着 $\sim h_j$，对于 $i \neq j$，

（2）$P(h_1) \vee P(h_2) \vee \ldots P(h_n) = 1$。

5　例如 Colin Howson and Peter Urbach, *Scientific Reasoning: The Bayesian Approach* (La Salle, Ill.: Open Court, 1989), 270–275。

6　Clark Glymour, *Theory and Evidence* (Princeton, NJ: Princeton University Press, 1980), 74.

7　Howson and Urbach, *Scientific Reasoning*, 270–275.

8　Daniel Garber, 'Old Evidence and Logical Omniscience in Bayesian Confirmation Theory', in J. Earman (ed.), *Testing Scientific Theories* (Minneapolis: University of Minnesota Press, 1983), 99–131.

9　例如关于“绿蓝”、“绿紫”、“绿红”……翡翠的假说，其中每一个假说都与时间 t 之前发现某块翡翠为绿色的报告存在着所要求的演绎关系。

10　Richard W. Miller, *Fact and Method* (Princeton, NJ: Princeton University Press, 1987), 297–319.

11　Ibid., 315.

12　其他卓有成效的特设性回应包括哥白尼修改了关于恒星视差的预期，日心体系所要求但当时观察不到的现象，以及伽利略修改了关于望远镜对天体的放大倍数的预期（望远镜消除了恒星的“偶然光线”，因此从望远镜中看，恒星的视直径有所减小）。

13　Glymour, *Theory and Evidence*, 110–175.

14　Ibid., 127.

15　Carl Hempel, *Philosophy of Natural Science* (Englewood Cliffs, NJ: Prentice-Hall, 1966), 38.

16　更准确地说，H 结合关于相关条件的陈述以及恰当的辅助假说，蕴含了 e_o。

17　Imre Lakatos, ‘Changes in the Problem of Inductive Logic’, in I. Lakatos (ed.), *Inductive Logic* (Amsterdam: North-Holland, 1968), 376–377.

18　例如参见 Henry Guerlac, Lavoisier: The Crucial Year (Ithaca, NY: Cornell University Press, 1977), 111–145。

19　参见第九章。

20　库恩将“概念整合”与“增殖力”置于“富有成果”（fruitfulness）之下。

21　Thomas S. Kuhn, *The Essential Tension* (Chicago; University of Chicago Press, 1977), 321–322.

22　Ibid., 322.

23　Ernan McMullin, ‘The Fertility of Theory and the Unit for Appraisal in Science’ in R. S. Cohen, P. K. Feyerabend, and M. W. Wartofsky (eds.), *Boston Studies in the Philosophy of Science*, Vol. 39 (Dordrecht: Reidel, 1976), 400–424.

24　参见第九章。

25　Elie Zahar, ‘Why did Einstein’s Programme Supercede Lorentz’s ?’, *Brit. J. Phil. Sci.* 24 (1973), 103.

26　迈克尔·加德纳（Michael Gardner）正确地指出，扎哈尔将两种意义的“新颖”混在了一起:（1）“问题的新颖”（并非问题情况一部分的事实），（2）“使用的新颖”（建构理论时没有使用的事实）。“使用的新颖”并不蕴含着“问题的新颖”。参见 Michael Gardner, ‘Predicting Novel Facts’, *Brit. J. Phil. Sci*. 33 (1982), 3。

27　Gardner, ‘Predicting Novel Facts’, 1; Patrick Maher, ‘Prediction, Accommodation and the Logic of Discovery’, *PSA* 1980; 27–274.

28　Maher, ‘Prediction, Accommodation and the Logic of Discovery’, 273–285.

29　Stephen Brush, ‘Dynamics of Theory Change: The Role of Prediction’, *PSA* 1994 ii, 140.

30 布拉什的考察忽略了麦克斯韦的预言，即气体的黏性应该不依赖于气体的密度。麦克斯韦本人把来自气体动力学理论的这个初看起来似乎错误的预言后来得到确证称为“出乎意料”。很多科学家都为这个令人惊讶的结果赋予了重要意义。

31 Kuhn, *The Essential Tension*, 331.

32 Ibid., 329.

33 James McAllister, *Beauty and Revolution in Science* (Ithaca: Cornell University Press, 1996), 7.

34 Ibid., 163–201.

35 Henk de Regt, ‘Explaining the Splendour of Science’, *Stud. Hist. Phil. Sci*. 29A (1998), 155–165.

第十七章　对评价标准的辩护

不同的科学哲学规定了不同的理论替换标准，就此而言，它们对科学的进步作了不同的重建。弗朗西斯·培根认为科学进步是在不断扩大的事实基础上相继进行的归纳概括。卡尔·波普尔则认为进步是在反驳的尝试中幸存下来的、背景不断增加的一系列大胆猜想。伊姆雷·拉卡托斯认为进步是科学研究纲领的清楚表达。如何评价这些竞争性的理性重建呢？

拉卡托斯的纳入标准

拉卡托斯提出，他自己的理论替换标准——纳入得到确证的额外背景——也适用于方法论的序列。[1] 他建议通过以下程序来评价竞争性的方法论。先是选择一组竞争性的方法论，对每一种方法论所蕴含的科学进步进行详细的理性重建，然后再将每一种理性重建与科学史相比较。如果方法论 M_2 能够重建出方法论 M_1 所重建的所有历史事件，此外还能重建出更多的事件，那么 M_2 就是更好的方法论。

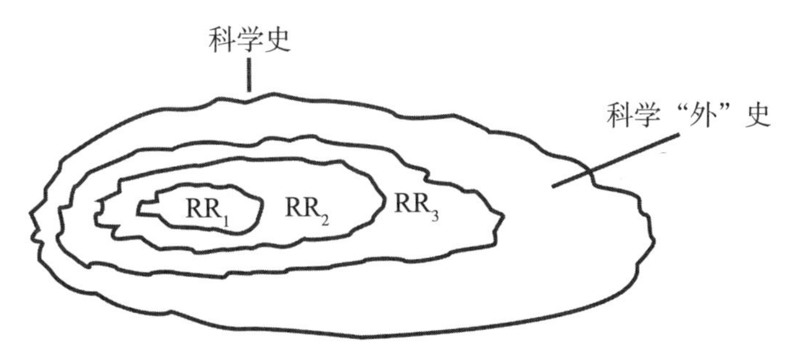

拉卡托斯论关于竞争性方法论的评价

拉卡托斯声称，根据这一标准，他本人的科学研究纲领方法论要比波普尔的方法论更好。他指出，即使面对引人注目的证伪，科学研究纲领有时也能继续执行。一个例子是 19 世纪牛顿研究纲领在面对水星轨道的异常数据时仍然能够继续执行。拉卡托斯认为，根据波普尔的重建，这种事件将被排除在科学的理性发展之外。而科学研究纲领方法论则强调“理论科学的相对自治”，[2] 能够解释“遭到反驳的”理论为何还能继续应用。

库恩论拉卡托斯评价的循环性

在评价拉卡托斯关于科学发展的理性重建的立场时，托马斯·库恩将注意力集中于该程序明显的循环性。[3] 拉卡托斯认为：

1. 科学哲学意味着对科学发展的理性重建。
2. 每一种重建都通过把符合其理性理想的事件与不符合的事件（科学“外史”）分开而为科学“内史”划定了界线。
3. 科学史可以充当评价竞争性方法论的标准。例如，如果在 H_n 下比在 H_{n-1} 下有更多的科学史是理性的，那么 H_n 就比 H_{n-1} 更好。
4. 每一种“科学史”都是对历史记录的一种**解释**，这种解释出自某一特定立场。作为历史学家，科学史家对他所能获得的证据的重要性作出判断。这些重要性判断反映了他对科学是什么以及哪些因素影响了科学的发展的理解。

然而，如果每一种科学史都预设了一种方法论立场，那么就不可能对编史学理论作出方法论上中立的评价。拉卡托斯断定，通过诉诸根据科学研究纲领方法论规范而表述的“科学史”，科学研究纲领方法论要比证伪主义方法论更好。这种评价过程有利于评价人的方法论承诺。

库恩的观点是有充分依据的。拉卡托斯的辩护过程的确涉及一种循环要素。更好的方法论对科学进步的理性建构最符合根据这种方法论准则而表述的科学史。

然而，这种循环是可以调整的。在给定的时间点，当我们把 M_1、M_2 和 M_3 各自对科学进步的理性重建与根据 M_3 原则所表述的科学史相比较时，

M_3 可能比 M_1 和 M_2 更好。然而，后来也许可以提出方法论 M_4，给定反映了其假设的科学史，M_4 不仅能解释 M_3 所解释的所有事件，而且还能解释更多的事件。

劳丹的“标准案例”模型

在《进步及其问题》（1977 年）中，劳丹建议用另一种程序来评价竞争性的方法论。[4] 这种程序避免了拉卡托斯方法中的循环，它被固定在当时的“科学精英”认为无疑是进步的一组科学史事件中。于是，竞争性的方法论根据其重建这些“标准案例”事件的能力而得到评价。最好的方法论能够重建出数量最多的标准案例事件。一旦最好的方法论得到确认，就可以针对非标准案例的事件用它表述一种科学史。

劳丹辩护程序的结果依赖于科学精英的最初判断。这些判断不会受到批评。劳丹相信，精英们会就一组标准案例取得一致意见。被他列入这组标准案例的候选者包括：

1. 根据 1800 年所能获得的证据，牛顿力学比亚里士多德力学更好；

2. 根据 1900 年所能获得的证据，热的运动论比把热当作流体的热质说更好；

3. 根据 1925 年所能获得的证据，广义相对论比牛顿力学更好。[5]

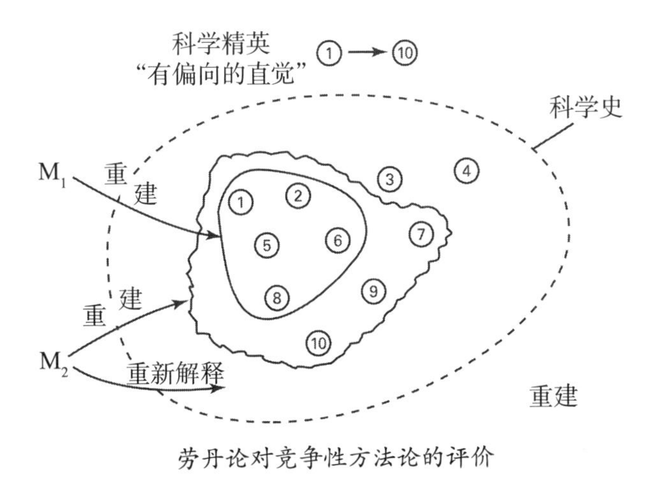

劳丹论对竞争性方法论的评价

当然，2050年精英们给出的判断也许会很不一样。如果是这样，今天被认为最好的方法论到明天也可能是“失败者”。劳丹的程序和拉卡托斯的程序一样是可以调整的，这表现在两个方面：能够解释更多标准案例的新方法论会被发展出来；可以对标准案例本身不断进行检查。

另外还有一个问题。最好的方法论的理性重建能够解释最多的标准案例事件，但这在很大程度上取决于解释是如何获得的。为了重建一个附加的标准案例事件，可以通过包括一些专为解释该事件的评价原则来增补这种方法论。可以这样提出这些增补的评价原则，使之只适用于事件当时所处的文化情况。这种特设性调整大概不能算作对事件的“理性”重建。

但这要求事先对“理性”有一种理解。劳丹的辩护程序中似乎也有那种循环。该辩护程序据说要挑选出最好的科学评价原则。与标准案例事件所蕴含的评价原则最符合的方法论，又被拿来表述科学理性的原则。但要确定是否符合，又必须援引科学理性的一般原则，以阻止上述那种特设性做法。

社会学转向

拉卡托斯和劳丹将“科学内史”与“科学外史”区分开来。科学内史包括那些可以用科学理性标准加以重建的那些发展。科学外史则包括那些无法进行“理性重建”的事件。拉卡托斯和劳丹承认，可以用社会和政治考虑来解释科学外史。也许是一些社会和政治压力导致科学外史没能符合科学理性标准。而在某种意义上，科学内史却是自我解释的。要想满足科学理性的条件，只需按照原本应当的程序去实践科学。要想解释科学内史为何会如此发展，无需提及科学以外的社会或政治因素。

在20世纪七八十年代，这种内史—外史的区分所隐含的劳动分工遭到了一些社会学家和哲学家的质疑。抗议中心在爱丁堡大学，大卫·布鲁尔（David Bloor）、巴里·巴恩斯（Barry Barnes）和史蒂文·夏平（Steven Shapin）提出了一种科学解释的“强纲领”。[6]强纲领的内核是这样一条指导原则：科学解释者要援引相同类型的原因来解释理性的（真实的、成功的）

信念和非理性的（虚假的、不成功的）信念，以揭示科学家信念的原因。[7] 强纲领的目标是一种因果分析，能够同时解释“科学内史”和“科学外史”的发展。强纲领的支持者认为这里的原因是社会结构所产生的压力，因此反转了传统的优先次序。科学哲学家也许能揭示评价活动中的一些细节，但为科学发展提供重要因果分析的乃是社会学家。

强纲领的批评者抱怨说，它忽视了理由在科学家信念形成过程中的作用。假定一位科学家相信某个理论为真（可能性很大、得到了很好的确证、有增殖力）。该信念的一类原因在于进一步相信某些理由是正确的。关于理由的信念往往是进一步信念的原因。

在某些情况下，科学家的信念是由关于理由的正确信念引起的。例如，亚里士多德相信，希罗多德错认为雌鱼吞下雄鱼的精液就能受孕。他为此信念提出的理由是，雌鱼的食道通向鱼腹而非卵巢。[8]

当然，我们可以问，为什么亚里士多德认识到食道不通向卵巢会让他相信吞下精液与受孕无关。也许有一些社会影响力能使那些出于很好的理由而持有信念的科学家增强信念。但即便如此，我们可以引用亚里士多德对鱼的解剖研究来很好地解释他为何会拒绝接受希罗多德的假说。对于这个具体信念，诉诸理由要比诉诸社会因素更有解释力。

类似的结论也适用于卢瑟福关于原子拥有致密的原子核的信念。卢瑟福用散射实验的结果来支持这一信念。大多数 α 粒子穿过金箔都没有偏转，但偶尔有一个粒子穿过金箔会发生 90 度甚至更大角度的偏转。[9]

社会学家也许会发现，正是社会因素的存在才使卢瑟福有可能去做 α 粒子散射实验。社会学家若是成功地做到了这一点，他们便拓展了我们对这件事的认识。但卢瑟福相信这个模型解释了 α 粒子散射的事实，仍然是对卢瑟福相信原子核的很好地解释。

科学家之所以持有某些信念，明显的是因为对理由持有更进一步的信念。科学家关于理由的信念本身是否是社会原因造成的结果，这是一个经验问题。必须根据一个个案例来论证社会因素的因果关联。

强纲领令人难以置信。诉诸社会因素不大可能对理论变革作出足够详细的因果解释。[10] 诉诸社会压力也许能够解释为什么某些**类型**的理论会被接受或排除（例如场论而不是接触作用理论，决定论理论而不是概率论理论），但诉诸这些压力不大可能为某个具体科学理论的形成提供完整的因果解释。当然，这是一个经验问题，但强纲领捍卫者所要承担的证明负担是很重的。

规范自然主义

规范自然主义是这样一种立场：评价标准和程序是在科学实践中产生的，应以评价科学理论的方式——即诉诸关于世界的说法——对其进行评价。规范自然主义把科学和科学哲学看成一个不可分割的整体，该理论否认科学哲学是一门把超越历史的、不可违背的评价原则强加给科学实践的“超越的”学科。

然而，**规范**自然主义者认为，科学哲学中发展出的标准有规定性的地位。规范自然主义是一种规定性的事业，其公认的目标是为评价科学理论和科学解释提出标准。规范自然主义的立场是：和科学理论本身一样，这些标准只有暂时的地位，进一步的经验可使之得到修正或抛弃。

纽拉特的“船”喻

奥托·纽拉特（Otto Neurath，1882—1945）是规范自然主义的早期支持者。他在与卡尔纳普、石里克以及逻辑重建主义科学哲学的其他支持者的争论中为这一立场作了辩护。纽拉特版的规范自然主义是：

1. 经验研究、对经验研究结果的评价和/或辩护、对评价标准的选择，都是在科学本身当中产生的人类活动。超越经验的哲学评论既无必要，也不恰当；

2. 科学本身不包括超越经验的不可违背的原则；

3. 科学中每一个命题都是可以修改的；

4. 科学中不存在基础地位的命题（即没有一组命题可以独立于其他命

题而被接受，使非基础命题可以从基础命题那里获得正当理由）；

5. 辩护（正当理由）问题适用于每一个可被纳入科学的命题；

6. 知识主张是在社会政治背景下被接受或拒绝的，这些背景涉及关于科学机构的组织、这些机构的资源、这些知识主张对于整个社会的价值等方面的实际考虑；

7. 然而，一种包含科学哲学在内的自然化的科学拥有规范的—规定的力量。规范主张产生于融贯性原则的运用。

纽拉特认为，科学家应当在科学命题之内寻求融贯性。在确立融贯性的过程中，没有一组命题在认识论上是基础性的，但对这种不协调的认识要求做出裁决。对评价标准（这些标准本身就是科学内部所作选择的产物）的应用产生了真正规定性的建议。

纽拉特将科学的发展比作在海上改建一艘船：

> 我们就像水手，必须在茫茫大海上改建航船，不可能返回船坞将它拆掉，再用最好的组件将其重建起来。[11]

在“船”这个比喻背后有一些假设。[12] 一个假设是，科学是不断前进的事业。在任一点上，这艘船都无法获得“永远适航”的地位。第二个假设是，不断改建是必然的。科学内部以及要求科学共同体做出回应的更大共同体都会施加压力。如果回应不恰当，船就可能下沉。第三个假设是，不存在超越历史的立足点（船坞）来精心策划成功的回应。有助于增加适航性的东西本身就是在航海中学会的。在科学中没有不可违背的价值维度。即便是最一般的评价原则，在改建过程中也会被修改。

纽拉特强调，反基础主义的自然主义的一个要求是：记录基本经验数据的句子拥有临时假说的地位。一份观察报告也许会被接受，但它也会以各种方式受到质疑，如果无法应对这些质疑，这份报告就可能被拒斥。

纽拉特认为，记录观察内容的“记录句子”（protocol sentences）包含了观察者的经验。[13] 例如，“弗莱德在下午 5: 12 时记下，弗莱德在下午 5: 11 时看到试管中的水银弯月面位于刻度线 3.6”。基于以下种种理由，这份报告可能会从业已接受的科学话语中被排除出去:（1）其他研究者将弯月面定位于 4.6；（2）弗莱德被发现是从某个锐角方位对弯月面位置进行读数的;（3）弗莱德先前的观察报告被证明是不可靠的;（4）弗莱德被认为非常相信一个会从数值“3.6”获得支持的理论;（5）弗莱德被认为急于取悦那些对数值“3.6”有所期待的研究小组成员。纽拉特坚持认为，一份观察报告在科学语言中的地位依赖于那些接受或拒绝其他种种假说的决定。因此，观察报告不能充当科学语言的基础。

20 世纪 30 年代，纽拉特反基础主义的自然主义在维也纳小组的讨论中并不流行。后来到了逻辑重建主义时代（1945—1970），基础主义获得了至高无上的地位。

奎因的“力场”比喻

反基础主义立场从奎因的工作中获得了重要支持。奎因赞同地引用了纽拉特的“船”喻，并且考察了使船适航的程序。这一考察基于给科学赋予的另一个比喻。根据这一比喻，科学理论是一种受经验约束的“力场”（field of force）。与皮埃尔·迪昂的论题相呼应，奎因宣称：

> 可以通过在整个系统的各个地方对各种选项进行重新评价……而把难以驾驭的经验纳入进来。[14]

鉴于理论与经验的冲突，我们可以（而且通常会）选择调整靠近周边的力场部分。这样一来，我们就通过做出对理论影响最小的改变而重新建立起与观察的一致。但我们不一定要以这种保守的方式做出回应。我们还可以改变力场的核心区域，这些改变会大大影响整个场域。科学内部并没有一组命题是基础性的，也不包含不可违背的评价标准或程序。奎因强调，只要对系统其他部分作出剧烈调整，科学中任何一个给定命题都可以保持为真。

奎因的许多分析都在详细阐述水手—科学家修理船的不同方式，但他的科学哲学也含有一种规范成分。令人吃惊的是，它出现在发现而非辩护的语境中。奎因提出奥卡姆的剃刀和保守主义原则可以作为启发性的标准，应用这些标准有助于创建好的科学。

辩护和不可违背的原则

在评价竞争性方法论时，拉卡托斯和劳丹基于这样一个假设：辩护过程中有一个层次等级。

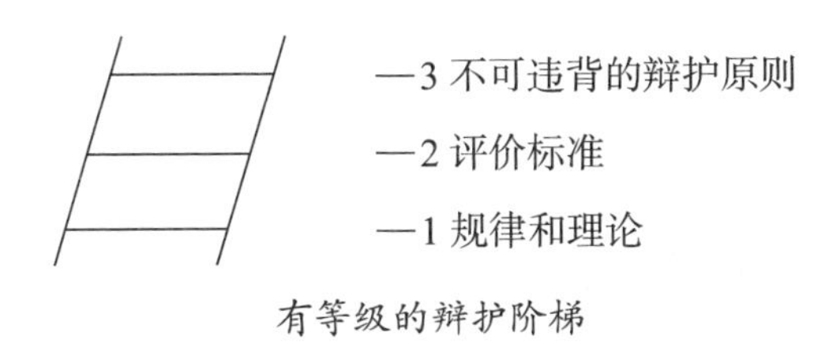

有等级的辩护阶梯

定律和理论通过确证标准和解释标准而得到辩护，而这些标准又通过超越历史的不可违背的原则而得到辩护。

层次 3 是阶梯的“顶部”。拉卡托斯在层次 3 提出了一种纳入标准，劳丹则提出一种从选择标准案例事件开始的程序。

达德利·夏佩尔批评这种辩护进路。他否认阶梯有顶部，这个顶部所包含的不可违背的原则本身不需要辩护。毋宁说，各个层次的评价原则都要受到批判和改变。这适用于经验支持的标准、理论替换的标准、对进步的解释，以及关于科学认知目标的假定。

夏佩尔建议了一种“非预设主义的”科学哲学。根据这种哲学，科学中没有不可改变的假设，无论是实质性的信念、方法、规则还是概念。[15]

夏佩尔认为，从一种评价标准转变为另一种评价标准常常是理性的。[16]非预设主义科学哲学的任务就是展示这种理性。但夏佩尔坚持认为，理性标准本身是随时间而改变的。因此，评价判断依赖于语境。根据在 t_2 时刻接受的理性标准，哲学家也许会表明，从时刻 t_1 的标准 S_1 转变为时刻 t_2 的

标准 S_2 是理性的。但是根据后来某个时刻的理性标准，这个判断也许是错误的。既然对于理性标准的评价不存在超越历史的立场，因此非预设主义科学哲学是一种历史相对主义。

在《科学与价值》(*Science and Values*，1984 年）中，劳丹拒绝接受辩护的等级模型。他现在同意夏佩尔的看法，认为每一个评价等级都可以改变。不存在不可更改的“顶部”。事实上，“阶梯模型”是误导的。劳丹提出了一种“网状模型”，理论、方法论原则和认知目标在其中是相互关联的。[17]

劳丹强调，辩护是相互的。他指出，关于科学理论的争论往往会涉及方法论原则。然而在回应实际理论的成功时，方法论原则本身有时会发生改变。

理论与关于科学基本认知目标的“价值论”主张之间存在着一种类似的相互关系。夏佩尔正确地坚称，甚至科学的认知目标也会发生变化。例如劳丹指出，在 18 世纪末的科学中，牛顿“实验哲学”的公认目标——只把那些与“明显特征”有关的理论包含在科学之中——与传播那些关于观察不到的东西的理论之间存在着一种张力。[18] 根据劳丹的说法，这种张力在 19 世纪通过修改价值论层次而被消解，以使发明那些关于观察不到的实体的理论成为正当的。[19]

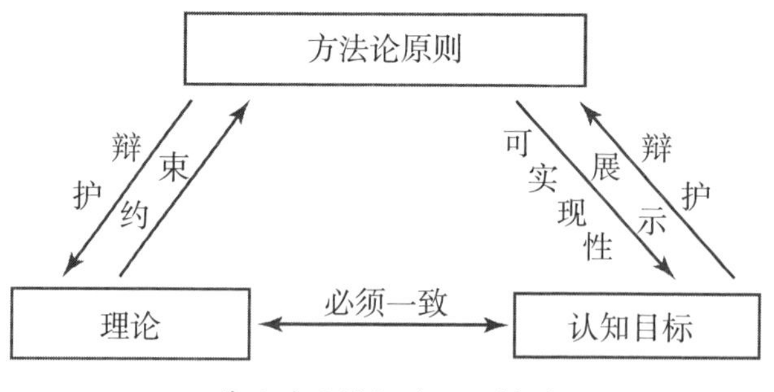

劳丹关于辩护的网状模型

劳丹声称，网状模型要比等级模型和“库恩的整体主义”更好。“库恩的整体主义”立场是，理论、方法论规则和认知目标往往整个被替换掉。在革命之前，科学家接受了理论 T、方法论规则 M 和认知目标 A。革命之后，科学家接受了T′、M′和A′。现在的学科“范式”已经非常不同。整体主义模型促进了评价的相对主义。在革命之前，理论是通过M和A来评价的；革命之后，理论是通过M′和A′来评价的。从（T, M, A）→（T′, M′, A′）的转变本身不需要辩护。任何通过M′或A′为这场革命作辩护的努力都将是循环的。

而网状模型则允许理论、方法论规则和认知目标发生逐步的、零碎的调整。劳丹试图表明，这些调整是理性的，尽管没有一个组分理论、规则或目标不可更改。

他提出，方法论规则和标准应当重新表述为假言命令的形式：

> 如果y是所要实现的目标，那么应该做x。[20]

劳丹的假言命令陈述了手段—目的关系。只有做x比其他方案更有可能实现y时，假言命令才是可以接受的。为了确立一个假言命令的可接受性，需要进行经验研究。方法论家需要确定，是哪些规则和标准实际上促进了相关目标的实现。

标准 / 规则	假言命令
“避免特设性假设”（波普尔）	“如果目标是提出有风险的假说，那就应当避免特设性假说”
“纳入业已证实的额外内容”（拉卡托斯）	“如果进步是科学研究纲领的目标，那么寻找理论 T_{n+1}，使得： 1）T_{n+1} 能够解释 T_n 之前的成功； 2）T_{n+1} 比 T_n 有更多经验内容； 3）T_{n+1} 的一些额外内容得到了证实。”
对应原则（玻尔）	“如果包容性和统一是物理学的目标，那么在经典理论被证明恰当的领域提出与经典电动力学渐近一致的量子领域的理论。”

劳丹的假言命令

劳丹承认，无法证明过去有效的手段—目的关系还将继续有效。然而，他提出了以下归纳规则：

> 如果某种活动 m 在过去一直能促进某些认知目标 e，而与之竞争的活动 n 则不能，那么可以假定，将来的活动遵循规则“如果你的目标是 e，那么应该做 m”将比遵循“如果你的目标是 e，那么应当做 n”更有可能促进那些目标。[21]

虽然劳丹说这条归纳规则是对哪种策略“更有可能”成功的经验概括，但他也说这条规则是方法论决定的“选择标准”。[22] 他宣称，这条规则被科学哲学家普遍接受，它陈述了“一种从经验中学习的可靠规则。”[23]

作为一种经验概括，劳丹的归纳规则可以有大量例外。一些曾被认为可靠的手段—目的关系已经不再可靠。下表中给出了一些例子。有鉴于此，恰当的指导原则似乎是把方法论决定建立在过去一直有效的东西基础上，除了在以前成功的手段—目的关系已经不再成功的案例中。

目的	手段	失败案例
理解物体的运动	假定 $1/R^n$ 中心力	电磁感应
正确预测行星的轨道	在不一致的情况下，假定存在某种迄今尚未发现的行星，如海王星、冥王星	水星的轨道
提供对实验结果的完整解释	对结果进行时空描述和因果分析	量子现象

放弃以往被接受的手段—目的关系

劳丹的网状模型成了不可违背的原则在科学哲学中发挥了什么作用这一争论的主题。劳丹认为，通过修改科学的认知目标来消除张力有时是理性的。

杰拉尔德·多佩尔特（Gerald Doppelt）抱怨说，网状模型并没有指明在什么条件下这样做是理性的。[24] 劳丹回应说，认知目标受到两个约束：它们必须是可以实现的，[25]而且必须与贯穿于理论选择的价值相一致。[26]

多佩尔特指出，如果科学的认知目标与理论偏好所蕴含的价值不一致，那么可以通过改变目标或改变理论来恢复这种一致。[27]如果劳丹说的不错，即19世纪科学家的一个共同目标就是把理论限制在“明显性质”之间的关系上，那么关于观察不到的东西的理论所引入的不一致本可以通过放弃这些理论而被消除。根据网状模型，这也将是对于不一致的一种理性回应。

劳丹承认，对认知目标的约束较为薄弱。但他还坚称，这些约束的确为评价提供了一种客观基础，网状模型由此避免了库恩整体主义的相对主义。

在评论《科学与价值》时，约翰·沃勒尔（John Worrall）试图恢复辩护的等级模型。他宣称：

> 如果没有一种评价原则能保持不变，那么就没有一种“客观观点”，我们能据此表明已经发生了进步，我们只能说，**相对于我们现在碰巧接受的标准**，进步发生了。无论怎样修饰，它都是相对主义。[28]

沃勒尔指出，应把以下评价原则看成不可违背的：

> 1. 应当针对似乎合理的竞争者（如果有这样的竞争者的话）来检验理论。[29]
> 2. 非特设性解释应当始终优于特设性解释（如果两者都有的话）；[30]
> 3. 如果检验“某个特定因素导致了某个结果”这一假说的实验不受其他可能因素的影响，就可以合法地认为这一假说获得了更大的经验支持。”[31]

沃勒尔认为，这些方法论原则是科学评价活动的基础，就像肯定前件推理（*modus ponens*）是演绎推理的基础一样。一个人接受p和$p \supset q$，但拒绝接受q，就选择退出了演绎逻辑的游戏。同样，一个人拒绝接受基本的科学评价标准，就选择退出了科学的游戏。理性要求我们必须按照这些规则来玩游戏。沃勒尔坚持认为，最终我们必须停止争论，“教条地”断言某些基本的理性原则。[32]

劳丹回应说，沃勒尔的方法论规则并不是像肯定前件推理那样的纯形式规则。[33] 例如，规则 1，即针对似乎合理的竞争者来检验理论，是一条**实质性**原则。在一些可能的世界里，这条原则会导致相反的结果。在一个包含着有限数量乌鸦（其中每一只我们都曾检查过）的世界里，针对可选择的假说去检验“所有乌鸦都是黑的”这一假说将是没有必要的。劳丹坚持认为，每一条实质性原则都可以随着认识的推进而发生变化。

根据劳丹的说法，沃勒尔误解了相对主义的威胁。其威胁并不在于评价原则的变化（它们的确会发生变化），而在于这种变化没有根据。[34] 劳丹声称，受到可实现性和一致性约束的网状模型提供了所需的根据。

沃勒尔在回应中承认，没有任何方法论原则是纯形式的。此外他还同意，方法论原则是在科学史内部被创造、修改和放弃的。但他否认从对评价标准的辩护可以推出，**每一个**这样的原则都一直（或应当）被修正。沃勒尔在总结与劳丹的争论时宣称：“随着我们对于如何研究了解更多，劳丹主张，没有理由认为某个方法论规则**原则**上不可修改。”然而在我看来，为了弄清楚“我们对于如何研究了解更多”的意思，必须把一些核心的评价原则当成固定不变的。[35]

注释

1 Imre Lakatos, ‘History of Science and Its Rational Reconstructions’, 1 in R. Buck and R. Cohen (eds.), *Boston Studies in the Philosophy of Science*, viii (Dordrecht: Reidel, 1971), 91–136.

2 Lakatos, ‘Falsification and the Methodology of Scientific Research Programmes’, in I. Lakatos and A. Musgrave (eds.), *Criticism and the Growth of Knowledge*, (Cambridge: Cambridge University Press, 1970), 137; ‘History of Science and Its Rational Reconstructions’, 99.

3 Thomas S. Kuhn, ‘Notes on Lakatos’, in Buck and Cohen (eds.), *Boston Studies in the Philosophy of Science*, vol. viii. 137–146.

4 Larry Laudan, *Progress and Its Problems* (Berkeley, Calif.: University of California

Press, 1977), 155–170.

5　Larry Laudan, *Progress and Its Problems* (Berkeley, Calif.: University of California Press, 1977), 160.

6　James R. Brown 在 *Scientific Rationality: The Sociological Turn* (Dordrecht: Reidel, 1983), 92 的导言中概述了强纲领。

7　例 如， 参 见 David Bloor, *Knowledge and Social Imagery* (London: Routledge & Kegan Paul, 1976), 5。

8　Aristotle, *Generation of Animals*, 756b.

9　*The Collected Papers of Lord Rutherford of Nelson*, 4 vols., ed. J. Chadwick (New York: John Wiley, 1963), ii. 212–213; 423–431; 445–455.

10　例如参见 Andrew Lugg, 'Two Historiographical Strategies: Ideas and Social Conditionsin the History of Science', in *Scientific Rationality: The Sociological Turn*, 185–186。

11　Otto Neurath, 'Protocol Statements', in R. S. Cohen and M. Neurath (eds.), *Otto Neurath: Philosophical Papers* (Dordrecht: Reidel, 1983), 92.

12　Cartwright、Cat、Fleck 和 Uebel 在 *Otto Neurath: Philosophy Between Science and Politics* (Cambridge: Cambridge University Press, 1996) 中指出，纽拉特的著作中有三种不同的"船喻"。这里的引文出自纽拉特的文章："Protocol Statements" (1932)，载 *Otto Neurath: Philosophical Papers*, ed. by R. S. Cohen and M. Neurath (Dordrecht: Reidel, 1983), 92。

13　Neurath, 'Protocol Sentences', in A. J. Ayer (ed.), *Logical Positivism* (Glencoe: Free Press, 1959), 202–208.

14　Willard Van Orman Quine, 'Two Dogmas of Empiricism', in *From a Logical Point of View* (Cambridge: Harvard University Press, 1953), 44.

15　Dudley Shapere, 'The Character of Scientific Change', in Thomas Nickles (ed.), *Scientific Discovery, Logic and Rationality* (Dordrecht: Reidel, 1980), 94.

16　Dudley Shapere, 'The Character of Scientific Change', in Thomas Nickles (ed.), *Scientific Discovery, Logic and Rationality* (Dordrecht: Reidel, 1980), 68.

17　Laudan, *Science and Values* (Berkeley, Calif.: University of California Press, 1984), 63.

18　假定观察不到的东西的理论包括燃素理论（它将燃烧解释为一个过程，在此过程中燃烧物质释放出不可见的东西），哈特利（Hartley）关于以太流体作用的神经病学理论，富兰克林的电流体理论以及勒萨热（Lesage）的引力微粒理论。

19　Laudan, *Science and Values* (Berkeley, Calif.: University of California Press, 1984), 56–59.

20　Laudan, 'Progress or Rationality?The Prospects for a Normative Naturalism', *Amer. Phil. Quart.* 24 (1987), 24.

21　Ibid., 25.

22 Ibid., 25.

23 Ibid., 26.

24 Gerald Doppelt, 'Relativism and the Reticulational Model of Scientific Rationality', *Symthèse*, 69 (1986), 234-237.

25 我们不清楚为什么"不可实现性"能够取消一个目标的资格。历史学家试图"按照实际发生的样子"去撰写历史并不是非理性的，工程师力图保证飞船发射程序100% 不出错也不是非理性的。对科学而言，追求实验结果完全可复制也不是非理性的。

26 Laudan, 'Relativism, Rationalism, and Reticulation', *Synthèse*, 71 (1987), 227-232.

27 Doppelt, 'Relativism and the Reticulational Model of Scientific Rationality', 235.

28 John Worrall, 'The Value of a Fixed Methodology', *Brit. J. Phil. Sci.* 39 (1988), 274.

29 Ibid., 274.

30 John Worrall, 'Fix It and Be Damned: A Reply to Laudan', *Brit. J. Phil. Sci*. 40 (1989), 386.

31 Ibid., 380.

32 Ibid., 383.

33 Laudan, 'If It Ain' t Broke, Don' t Fix It', *Brit. J. Phil. Sci*. 40 (1989), 373-374.

34 Ibid., 369.

35 Worrall, 'Fix It and Be Damned: A Reply to Laudan', 377.

第十八章　关于科学实在论的争论

理查德·博伊德（Richard Boyd，1942—　）是康奈尔大学哲学教授。他发表了大量文章来支持这样一个立场，即科学在经验上之所以能取得成功，最好的解释就是科学理论近乎真理。

伊恩·哈金（Ian Hacking，1936—　）在剑桥大学获得博士学位，目前任教于多伦多大学。他在许多出版物中提出，科学家的某些实验操作为实体实在论（Entity Realism）的立场提供了支持。哈金还写了一部有影响的历史著作来论述概率和归纳推理理论。

范·弗拉森（Bas C. Van Fraassen，1941—　）现任教于普林斯顿大学，曾任科学哲学协会主席。他曾论述过时空理论、量子理论、对称性考虑在理论科学中的作用。范·弗拉森的建构经验是一种对科学实在论的广为讨论的替代方案。

阿瑟·法恩（Arthur Fine，1937—　）在科学实在论与工具论的立场之外提出了第三种替代方案。他将这种方案称为“自然本体论态度”（NOA）。在《不稳定的游戏》（*The Shaky Game*）中，法恩分析了爱因斯坦、薛定谔和玻尔的方法论，在此背景下提出了“自然本体论态度”。法恩目前任教于西北大学。

20 世纪 70 年代，实在论与工具论之间的争论再次升温。争论的焦点在于：

1. 科学固有的认知目标，
2. 如何最好地解释科学史上取得的进展。

真理实在论

实在论者对 1 的回答是，科学家们应当试图提出描述宇宙结构的正确理论。实在论者支持伽利略的立场，反对像教皇乌尔班八世那样试图将科学局限于“拯救现象”的工具论者。

实在论者对 2 的回答是，科学进步的记录表明，宇宙拥有一个（在很大程度上）独立于人的理论的结构，我们的理论为这一结构提供了一幅日渐准确的图景。20 世纪 70 年代，实在论科学哲学家呼吁人们关注板块构造理论和 DNA 结构理论最近取得的成功。科学家似乎显然已经获得了有关地质变化和遗传的动力学的新知识，这些发展为实在论立场提供了支持。

1978 年，希拉里·普特南提出，除非采用实在论解释，否则科学史上越来越多的成功预测将是一个“奇迹”。[1] 普特南指出，实在论对真和存在性都作了断言。在科学领域，越来越多的成功预测反映了越来越接近于真理。由于一个个能作出成功预测的理论对特殊的理论对象（如“电子”、“引力场”、“基因”）作了不同的断言，所以这些对象必定存在。

理查德·博伊德将注意力从成功的理论系列转向了这些理论系列的发展中所隐含的方法论原则。某些方法论原则被广泛用于理论的表述中。博伊德认为，如果理论的预测是成功的，那么对这种成功最好的解释就是对理论作一种实在论阐释。[2]

一个这样的原则是提出“能将熟悉的‘理论实体’加以量化”的理论。[3] 应用该原则据信能产生越来越具有工具可靠性的理论。假定有一位科学家通过为理论 T_1 所设定的理论实体赋予了一种额外的属性或关系（例如为玻尔氢原子的电子赋予自旋或椭圆轨道）而提出了理论 T_2，再假定 T_2 因为预测的成功而优于 T_1。博伊德指出，对此最好的解释是，T_1 本身近乎真理，为理论实体赋予一种新的属性或关系使理论进一步接近了真理。

博伊德提出了一种“溯因”（abductive）论证来支持这一立场：

1. 如果一个科学领域中相继提出的理论会聚于真理，那么科学方法的原则在工具上是可靠的。

2. 科学方法的原则在工具上是可靠的（应用这些原则能产生越来越可靠的理论）。

∴ 一个科学领域中相继提出的理论可能会会聚于真理。

而非实在论者则试图使预测的成功与真理分离开来。例如，劳丹让我们注意，托勒密的行星模型不断修正之后才能长期保持预测的成功。[4] 并非由于本轮—均轮模型描述了行星的真实运动，它们才能成功预测。劳丹强调，虽然许多科学理论的核心解释术语并无所指，却仍能实现成功的预测。他列举的例子包括燃素理论、热质说和电磁以太。[5] 劳丹的结论是，成功的预测并不能可靠地指示真理。

此外，劳丹还抱怨说，实在论者未能澄清“近乎真理”或“朝着真理迈进”是什么意思。这些概念寄生在真理概念之上。

一些科学理论也许是真的。但就其作出普遍主张而言，无法表明它们为真。无论多大数量的证据都不能证明未经检验的事例与经过检验的事例相似。休谟在这一点上是正确的。

但如果无法表明一个理论为真，我们如何能表明一系列理论在朝着真理迈进呢？劳丹宣称，

> 甚至没有人能说出“更接近真理”是什么意思，更不用说提供标准来确定如何来评价这种接近了。[6]

实体实在论

“会聚于真理”的论点也许不能令人信服。然而，还有其他方式为实在论辩护。特别是，有人也许会说，某些科学理论所假定的实体的确存

在。可以提出有力的理由来支持“实体实在论”，反对“真理实在论”。罗姆·哈瑞（Rom Harré）分析了实体实在论针对三个认知对象领域所提出的主张。在领域 1 中，它断言存在着一些可观察的实体，例如火星、大西洋海沟、肾门静脉等。[7] 这些主张可以通过较为简单的实验操作来判定。

在领域 2 中，它断言存在着一些目前不可观察的实体。这些存在主张是在“形象理论”（iconic theories）的语境中产生的。形象理论假定存在着一些实体，这些实体如果是实在的，就是“可能经验的对象”，能被恰当放大的人类感官检测到。例如，哈维的血液循环理论就是一个形象理论，它假定动脉与静脉之间存在着连接环节。根据该理论，这些假定的环节是血液从中流过的空血管。当马尔皮基（Malpighi）发现携带着血液的微型血管连着动脉和静脉时，他断定理论假定的对象的确存在。微生物和 X 射线也是领域 2 的认知对象，后来的辅助证据可以确立它们的存在。当然，这类实体存在着，这一结论建立在涉及科学仪器操作的理论思考的基础上。

实体实在论的立场是，科学理论所讨论的认知对象中至少有一些的确存在着。领域 1 和领域 2 中的部分实体满足科学中的存在标准，这已经足以确立该立场。

对领域 3 中实体的主张则是另一回事。这些主张断言这样一些实体的存在，它们

> 即使是实在的，也不可能成为人类观察者的现象，无论用多么先进的设备来放大和扩展感官。[8]

中微子是领域 3 中的实体。通过据称由其触发的事件也许可以检测到中微子，但中微子本身不可能被“放大或扩展”的人类感官观察到。对某种检测程序感到满意是否可以作为存在性的恰当标准，这是一个悬而未决的问题，最好由从业的科学家来决定。

伊恩·哈金强调，实体实在论从关于实验研究的事实中获得了重要支持。他指出，

> 原则上无法观察到的实体经常被操控，以产生新的现象，研究自然的其他方面。[9]

考虑电子的例子。根据哈金的说法，对于电子的存在，我们最好的证据并非电子理论的解释力，而是一些实验研究，它们对电子进行操控以获得关于其他实体和过程的信息。用电子显微镜所作的实验便是这些研究的重要例子。电子显微镜使我们得以确定用光学显微镜看不到的结构。[10] 我们对电子存在的信心是有根据的，因为实验者能够借助电子的因果属性来研究"自然的其他更具假说性的部分"。[11] 类似的考虑也适用于除电子以外的理论实体。此结论的一个有力证据是，科学理论设定的许多实体已被表明是存在的。

贾勒特·列普林（Jarrett Leplin）指出，理论物理学的当前方向使科学实在论面临着巨大的困难。对分子和电子行得通的，对夸克、引力子、磁子这类推定的实体却行不通。应用哈金的检验"如果你可以喷洒它们，它们就是真实的"[12] 是没有希望的。"阻止我们获得相关证据"正是设定这些实体的理论。[13]

考虑夸克的例子。和中微子一样，夸克也是领域 3 的实体。三个一组的夸克被认为与原子核内基本力的传递有关。然而，如果当前的理论是正确的，那么孤立的夸克就不可能存在，因此也无法被探测到。

列普林强调，当代物理学家不重视经验确证，而支持解释的成功。他宣称，

> 随着基础物理学中统一纲领的出现，我们正在见证评价标准的变化，也就是把解释主义者的要求提升到新的预测成功之上。统一理论所要求的并非发现引力子或磁子，而是理论能为某些突出的问题提供解决方案，这些问题源于经验证据已经确证的更有限的理论，但没有被它们解决。[14]

实体实在论并不要求业已接受的科学理论中提到的每一个理论对象都

能有所指。关于毛细血管、病毒、基因和电子的存在性主张已经得到满足。但如果对当前基本理论的理论实体不适合提出存在性主张，那么对实体实在论的诉诸就会受到严重影响。

范・弗拉森的建构经验论

工具主义立场是，科学理论是帮助我们组织和预测观察陈述的计算工具。为真或为假的是观察陈述，理论不过是“有用”或“无用”罢了。

范・弗拉森的“建构经验论”是该立场的一个变种。[15]范・弗拉森区分了真理和“经验适切性”（empirical adequacy）。“真理实在论者”主张，科学理论为真或为假，范・弗拉森则坚称，应当比较的是在经验上适当的理论和在经验上不适当的理论。在经验上适当的理论能够成功地拯救相关现象。范・弗拉森认为，科学的目标是提出在经验上适当的理论，而确立关于理论实体的主张的真理性并非科学目标的一部分。

范・弗拉森把关于真假的信念限定于给“可观察物”指定数值的陈述。他只承认那些数值可由**未受协助的**人类感官确定的概念是“可观察物”。于是，关于海王星表面陨石坑的陈述是关于可观察物的陈述，因为通过直接观察（在漫长的旅程之后）有可能从经验上确定其真假。而关于电子运动的陈述则不是关于可观察物的陈述，因为这种运动不能被未受协助的人类感官观察到。

关于电子运动的某些陈述在经验上是适当的。例如，科学家经常用相对论和量子论来描述和预测粒子加速器中的运动。范・弗拉森承认，关于理论实体存在的主张可以是真的或假的。在理论断言什么的问题上，建构论与实在论之间没有争论。像“电子存在”这样的主张需要作字面理解。然而，范・弗拉森建议对这样的主张持一种不可知论者的态度。建构经验论的立场是，经验适切性对于科学的目标来说已经足够。科学家应把关于真假的主张限定于关于可观察物的断言。

埃利奥特・索伯抱怨说，遵循这一建议的科学家可能会被要求对等价命题区别对待。他让我们注意以下句子：

1. 存在着一张食物网，人在其中占据一个末端位置。

2. 人吃其他生物，但不被其他生物吃。[16]

建构经验论的立场是，应该把真值赋予（2）而非（1），因为“食物网”并不是一个可观察物。但（1）和（2）是近似等价的主张。

伊恩·哈金反对范·弗拉森把可观察物限定于其值可以由未受协助的感官来确定的概念。他让我们注意显微镜观察小物体时所使用的栅格。[17] 栅格是由手工绘制的截线的照片减影形成的。肉眼可见的栅格方块常常被用来帮助我们给对象定位。

肉眼可见的栅格与显微镜下可见的光还原栅格显示了同一种样式的标记方块。鉴于这种同构性，[18] 将血细胞和其他显微镜下可见的对象从“可观察物”领域中排除出去似乎是不合情理的。事实上，科学家们作出存在性主张是通过可以被探测到的东西，而不仅仅是通过那些可由未受协助的人类感官观察到的东西。正如哈金所强调的，科学家在研究其他类型现象的研究时有时可以操控理论实体（如电子）。如能对不可观察实体进行成功的探测或操控，相信这些实体的确存在似乎就是恰当的。

法恩的自然本体论态度

亚瑟·法恩支持哈金的结论。他指出，在特定研究纲领的语境下，提出关于真理和存在的问题往往是富有成果的。问铜棒受热膨胀、长颈鹿有多室胃或电子存在是否为真，是在问一些促进科学进步的问题。

法恩区分了对实在论的“局部”诉求和“整体”诉求。[19] 在科学中需要确定特定的假想实体是否存在。但实在论者和反实在论者常常会提一些关于“整个科学”的问题。此时他们以为科学是一组需要作出解释的实践。

实在论者认为，存在着一些相互关联的实体，它们构成了一种（在很大程度上）不依赖于观察的结构。科学的目标就是提出能够表示这一结构的理论。符合世界结构的那些理论为真，整体实在论者认为，有些理论的确实现了（至少是近似实现了）所要求的符合。[20]

而整体反实在论者则否认可以表明科学理论反映了世界的结构。他们认为，重要的是预测效力，预测的成功并不能为关于真理或存在的主张提供理由。

法恩把自己的立场称为“自然本体论态度”。[21] 自然本体论态度就是如实地接受科学。这要求把“证明合格的科学结果”当作与常识的发现具有同等地位的知识主张接受下来。[22] 在作出这种承诺时，无需预先假定具体的科学成就不容置疑，或者相继的科学解释总是进步的。

从自然本体论的角度来看，关于“科学目标”的主张与关于“生活意义”的主张类似。在这两种情况下，恰当的策略都是揭示个人为何会感到必须发表整体意见，再提供合适的治疗方法。[23] 法恩认为，

> 自然本体论态度最大的优点就是让我们注意到，一种恰当的科学哲学可以多么小……例如，自然本体论态度有助于我们看到，实在论在以下意义上不同于各种反实在论：实在论为自然本体论态度增加了一个外在方向，即外部世界与近似真理的对应关系；反实在论（通常）则增加了一个内在方向，即对真理、概念或解释作一种面向人的还原。[24]

法恩坚持认为，自然本体论态度使关于自然本性的问题成为悬而未决的。任何时间都有一些既定标准来评价科学领域中的真理主张，自然本体论态度的立场是，应当用这些标准来考察真理问题。当然，判断真理的标准本身会随着科学的发展而改变。采取自然本体论态度也要接受科学的这个方面。

卡特赖特论关于因果机制的真理主张

法恩关于治疗方法的建议遭到了忽视。科学哲学家们仍在不屈不挠地寻求“整体”问题的答案。实在论者仍然认为“非奇迹”（No Miracle）论证符合他们的直觉。

为了解释科学的预测效力，似乎有必要认为，理论提供了一幅近乎真实的世界图景。而反实在论者则仍然认为“悲观主义的元归纳”（Pessimistic Meta-Induction）令人信服。科学史表明，在一个时期最受尊敬的理论后来也总会遭到修改或抛弃。把今天最好的理论当作真的就是否认这个历史教训。从历史证据中得出的恰当归纳结论就是，我们目前的高层次理论可能是错误的。

南茜·卡特赖特指出，高层次理论中所包含的基本定律的确如此。这些定律包括一些实际上无法满足的隐含的“其他条件不变”（*certeris paribus*）条款。例如，仅当只存在引力时，万有引力定律才能描述运动。仅当只存在电力时，库仑定律才能描述运动。卡特赖特指出，

> 没有一个带电体会像万有引力定律所说的那样运动；任何一个大块物体都会构成库仑定律的反例。[25]

当然，基本定律对于“模型对象”（不带电的质点、无质量的电荷、理想摆、绝对真空，等等）是真的。但这些“对象”不会也不可能在自然界找到。卡特赖特选择用《物理定律如何说谎》（*How the Laws of Physics Lie*）作为其论文集的标题。[26]她宣称，

> 这是对事实的描述，它们（物理学的基本定律）是假的；它们是被修改为真的，失去了基本的解释力。[27]

而许多低层次的现象定律的确获得了描述的准确性。卡特赖特同意费格尔的看法，认为经过充分确证的经验定律具有优先地位。此外她还指出，这些定律有时为理论所假设的因果实体的存在性提供了充分根据。比如考虑将威尔逊云室中观察到的曲线形状与磁场强度联系在一起的现象定律。这些定律构成了把曲线归因于具有特定质量、电荷和速度的粒子穿过云室[28]的理论因果定律的证据。因此，卡特赖特赞成把某种类型的理论主张称为

“真理”。在某些情况下，的确有一些理论实体能够解释经验定律中记录的观察到的规律性。卡特赖特因此支持哈金的立场，认为我们对自然的干预有时为断言实体的存在提供了很好的理由，这些实体的属性或关系受到了操控。

结构实在论

约翰·沃勒尔建议用“结构实在论”来公正对待“非奇迹”论证和“悲观主义的元归纳”所表现出的冲突直觉。结构实在论不同于真理实在论，因为它并未提出关于整个理论为真或近乎为真的主张。结构实在论也不同于实体实在论，因为它并未声称存在着具有如此这般属性的未观察到的实体。结构实在论所捍卫的真理主张是，理论的数学形式与物理系统的结构之间有一种同构性。

沃勒尔让我们注意从菲涅耳的光的波动说向麦克斯韦电磁理论的转变。菲涅耳认为，光是一种弹性介质（以太）的周期性压缩和舒张。麦克斯韦认为，光是一种振荡的电磁场。但他们都同意，无论光是什么，光都以两个强度可变的横向分量直线传播。菲涅耳提出了一组方程来表示垂直于传播方向上的振荡，这些方程指明了强度和角度如何随时间而变化。

根据沃勒尔的说法，对于“是什么的强度和角度？”这个问题，菲涅耳和麦克斯韦提供了不同的回答。然而，能成功解释偏振现象的这些方程的数学形式在两种理论中是一样的。沃勒尔宣称，

> 大致说来，我们似乎可以说菲涅尔完全弄错了光的本性，但他的理论在经验上的成功预测并非奇迹。正如后来科学所认为的，这之所以并非奇迹，是因为菲涅尔的理论为光赋予了正确的结构。[29]

沃勒尔认为最先作出这一区分的是彭加勒。

在菲涅耳—麦克斯韦转变中，相互不一致的相继理论拥有一种共同的

数学结构。沃勒尔指出，在某些情况下，只有在特定的限制条件下，相继的理论才拥有一种共同的数学结构。[30] 例如，当速度相比于光速可以忽略不计时，狭义相对论方程与牛顿力学计算出来的值才一致。随着质量值的增加，量子理论方程所给出的值将与牛顿力学的计算值渐近一致。

相继的理论拥有一种共同的数学结构（直接的或渐近的），这一历史事实本身并不能支持对科学的实在论解释。斯塔提斯·赛洛斯（Stathis Psillos）指出，此外还需要一个保证——我们理论中的持久结构预示着"物理对象中若非如此则不为人知的（或者更糟糕，不可知的）关系"。[31] 他强调，沃勒尔未用论证支持这一保证。

结构实在论与实体实在论的立场似乎密切相关。安建·查克拉瓦蒂（Anjan Chakravartty）指出，声称结构关系拥有脱离我们理论的客观存在性，就是声称存在着如此关联的实体。如果有理由相信某些理论实体存在，那么就可以凭借不变的因果关系检测出它们的存在。[32]

这里讨论其存在的"实体"并不只是我们遇到的宏观对象的较小版本。在某些情况下，亚原子实体会表现出类似于微粒的属性，在某些情况下又会表现出类似于波的属性。詹姆斯·雷迪曼（James Ladyman）要我们注意这些"对象"的个体化问题。例如，电子的本体论地位含糊不清，可以把它们解释成个体，也可以不这样解释。雷迪曼认为，

> 我们需要认识到，即使是我们最好的理论，也不能确定它们声称描述的实体的哪怕最基本的本体论特征。[33]

他提出的补救办法是聚焦于那些揭示出不变结构的理论描述之间的转变。不变的结构被认为具有本体论地位。他宣称，

> 对象是个体化的变量根据与背景有关的转变挑选出来的。因此，根据这种观点，基本粒子仅仅是在粒子物理学的对称群之下的一组组不变量。[34]

根据这种本体论地位的“结构标准”（它比哈金的“操控标准”更具包容性），电子、中微子和夸克都称得上是“真实存在”。

哈瑞和马登（Madden）指出，物理学的基本理论要么反映了一种原子论的形而上学立场，其中最终的实体是力的点中心，要么反映了这样一种形而上学立场，其中最终的实体是“大场”（Great Field）。大场

> 单一而与流体类似，它的潜势将是因果力量的空间分布，但它们将不断变化，受到高阶不变量的约束。[35]

实体实在论与形而上学原子论之间，结构实在论与大场形而上学之间存在着天然的联盟。结构实在论立场从当前理论物理学对实施大场方案的强调中获得了某些支持。

注释

1 Hilary Putnam, ‘What Is Realism?’, in Jarrett Leplin (ed.), *Scientific Realism* (Berkeley: University of California Press, 1984), 140–141.

2 Richard Boyd, ‘The Current State of Scientific Realism’, in Leplin (ed.), *Scientific Realism* 58–60; ‘Scientific Realism and Naturalistic Methodology’ in *PSA* 1980 *ii*, ed. P. D. Asquith and R. N. Giere (East Lansing, Mich.: Philosophy of Science Assn., 1981), 613–639.

3 Boyd, ‘Scientific Realism and Naturalistic Epistemology’, 618.

4 Larry Laudan, *Progress and Its Problems* (Berkeley: University of California Press, 1977), 24, 46.

5 Laudan, ‘A Confutation of Convergent Realism’, *Phil. Sci.* 48 (33), reprinted in Leplin (ed.) *Scientific Realism*, 231.

6 Laudan, *Progress and Its Problems*, 125–126.

7 Rom Harré, *Varieties of Realism* (Oxford: Blackwell, 1986), 70–72.

8 Ibid., 73.

9 Ian Hacking, ‘Experimentation and Scientific Realism’, in Leplin (ed.) *Scientific Realism*, 154.

10 例如，科学家用电子显微镜来产生蛋白质的内质网图像。

11 Ian Hacking, ‘Experimentation and Scientific Realism’, in Leplin (ed.) *Scientific Realism*, 161.

12 Ibid., 22.

13 Jarrett Leplin, *A Novel Defense of Scientific Realism* (Oxford: Oxford University Press, 1997), 179.

14 Ibid., 184.

15 Ibid., 11–19.

16 Elliott Sober, 'Constructive Empiricism and the Problem of Aboutness', *Brit. J. Phil. Sci* 36 (1985), 16.

17 Hacking, 'Do We See Through a Microscope?', *Pacific Phil. Quart.* 62 (1981), 305–322.

18 哈金指出，一些栅格制造过程和光学显微镜具有这种同构性。

19 Arthur Fine, 'The Natural Ontological Attitude', in Leplin (ed.), *Scientific Realism*, 83–107; 'And Not Anti-Realism Either', in Kourany (ed.), *Scientific Knowledge* (Belmont, Cal: Wadsworth, 1987), 359–368.

20 会聚实在论是这一立场的一个变种。会聚实在论认为，可以表明相继的理论越来越接近真理。

21 Fine, 'The Natural Ontological Attitude', 97–102; 'And Not Anti-Realism Either', in Kourany (ed.), *Scientific Knowledge*, 365–368.

22 Fine, 'The Natural Ontological Attitude', 96.

23 Fine, 'And Not Anti-Realism Either', 366.

24 Fine, 'The Natural Ontological Attitude', 101.

25 Nancy Cartwright, *How the Laws of Physics Lie* (Oxford: Oxford University Press, 1983), 57.

26 Ibid., 57.

27 Ibid., 54.

28 这些曲线是聚集在因与入射粒子碰撞而产生的离子周围的极性水分子的轨迹。

29 John Worrall, 'Structural Realism: The Best of Both Worlds?', *Dialectica* 43 (1989), 117.

30 Ibid., 120–121.

31 Stathis Psillos, 'Is Structural Realism the Best of Both Worlds?', *Dialectica* 49 (1995), 27.

32 Anjan Chakravartty, 'Semirealism', *Stud. Hist. Phil. Sci.* 29A (1998), 419–420.

33 James Ladyman, 'What Is Structural Realism', *Stud. Hist. Phil. Sci.* 29A (1998), 419–420.

34 Ibid., 421.

35 R. Harré and E. H. Madden, *Causal Powers* (Oxford: Blackwell, 1975), 183.

第十九章　描述性科学哲学

杰拉尔德·霍尔顿（Gerald Holton，1922—　）是哈佛大学马林科罗特物理学教授和科学史教授。他写了大量关于开普勒、玻尔和爱因斯坦的著作。在科学史著作中，霍尔顿强调了主题原则在科学家的方法论决定和评价决定中发挥的作用。

戴维·赫尔（David Hull，1935—　）是西北大学哲学教授，是科学哲学协会前任主席。赫尔对行动中的科学家研究群体做过研究，特别是追溯过“数值分类学家”和“进化枝学家”的成就和失败。在更一般的层次上，赫尔提出了一种基于有机进化论解释范畴的科学理论。

从亚里士多德到库恩，科学哲学家们一直试图提出可用于科学实践的评价标准。这些努力中贯穿着一种规定性的意图。[1] 规定主义科学哲学家提出了评价科学理论所应当采用的一些标准。

一些评论者认为，这种规定主义方案有些专横。科学哲学家随时准备教育科学家如何作出正确的评价。当然，哲学家也许会把“最好的”实际科学当成所建议标准的来源或凭证。但规定主义科学哲学乃是一种立法活动。应用这些规定性的评价标准被认为有助于创造出“好科学”。

20 世纪 80 年代，一直占支配地位的规范性—规定性科学哲学成了一个争论的话题，并一直延续至今。一些科学哲学家指出，科学哲学学科的固有目标应是对科学评价活动的**描述**。

描述性科学哲学有一个温和版本和一个强版本。温和版本的目标是对实际的评价活动进行历史重建。已知科学家偏爱一个理论（解释、研究策略）而不是另一个，温和描述主义者试图揭示导致这种偏爱的评价标准。例如，温和描述主义者也许会试图揭示评价决定（如亚里士多德拒绝接受泛生论、牛顿拒绝接受笛卡尔的涡旋理论、爱因斯坦坚持认为量子力学的哥本哈根诠释是不完备的）中所隐含的一些标准。温和的描述性科学哲学也许会要求做一些考察工作，特别是在科学家的说法与实际做法不一致时。

温和的描述性科学哲学所得出的结论要能以“适用于一般历史重建”的标准进行评价。不存在哲学性的评价任务。温和描述主义者是对评价活动有特殊兴趣的历史学家。

描述性科学哲学的强版本源自于温和描述主义的结论，或者是附加于这些结论之上，是一种关于评价活动的**理论**。提出这一理论是为了帮助我们理解科学。它据称解释了科学为什么是现在这个样子。强描述性科学哲学通常主张，科学评价活动显示出了某些模式或者符合某些原则。当然，并非每一个历史事例都能精确地显示出某种模式，或者精确地符合某个原则的要求。但成功的强描述性理论必定有助于我们理解科学史上至少一部分重要情节。

霍尔顿论主题原则

1984 年，杰拉尔德·霍尔顿指出，今天的理论物理学家似乎对科学哲学家的建议兴味索然。他宣称，

> 不论是对是错，大多数科学家都认为，近来哲学家（他们本人并非从事实际工作的科学家）给出的信息本质上是无用的，因此可以放心地忽略它们。[2]

霍尔顿将这种冷漠与玻尔、爱因斯坦、布里奇曼等较早的科学家对哲学问题的强烈兴趣作了对比。

霍尔顿对这种态度转变的反应是发展出一种纯粹描述性的科学哲学。描述主义者不对“正确的”评价活动提出建议，而是试图揭示实际贯穿于科学实践中的方法论标准和程序。相关科学家可能明确提出过、也可能没有明确提出过这些标准和程序。例如，对牛顿和达尔文而言，描述主义者

需要把他们的方法论实践与他们对这种实践所做的声明区分开来。

描述主义科学哲学家很重视费耶阿本德“回到源头”的告诫。霍尔顿研究了爱因斯坦、密利根、玻尔、开普勒、马赫和史蒂文·温伯格等科学家。[3]他从这些研究中得出结论说，某些主题原则在科学的历史发展中很重要。这些原则表达了科学家关于发现的语境和辩护的语境的基本承诺。主题原则包括：

1. 解释性原则（如“爱奥尼亚的魅力”[Ionian Enchantment][4]，即关于所有现象的统一理论的理想；玻尔的互补原理）；

2. 指导原则（如在自然现象中寻找守恒的、最大化或最小化的性质；试图通过微观结构理论来解释宏观现象）；

3. 评价标准（如简约性、简单性、包含性）；

4. 本体论假设（如原子论、空间充实论）；

5. 高层次的实质性假说（如能量的量子化、电荷的离散性、光速不变性）。[5]

主题原则并非铁板钉钉，它们可以被修改（质量守恒）甚至被抛弃（宇称守恒）。然而，它们的影响遍及整个科学史。事实上，霍尔顿把科学事业的保持同一归因于科学家都认同主题原则。正因为普遍认同应当发展出什么类型的理论，寻求什么类型的解释，科学才是一项合作的累积性事业。

这并不是说每一次诉诸主题原则都能成功。有的时候，对某些主题原则的信奉导致科学家忽视了一些事后看来应当考虑的因素。然而，如果不考察这些原则的普遍影响，对科学评价活动的二阶评论将是不完整的。

要解释科学，就必须采用一些解释性范畴。威廉·休厄尔强调过这一点，认为科学的理论化涉及事实与观念之间的关系，存在着个体科学，每一种都有一套基本观念和第一原则。[6]

霍尔顿以类似的方式为描述性科学哲学提出了一种解释框架，他把科学家的活动置于一个三维栅格中，三个轴分别代表经验内容、分析内容和主题内容。

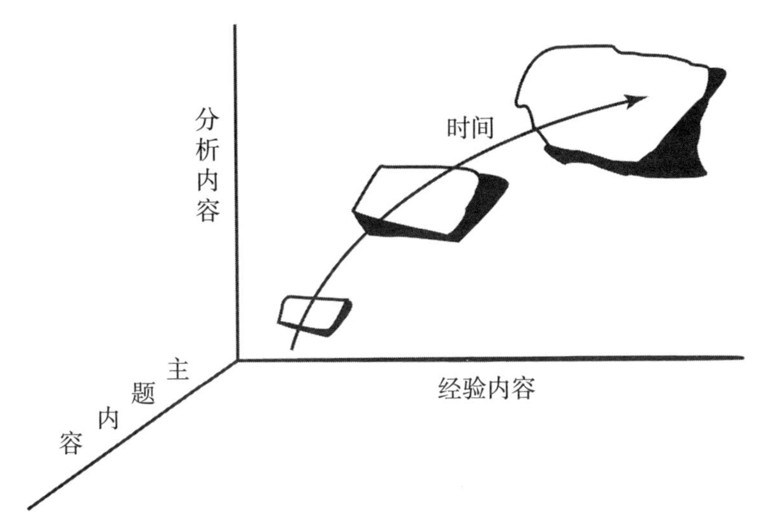

霍尔顿的三维栅格

霍尔顿的独特贡献是强调了主题原则在科学发展中的作用。只有通过主题轴才能给出下列问题的合理答案：

1. 在不断变化的科学理论和实践中，什么东西是恒定的——是什么东西使科学成为一项持续的事业，尽管它的细节和关注焦点显然发生了剧烈的变化？

2. 为什么当某个解释模型或“神圣”原则与当前的实验证据发生实际抵触时，科学家们会冒着巨大的风险坚持它？

3. 为什么获得同样信息的……科学家常常秉持着截然不同的解释模型？[7]

霍尔顿并没有为了具体的主题原则而提出规定性的建议；在这方面，他的进路是描述性的。他唯一的规定性主张是，恰当的科学哲学必须通过一个对主题原则的影响敏感的解释框架来分析方法论活动和评价活动。

实验活动

霍尔顿着力强调一般理论预设在科学评价活动中的作用。20 世纪 80

年代，一些科学哲学家试图将注意力转移到实验室活动和复杂的实验设计。[8]这些研究的一个重要目标是揭示科学家用来验证实验结果的策略。艾伦·富兰克林（Allan Franklin）记录了科学家用来区分“真正”的实验结果与仪器产生的人为结果的种种策略。[9]这些策略包括：

1. 证明仪器正确地解释了已知现象。例如，科学家接受太阳光谱中的吸收谱线数据，部分是因为从已知成分的受热地球大气中获得了相似的结果。

2. 表明某个实验程序解释了现象的已知特征。例如，科学家接受一种有机物溶液的红外光谱数据，部分是因为溶剂的附加光谱符合它的已知图样。

3. 用不同类型的仪器来产生实验结果。正如哈金所强调的，科学家用光学干涉、偏振干涉、相衬干涉和电子显微镜来检查微小物体的结构。不同类型的仪器产生相同的结果，为关于这一结构的主张提供了支持。

4. 主张实验结果的特征确立了其作为真正事实的地位。例如，伽利略观察到木星附近光斑的运动服从开普勒第三定律。[10]很难相信这种运动是由望远镜产生的人为结果。

5. 主张由于仪器操作理论已经很好地确立起来，将仪器用于一系列新的现象就有正当的根据。例如，科学家接受射电望远镜的数据，其应用原则被认为已经很好地确立起来，即使天文射电源与可见光光源并不很相关。

除了富兰克林讨论的上述策略，还需要强调，不同的实验程序有时会产生相互增强的结果。康尼查罗（Cannizzaro）声称，对分子量的两种实验测定（分子量比和蒸气密度测量）的一致结果支持了阿伏伽德罗的双原子气体分子假说。[11]让·佩兰（Jean Perrin）强调，阿伏伽德罗常数——某种元素的克原子量所包含的原子数目——已被各种不同的实验程序所确定。这些程序包括气体黏度测量、布朗运动、黑体辐射和放射性衰变。佩兰认为实验结果收敛于一个特定的值是物质原子理论的决定性证据。[12]关于对普朗克常数的实验测定的收敛，马克斯·普朗克（Max Planck）也发表了同样的看法。他认为这种收敛支持了能量的量子化假说。[13]

安迪·皮克林（Andy Pickering）在反思这些策略时得出结论说，"一个实验事实的产生"要求实现三个要素的融贯性，这些要素是：(1) 具体程序，(2) 仪器操作模式；(3) 所研究现象的模型。[14] 只有仪器操作得当，并且按照仪器模型所指定的那样起作用时，由此得到的结果才是可以接受的。

仪器模型的困难在很大程度上能够解释许多自然哲学家为什么拒绝赋予伽利略关于太阳表面斑点的报告（1612 年）以事实地位。批评者指出：

1. 关于望远镜的操作不存在合理的理论；

2. 应用于天体时，望远镜放大了一些（行星）、减小了另一些（恒星）的角大小，但应用于地球物体时，望远镜总是放大；

3. 对天体所作的某些望远镜观测与肉眼观察不一致——看起来单个的光源在望远镜中分裂成了两个图像，看起来是圆盘的金星长出了角，伽利略出版的月球绘图与肉眼观察不一致。

此外，伽利略的反对者们还用太阳系的一种地静现象模型来质疑他的观测。

伽利略试图在实验活动的这三个要素之间实现融贯性，从而保证他关于太阳黑子的主张具有事实地位。伽利略认为，这些斑点位于太阳表面，而不是由望远镜本身创造出来的人为结果。他强调，这些斑点在太阳边缘是卵形，在太阳中心变为圆形。它们从边缘移向中心时速度会增加，移向对侧边缘时速度又会减小。[15]

伽利略认识到，在实验结果与现象模型之间建立融贯性也很重要。他知道，一些自然哲学家因为接受了地静现象模型而无法为他的太阳黑子观测赋予事实地位。在渐渐认识到太阳黑子带的方向随季节而改变之后，他强调这种变化可以通过日静模型但不能通过地静模型来解释。根据日静模型，这种变化源于地球自转轴与绕日旋转平面有 23.5° 的夹角，而根据地静模型，这种变化简直就是一个谜。[16]

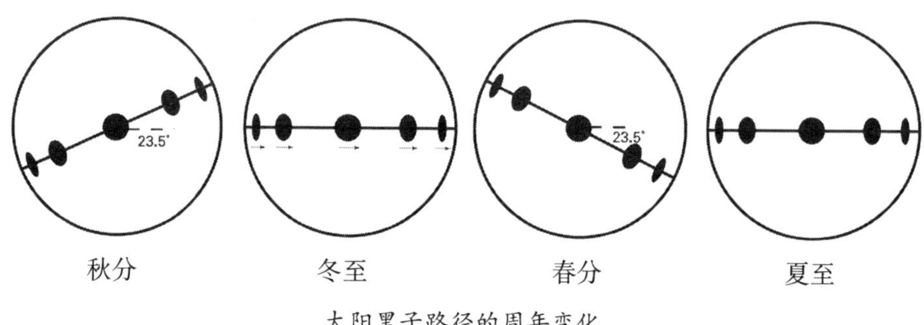

太阳黑子路径的周年变化

斯蒂芬·图尔敏论概念进化

斯蒂芬·图尔敏为描述性科学哲学提出了一个模型。图尔敏的模型是把达尔文进化论用于科学的历史发展。

图尔敏提议，科学哲学家应把注意力从命题之间的逻辑关系转向概念的逐步修改。他认为，科学中的重要问题往往有如下形式：

> 如果概念 c_1、c_2……在某些方面不适合该学科的解释需要，我们应该如何修改/扩展/限制/限定它们，才能使我们在该领域提出更富有成果的经验问题或数学问题呢？[17]

图尔敏认为，概念发展是一种“进化”，在这一过程中，“自然选择”作用于一组“概念变量”。留存下来的是“最适应的”概念。[18]

图尔敏的进化模型非常符合库恩对科学革命的描述。革命是范式（一组概念）之间的竞争。最好地适应了学科内部解释压力的范式赢得了该领域。成功的范式最好地解决了导致革命危机的反常（改变的环境条件）。

赫尔论选择过程

戴维·赫尔赞同图尔敏的看法。赫尔提出了一种“选择过程的一般理论”，认为选择是一个

> 过程，在这个过程中，互动者（interactor）区别性的灭绝和增殖造成了相关复制者（replicators）的区别性延续。[19]

复制者是复本由以构成和传递的东西。在有性繁殖的有机体中，复制者通常是基因。复制者可以在环境中产生竞争。随着时间的推移，选择过程产生了谱系。谱系

> 作为复制的结果而随时间无限期地改变，要么以同样的状态，要么以改变的状态。[20]

谱系是复制者的一个序列。它也是一个个体，是有时间界限的一段进化之路。

赫尔把生物进化和科学史都解释为选择过程。在科学中，复制者是概念，互动者是个体科学家和研究群体。

选择过程的一般理论为解释科学史提供了一组范畴。存留下来的是“最适应的”概念创新。适应性要根据科学的社会—制度框架下“环境压力”来作出评价。

科学中的适应与生物进化中的适应一样，是在适应当前条件与能够创造性地应对这些条件的未来变化之间取得平衡。于是，关于特定概念变化是否成功的判断总是暂时的。目前有效的概念调整也许会削弱相关理论在未来的增殖力（适应性）。

赫尔的选择过程理论

	生物进化	选择过程理论	科学史
变异单位	t_1 时刻种群内的突变形式	复制者——构成复本的遗传单位	概念、信念、研究技巧
有效修正单位	t_2 时刻在种群内占优势的那些 t_1 变量	互动者——适应性竞争中涉及的单位	个体科学家，研究群体

续表

	生物进化	选择过程理论	科学史
互动的产物	物种	谱系——历史个体（谱系片段），不是类	概念谱系
机制	自然选择	复制者的区别性延续，源于“在生态活动中工作的谱系作用者”	科学家寻求受检验约束的信任

采用赫尔一般理论的科学阐释者关心追溯概念的谱系。进化过程中重要的是**因果**关系，而不是关于内容相同性的问题。例如，赫尔指出，达尔文的研究和华莱士的研究都被包含在自然选择理论的谱系之下，而帕特里克·马修（Patrick Matthew，1831 年）独立提出但却影响力不大的理论却未被包含在内。[21] 赫尔坚称，只有那些被后来研究者承认和利用的概念革新才会参与谱系。决定性的是谱系而不是结构上的相似性。

赫尔以两种方式来运用“选择过程的一般理论”——作为解释科学史的一种框架和作为一种科学理论。作为一种科学理论，它为某些关于科学历史发展的疑难问题提供了答案。这些问题包括：

1. 为什么科学在实现其公认的目标方面如此成功？

2. 如果重要的是提出有效的理论，那么科学家为什么如此关注优先性和正确引用的问题？

3. 为什么其他职业在自我管理方面如此无能，而科学的自我管理活动却如此有效？

赫尔把科学的成功归因于个体科学家的自我利益与学科的目标相一致。[22] 最能帮助科学家职业发展的就是发表能为科学家同行所承认和使用的工作。

科学家为其同行在研究上的成功所做的贡献是确立其作为“互动者”的“适应性”。捏造数据或以其他方式破坏科学事业将是进化上的自取灭亡。赫尔关于选择过程的一般理论解释了为什么科学家当中很少出现职业不端行为。选择过程理论为科学的成功提供了根据，这种观点有利于作为一种解释框架来描述概念谱系。

L.J. 科恩论进化类比的不当

L. J. 科恩（L. J. Cohen）指出，生物进化论与科学发展之间有两个重要的不相似之处。首先，一个繁殖种群中产生变种的过程独立于“更能适应”的个体成功幸存和繁殖的过程。突变是一个自发的随机过程。正如科恩所说，

> 配子没有洞察力能够偏向某些方向发生突变，以便预先适应由此产生的有机体将在稍后遇到的新生态要求。[23]

科学中的情况则不然。不同的科学概念、方法论规则和评价标准都是为了克服旧的概念、规则和标准中的公认不足而刻意创造出来的。因此，科学概念的提出与包含这些概念的理论的随后命运之间有一种重要的关系。在科学中，“变异”和“选择”并不是无联系的过程。

其次，生物物种与科学学科并不类似，也不类似于在理论序列中实施的“科学研究纲领”（拉卡托斯）。生物物种是由相似个体所组成的种群，每一个个体都是该物种的代表。科学研究纲领则不然。科学研究纲领包括概念、概念之间的不变关系和/或统计关系、关于背后机制的理论、程序规则以及评价标准。种种这些成分以复杂的方式相互关联着。

一种进化—类比的科学理论的恰当性依赖于上述不相似性的重要性。科恩认为，变异—生成与选择的独立性是自然选择理论的一个本质特征。他得出结论说，与科学发展的类比是失败的。而图尔敏和赫尔则承认这种不相似性是存在的，但仍然坚称进化类比提供了一种有用的科学理论。

鲁斯论预成规则

进化类比观点认为，生物进化和科学中都存在着竞争，导致区别性的

繁殖成功。进化—起源观点认为，科学研究是在应用预成规则的指引下进行的，这种规则在进化适应的过程中已被编入智人之中。我们之所以拥有某些能力和倾向，是因为这对我们的祖先有利。

迈克尔·鲁斯（Michael Ruse）让我们注意几条似乎贯穿于人类进化的预成规则:（1）把（连续）光谱分解成离散的颜色。这种分解发生在不同的人类文化中，大概是因为它在生存斗争中赋予了适应优势;（2）乔姆斯基等人发现的语言的"深层结构";（3）乱伦禁忌。鲁斯指出，还有一些预成规则支配着科学的创造:（1）提出内在一致的理论;（2）寻求对理论的"严格检验"（波普尔）;（3）发展出"一致的"理论（休厄尔）;（4）利用逻辑和数学原则来提出和评价理论。[24]

进化—起源观点的批评者指出，人类经常作出一些决定，不符合这些据说是"基因固有的"规则。人类不受惩罚地肯定后件，屈从于"赌徒谬误"，错误地断定（A&B）的概率高于单独为 A 的概率。鲁斯承认，这些证据违反了进化—起源观点，但坚称

> 最好还是假定，我们在大多数时候并不会特别仔细或合乎逻辑地思考，因为实际上并不需要这样做，但在受到压力时，我们可以这样做，而且有很好的理由，即那些不这样做的人往往无法幸存和繁殖。[25]

这没有什么说服力。如果在进化过程中获得某些倾向是因为它们的适应价值，那么这些倾向应当被始终如一地实现出来。鲁斯不得不把人的活动分成遵守预成规则的活动（由科学家来执行）以及不遵守预成规则的活动（由非科学家来执行，如果"并不真正需要"遵守这些规则的话）。鲁斯并不认为那些未应用预成规则的人可能会屈从于进化压力。恰恰相反，他引入了一个特设性假说，即在这种遵守不必要时，会出现不遵守的情况。

进化—起源观点把科学的发展归因于应用了在努力适应环境压力过程中所产生的评价标准。它将这些标准的起源追溯到较早的适应意义背景中模式识别和成功预测的价值。科学进步是通过对知觉和概念能力的拓展而

实现的，在早期力争生存和繁殖的过程中，这些能力被证明是有价值的。

然而，如果进化—起源观点仅仅是声称，成功的描述和预测是科学进步的必要条件，那么就很难看出为什么科学家对那些被认为仅仅是“拯救现象”的模型普遍感到不满。这些模型包括能够预言新月初现之日的巴比伦线性锯齿函数，能够预言行星黄道位置的托勒密本轮—均轮体系，等等。

考虑气体的压力—体积—温度行为。如果重要的是成功的预测，那么在更广泛的值域里，维里展开就比理想气体定律提供了更准确的结果。[26] 一般而言，工程师的“拇指规则”要比从理论推出的定律预测更准确。但正如卡特赖特所强调的，准确的预测是要以丧失解释力为代价。

进化—起源观点的支持者可以回应说，从进化角度看来，作出预测的速度也很重要。也许提出关于背后机制的理论有利于“更有效的”（虽然不是更准确的）预测。如果是这样，那么进化—起源观点就可以解释人们为什么会不断寻求关于引起现象的机制的理论。

但是对背后机制的寻求是否可以归结为力图增加预测的有效性呢？安东尼·奥黑尔（Anthony O'Hear）对此表示怀疑。他宣称，

> 我们在寻求知识时，的确不仅仅是在寻求那些有助于生存和繁殖的信念。我们寻求的是真理本身。就经验世界背后的因果机制来追求真理把我们带入了现代科学的抽象之中。这些肯定超越了感官之所予，其中许多内容都与生存和繁殖没有什么关系。[27]

奥黑尔的批评并不是决定性的。关于夸克、黑洞以及宇宙早期历史的理论也许的确“与生存和繁殖没有什么关系”。但也有可能，某些反应在过去曾被证明适应智人生存，而现在又驱使科学家发展出高度抽象的理论。当然，提出这种可能性是一回事，提供一部详细的“进化史”来解释科学家的真理追求又是另一回事。我们需要一个论证，迫使我们认真对待“科学家提出夸克理论是因为我们的祖先以某些方式来应对环境压力是适应性的”中“因为”的意思。我对其前景持怀疑态度。

描述性科学哲学与科学史

描述性科学哲学的优点是谦虚。哲学家将是展示者而非倡导者。科学家可以自由地采用、修改或忽视描述性科学哲学所揭示的评价标准。

描述进路似乎把科学哲学置于科学史之下。科学哲学家成了对评价活动有特殊兴趣的历史学家。这样说并不很正确，两者在意图上仍然有一个重要区别。历史学家试图创造出解释性叙事，而哲学家则试图提出适用于不同事例的评价原则。正如库恩所强调的，正是这种对普遍之物的兴趣将哲学家与历史学家区分开来。[28] 描述性的科学哲学进路能否繁荣起来还有待观察。

注释

1 法恩的“自然本体论态度”是一个例外。

2 Gerald Holton, ‘Do Scientists Need a Philosophy?’, *Times Literary Supplement*, 2 Nov. 1984, 1232.

3 Holton, ‘Thematic Presuppositions and the Direction of Scientific Advance’, in A. F. Heath (ed.), *Scientific Explanation* (Oxford: Clarendon Press, 1988); *Thematic Origins of Scientific Thought*, rev. edn. (Cambridge, Mass.: Harvard University Press, 1978); *The Scientific Imagination* (Cambridge: Cambridge University Press, 1978).

4 因泰勒斯生活在地中海的爱奥尼亚，霍尔顿将追求知识的综合称为“爱奥尼亚的魅力”。——译者

5 Holton, ‘Thematic Presuppositions and the Direction of Scientific Advance’, 17–23; *Thematic Origins of Scientific Thought*, 10–68; *The Scientific Imagination*, 6–22; ‘Do Scientists Need a Philosophy?’, 1235.

6 参见第九章。

7 Holton, *The Scientific Imagination*, 7.

8 关于实验活动的研究有：H. M. Collins, *Changing Order: Replication and Induction in Scientific Practice* (London: Sage, 1985); Peter Galison, *How Experiments End* (Chicago: University of Chicago Press, 1987); David Gooding, Trevor Pinch, and Simon Schaffer, (eds.), *The Uses of Experiment* (Cambridge: University Press, 1989); Rom Harré, *Great Scientific Experiments* (Oxford: Phaidon, 1981); B. Latour and S. Woolgar, *Laboratory Life* (Princeton: Princeton University Press, 1986); Stephen Shapinand Simon Schaffer, *Leviathan and the Air Pump* (Princeton: Princeton University Press, 1985).

9 Allan Franklin, ‘The Epistemology of Experiment’, in Gooding, Pinch, and Schaffer (eds.), *The Uses of Experiment*, 437–459.

10　伽利略并没有给出这个论证。富兰克林指出，开普勒直到 1619 年才发表第三定律。见 Allan Franklin, ‘The Epistemology of Experiment’, in Gooding, Pinch, and Schaffer (eds.), *The Uses of Experiment*, , 441。

11　Stanislao Cannizzaro, *Sketch of a Course of Chemical Philosophy* (1858; Edinburgh: Alembic Club reprint, 1969), 11–23.

12　Jean Perrin, *Atoms* (1913), trans. D. L. Hammick (New York: Van Nostrand, 1923), 215–217.

13　Max Planck, *A Survey of Physics* (London: Methuen, 1925), 162–177.

14　Andy Pickering, ‘Living in the Material World’, in Gooding, Pinch and Schaffner (eds.), *The Uses of Experiment*, 276–277.

15　Galileo Galilei, ‘Second Letter to Mark Welser on Sunspots’, in Stillman Drake (ed.), *Discoveries and Opinions of Galileo* (Garden City: Doubleday Anchor Books, 1957), 108.

16　Galileo, *Dialogue Concerning the Two Chief World Systems* (Berkeley: University of California Press, 1962). Stillman Drake has traced the development of Galileo's position in *Galileo Studies* (Ann Arbor: University of Michigan Press, 1970), 177–199.

17　Stephen Toulmin, ‘Rationality and Scientific Discovery’, in K. Schaffner and R.Cohen (eds.), *Boston Studies in the Philosophy of Science*, XX (Dordrecht: D. Reidel, 1974), 394.

18　Ibid., 394–406.

19　David L. Hull, *Science as a Process* (Chicago: University of Chicago Press, 1988), 409; *The Metaphysics of Evolution* (Albany: SUNY Press, 1989), 96.

20　Hull, *The Metaphysics of Evolution*, 106.

21　Ibid., 233.

22　Hull, *Science as a Process*, 303–312.

23　L. Jonathan Cohen, ‘Is the Progress of Science Evolutionary?’, *Brit. J. Phil. Sci.* 24 (1973), 47.

24　Michael Ruse, *Evolutionary Naturalism* (London: Routledge, 1995), 157–165; *Taking Darwin Seriously* (Oxford: Blackwell, 1986), 29–66, 149–168.

25　Ruse, *Evolutionary Naturalism*, 169.

26　维里展开是 $PV = kT + A\frac{T}{V} + B\frac{T}{V^2} + C\frac{T}{V^3} + \cdots$，其中 A (T)、B (T)、C (T)……是相关气体所特有的由经验确定的依赖于温度的常数。理想气体定律是 $PV = kT$。

27　Anthony O'Hear, *Beyond Evolution* (Oxford: Clarendon Press, 1997), 204.

28　Thomas S. Kuhn, ‘The Relations Between the History and Philosophy of Science’, in *The Essential Tension* (Chicago: University of Chicago Press, 1977), 3–20.

参考书目

科学哲学史的原始资料书目可参阅：

LAUDAN, L., 'Theories of Scientific Method from Plato to Mach: A Bibliographical Review', *History of Science*, 7 (1969), 1–63.

1. 亚里士多德的科学哲学

亚里士多德的著作

Posterior Analytics, trans. with notes by J. Barnes (Oxford: Clarendon Press, 1975).

The Works of Aristotle Translated into English, ed. J. A. Smith and W. D. Ross, 12 vols. (Oxford: Clarendon Press, 1908–52).

关于亚里士多德的著作

ALLAN, D. J., *The Philosophy of Aristotle*, 2nd edn. (London: Oxford University Press, 1970).

ANSCOMBE, G. E. M., 'Aristotle: The Search for Substance', in Anscombe and P. T. Geach, *Three Philosophers* (Oxford: Blackwell, 1961).

APOSTLE, H., *Aristotle's Philosophy of Mathematics* (Chicago: University of Chicago Press, 1952).

BARNES, J., SCHOFIELD, M., and SORABJI, R. (eds.), *Articles on Aristotle* i (London: Duckworth, 1975).

DEMOS, R., 'The Structure of Substance According to Aristotle', *Phil. and Phenom. Res.* 5 (1944–5), 255–68.

EVANS, M. G., 'Causality and Explanation in the Logic of Aristotle', *Phil. and Phenom. Res.* 19 (1958–9), 466–85.

FURTH, M., *Substance, Form and Psyche: An Aristotelean Metaphysics* (Cambridge: Cambridge University Press, 1988).

GOTTHELF, A., and LENNOX, J. (eds.), *Philosophical Issues in Aristotle's Biology* (Cambridge: Cambridge University Press, 1987).

GRAHAM, D. W., *Aristotle's Two Systems* (Oxford: Clarendon Press, 1987).

GRENE, M., *A Portrait of Aristotle* (Chicago: University of Chicago Press, 1963).

Halper, E., 'Aristotle on Knowledge of Nature', *Rev. Meta.* 37 (1984), 811–35.
Hankinson, R. J., 'Aristotle's Philosophy of Science', in J. Barnes (ed.), *The Cambridge Companion to Aristotle* (Cambridge: Cambridge University Press, 1995), 109–39.
Irwin, T., *Aristotle's First Principles* (Oxford: Clarendon Press, 1988).
Lear, J., *Aristotle and the Desire to Understand* (Cambridge: Cambridge University Press, 1988).
Lee, H. D. P., 'Geometrical Methods and Aristotle's Account of First Principles', *Class. Quart.* 29 (1935), 113–24.
McKeon, R. P., 'Aristotle's Conception of the Development and the Nature of Scientific Method', *J. Hist. Ideas* 8 (1947), 3–44.
Matthen, M. (ed.), *Aristotle Today: Essays on Aristotle's Ideal of Science* (Edmonton: Academic Printing and Publishing, 1986). See particularly the essays by M. Matthen, F. Sparshott, and M. Furth.
Randall, J. H., Jr., *Aristotle* (New York: Columbia University Press, 1960).
Ross, W. E., *Aristotle*, 5th edn., rev. (London: Methuen, 1949).
Sellars, W., 'Substance and Form in Aristotle', *J. Phil.* 54 (1957), 688–99.
Solmsen, F., *Aristotle's System of the Physical World* (Ithaca, NY: Cornell University Press, 1960).

2. 毕达哥拉斯主义倾向

Cornford, F. M., *Plato's Cosmology* (New York: Liberal Arts Press, 1957), a translation of Plato's *Timaeus* with running commentary by Cornford.
Guthrie, W. K. C., *A History of Greek Philosophy*, i (Cambridge: Cambridge University Press, 1962).
Harré, R., *The Anticipation of Nature* (London: Hutchinson, 1965). Ch. 4, 'The Pythagorean Principles', is an analysis of the Pythagorean orientation.
Mourelatos, A., 'Astronomy and Kinematics in Plato's Project of Rationalist Explanation', *Stud. Hist. Phil. Sci.* 12 (1981), 1–32.
Philip, J. A., *Pythagoras and Early Pythagoreanism* (Toronto: University of Toronto Press, 1966).
Ptolemy, C., *The Almagest*, trans. C. Taliaferro, in *Great Books of the Western World*, xvi (Chicago: Encyclopaedia Britannica, 1952).
Vlastos, G., *Plato's Universe* (Oxford: Clarendon Press, 1975).

3. 演绎系统化的理想

Dijksterhuis, E. J., *Archimedes*, trans. C. Dikshoorn (Copenhagen: E. Munksgaard,

1956).
Euclid, *Elements*, ed. T. L. Heath, 3 vols. (New York: Dover Publications, 1926).
The Works of Archimedes with The Method of Archimedes, ed. T. L. Heath (New York: Dover Publications, n.d., repr. of 1912 Cambridge University Press publication).

5. 亚里士多德方法在中世纪的确证和发展

关于中世纪的一般著作

Clagett, M., *The Science of Mechanics in the Middle Ages* (Madison, Wis.: University of Wisconsin Press), 1959.
Crombie, A. C., *Robert Grosseteste and the Origins of Experimental Science (1100–1700)* (Oxford: Clarendon Press, 1962); contains an extensive bibliography.
Grant, E. (ed.), *A Source Book in Medieval Science* (Cambridge, Mass.: Harvard University Press, 1974).
Kretzmann, N., *et al.* (eds.), *The Cambridge History of Later Medieval Philosophy* (Cambridge: Cambridge University Press, 1982), chs. 6 and 7.
Moody, E. A., 'Empiricism and Metaphysics in Medieval Philosophy', *Phil. Rev.* 67 (1958), 145–63.
Shapiro, H. (ed.), *Medieval Philosophy, Selected Readings, from Augustine to Buridan* (New York: The Modern Library, 1964).
Sharp D. E., *Franciscan Philosophy at Oxford in the Thirteenth Century* (New York: Russell & Russell, 1964).
Thorndike, L., *A History of Magic and Experimental Science*, ii (New York: Macmillan, 1923).
Wallace, W. A., *Causality and Scientific Explanation*, i (Ann Arbor, Mich.: University of Michigan Press, 1972).
Weinberg, J. R., *A Short History of Medieval Philosophy* (Princeton, NJ: Princeton University Press, 1964).
—— 'Historical Remarks on Some Medieval Views of Induction', in J. R. Weinberg, *Abstraction, Relation, and Induction* (Madison, Wis.: University of Wisconsin Press, 1965), 121–53.

罗伯特·格罗斯泰斯特

Crombie, A. C., 'Grosseteste's Position in the History of Science', in D. A. Callus (ed.), *Robert Grosseteste* (Oxford: Clarendon Press, 1955).
—— 'Quantification in Medieval Physics', *Isis*, 52 (1961), 143–60.
Dales, R. C., 'Robert Grosseteste's Scientific Works', *Isis*, 52 (1961), 381–402.
McEvoy, J., *The Philosophy of Robert Grosseteste* (Oxford: Clarendon Press, 1982).

Serene, E., 'Robert Grosseteste on Induction and Demonstrative Science', *Synthèse*, 40 (1979), 97–115.

罗吉尔·培根

Easton, S. C., *Roger Bacon and His Search for a Universal Science* (New York: Columbia University Press, 1952).
Lindberg, D., 'On the Applicability of Mathematics to Nature: Roger Bacon and His Predecessors', *Brit. J. Hist. Sci.* 15 (1982), 3–26.
The Opus Majus, trans. R. B. Burke (New York: Russell & Russell, 1962).
Steele, R., 'Roger Bacon and the State of Science in the Thirteenth Century', in C. Singer (ed.), *Studies in the History and Method of Science* (Oxford: Clarendon Press, 1921), ii. 121–50.

约翰·邓斯·司各脱

Boler, J. F., *Charles Peirce and Scholastic Realism* (Seattle: University of Washington Press, 1963), 37–62.
Duns Scotus: Philosophical Writings, ed. and trans. A. B. Wolter (Edinburgh: Nelson, 1962).
Harris, C. R. S., *Duns Scotus* (1927), 2 vols. (New York: Humanities Press, 1959).

奥卡姆的威廉

Boehner, P., *Collected Articles on Ockham*, ed. E. M. Buytaert (St Bonaventure, NY: Franciscan Institute Publications, 1958).
Maurer, A., 'Method in Ockham's Nominalism', *Monist*, 61 (1978), 426–43.
Moody, E. A., 'Ockham, Buridan, and Nicolaus of Autrecourt', *Franciscan Stud.* 7 (1947), 115–46.
—— *The Logic of William of Ockham* (New York: Russell & Russell, 1965).
Ockham: Philosophical Writings, ed. with an introduction by P. Boehner (Edinburgh: Nelson, 1962); contains a bibliography of Ockham's works.
Ockham: Studies and Selections, ed. with an introduction by S. C. Tornay (La Salle, III.: Open Court Publishing Co., 1938).
Shapiro, H., *Motion, Time and Place According to William Ockham* (St Bonaventure, NY: Franciscan Institute Publications, 1957).
Tweedale, M., 'Abailard and Ockham's Contrasting Defenses of Nominalism', *Theoria*, 46 (1980), 106–22.

欧特里库的尼古拉

'First and Second Letters to Bernard of Arezzo', in H. Shapiro (ed.), *Medieval*

Philosophy, Selected Readings, from Augustine to Buridan (New York: The Modern Library, 1964), 510–27.
WEINBERG, J. R. *Nicolaus of Autrecourt: A Study in Fourteenth-Century Thought* (Princeton, NJ: Princeton University Press, 1948).

6. 关于拯救现象的争论

BAIGRIE, B., 'Kepler's Laws of Planetary Motion, Before and After Newton's *Principia*', *Stud. Hist. Phil. Sci.* 18 (1987), 177–208.
DRAKE, S., 'Hipparchus-Geminus-Galileo', *Stud. Hist. Phil. Sci.* 20 (1989), 47–56.
DUHEM, P., *To Save the Phenomena*, trans. E. Doland and C. Maschler (Chicago: University of Chicago Press, 1969).
FIELD, J. V., *Kepler's Geometrical Cosmology* (Chicago: University of Chicago Press, 1988).
JARDINE, N., *The Birth of History and Philosophy of Science: Kepler's Defence of Tycho Against Ursus, with Essays on its Provenance and Significance* (Cambridge: Cambridge University Press, 1984).
KEPLER, J., *Mysterium Cosmographicum*, trans. A. M. Duncan (New York: Abaris Books, 1981).
KOYRÉ, A., *La Révolution astronomique* (Paris: Hermann, 1961).
KUHN, T. S., *The Copernican Revolution* (New York: Random House, 1957).
O'NEIL, W. M., *Fact and Theory*, Pt. 2 (Sydney: Sydney University Press, 1969).
Ptolemy, Copernicus, Kepler, in *Great Books of the Western World*, xvi (Chicago: Encyclopaedia Britannica, 1952); contains: Ptolemy, *The Almagest*, trans. R. C. Taliaferro. Copernicus, *On the Revolutions of the Heavenly Spheres*, trans. C. G. Wallis. Kepler, *Epitome of Copernican Astronomy*, bk. 5, trans. C. G. Wallis.
Three Copernican Treatises, 2nd edn., trans. E. Rosen (New York: Dover Publications, 1959); contains: Copernicus, *Commentariolis*. Copernicus, *Letter Against Werner*. Rheticus, *Narratio Prima*. *Annotated Copernicus Bibliography* (1939–58), compiled by Rosen.
WESTMAN, R. S. (ed.), *The Copernican Achievement* (Berkeley, Calif.: University of California Press, 1975).

7. 17 世纪对亚里士多德主义哲学的抨击

I 伽利略

伽利略的著作

The Assayer, trans. S. Drake, in *The Controversy on the Comets of 1618*, trans. S. Drake and

C. D. O'Malley (Philadelphia: University of Pennsylvania Press, 1960), 151–336.
Dialogue Concerning the Two Chief World Systems (1632), trans. S. Drake (Berkeley, Calif.: University of California Press, 1953).
Discoveries and Opinions of Galileo, trans. S. Drake (Garden City, NY: Doubleday Anchor Books, 1957); includes *The Starry Messenger* (1610); *Letters on Sunspots* (1613); *Letter to the Grand Duchess Christina* (1615); and a portion of the *Assayer* (1623).
Two New Sciences (1638), trans. S. Drake (Madison, Wis.: University of Wisconsin Press, 1974).

关于伽利略的著作

Biagoli, M., *Galileo Courtier* (Chicago: University of Chicago Press, 1993).
Butts, R. E., and Pitt, J. C. (eds.), *New Perspectives on Galileo* (Dordrecht: Reidel, 1978).
de Santillana, G., *The Crime of Galileo* (Chicago: University of Chicago Press, 1963).
Drake, S., *Galileo Studies* (Ann Arbor, Mich.: University of Michigan Press, 1970).
Fehér, M., 'Galileo and the Demonstrative Ideal of Science', *Stud. Hist. Phil. Sci.* 13 (1982), 87–110.
Finocchiaro, M., *Galileo and the Art of Reasoning* (Dordrecht: Reidel, 1980).
Geymonat, L., *Galileo Galilei*, trans. S. Drake (New York: McGraw-Hill, 1965).
Goosens, W., 'Galileo's Response to the Tower Argument', *Stud. Hist. Phil. Sci.* 11 (1980), 215–27.
Koertge, N., 'Galileo and the Problem of Accidents', *J. Hist. Ideas* 38 (1977), 389–408.
Koyré, A., 'Galileo and Plato', *J. Hist. Ideas* 4 (1943), 400–28.
—— 'Galileo and the Scientific Revolution of the Seventeenth Century', *Phil Rev.* 52 (1943), 333–48.
—— 'An Experiment in Measurement', *Proc. Am. Phil. Soc.* 97 (1953), 222–37.
Machamer, P., *The Cambridge Companion to Galileo* (Cambridge: Cambridge University Press, 1998).
McMullin, E., (ed.), *Galileo, Man of Science* (New York: Basic Books, 1967).
—— 'Galilean Idealization', *Stud. Hist. Phil. Sci.* 16 (1985), 247–73.
Mertz, D., 'The Concept of Structure in Galileo', *Stud. Hist. Phil. Sci.* 13 (1982), 111–31.
Redondi, P., *Galileo Heretic* (Princeton, NJ: Princeton University Press, 1987).
Shapere, D., *Galileo* (Chicago: University of Chicago Press, 1974).
Shea, W., *Galileo's Intellectual Revolution* (New York: Science History, 1972).
Thomason, N., 'Elk Theories: A Galilean Strategy for Validating a New Scientific Discovery', in P. J. Riggs (ed.), *Natural Kinds, Laws of Nature and Scientific Methodology* (Dordrecht: Reidel, 1996), 123–44.
Wallace, W. A., *Galileo and His Sources* (Princeton, NJ: Princeton University Press, 1984).

Ⅱ 弗朗西斯·培根

弗朗西斯·培根的著作

The Works of Francis Bacon, 14 vols., ed. J. Spedding, R. L. Ellis, and D. D. Heath (New York: Hurd and Houghton, 1869).

关于弗朗西斯·培根的著作

Anderson, F. H., *The Philosophy of Francis Bacon* (Chicago: University of Chicago Press, 1948).
Broad, C. D., *The Philosophy of Francis Bacon* (Cambridge: Cambridge University Press, 1926).
Cohen, L. J., 'Some Historical Remarks on the Baconian Conception of Probability', *J. Hist. Ideas* 41 (1980), 219–31.
Ducasse, C. J., 'Francis Bacon's Philosophy of Science', in R. M. Blake, C. J. Ducasse, and E. H. Madden (eds.), *Theories of Scientific Method: The Renaissance Through the Nineteenth Century* (Seattle: University of Washington Press, 1960).
Farrington, B., *Francis Bacon: Philosopher of Industrial Science* (New York: Schuman, 1949).
—— *The Philosophy of Francis Bacon: An Essay on its Development from 1603 to 1609 with New Translations of Fundamental Texts* (Liverpool: Liverpool University Press, 1964).
Primack, M., 'Outline of a Reinterpretation of Francis Bacon's Philosophy', *J. Hist. Phil.* 5 (1967), 123–32.
Rossi, P., *Francis Bacon: From Magic to Science*, trans. S. Rabinovitch (London: Routledge & Kegan Paul, 1968).
Snyder, L., 'Renovating the *Novum Organum*: Bacon, Whewell and Induction', *Stud. Hist. Phil. Sci.* 30A (1999), 531–57.
Urbach, P., *Francis Bacon's Philosophy of Science* (La Salle, III.: Open Court, 1987).

Ⅲ 笛卡尔

笛卡尔的著作

Descartes: Philosophical Letters, trans. and ed. A. Kenny (Oxford: Clarendon Press, 1970).
Descartes: Philosophical Writings, ed. and trans. G. E. M. Anscombe and P. T. Geach (Edinburgh: Nelson, 1954).
Œuvres de Descartes, ed. by C. Adam and P. Tannery (Paris: Leopold Cerf, 1897–1913).
The Philosophical Works of Descartes, trans. E. S. Haldane and G. R. T. Ross, 2 vols. (New York: Dover Publications, 1955).
Principles of Philosophy, trans. V. R. and R. P. Miller (Dordrecht: Reidel, 1983).

关于笛卡尔的著作

Ayer, A. J., 'Cogito ergo sum', *Analysis*, 14 (1953), 27–31.
Beck, L. J., *The Method of Descartes: A Study of the Regulae* (Oxford: Clarendon Press, 1952).
Beck, L. J., *The Metaphysics of Descartes: A Study of the Meditations* (Oxford: Clarendon Press, 1965).
Blake, R. M., 'The Role of Experience in Descartes' Theory of Method', *Phil. Rev.* 38 (1929), 125–43, 201–18. Repr. in R. M. Blake, C. J. Ducasse, and E. H. Madden, *Theories of Scientific Method: The Renaissance Through the Nineteenth Century* (Seattle: University of Washington Press, 1960).
Broughton, J., 'Skepticism and the Cartesian Circle', *Can. J. Phil.* 14 (1984), 593–615.
Buchdahl, G. 'The Relevance of Descartes's Philosophy for Modern Philosophy of Science', *Brit. J. Hist. Sci.* 1 (1963), 227–49.
Butler, R. J. (ed.), *Cartesian Studies* (Oxford: Blackwell, 1972).
Chappell, V. (ed.), *Twenty-Five Years of Descartes Scholarship*, 1960–1984: *A Bibliography* (New York: Garland, 1987); updates the *Bibliographia Cartesiana.*
Clarke, D., *Descartes' Philosophy of Science* (Manchester: Manchester University Press, 1982).
Curley, E. M., *Descartes Against the Skeptics* (Cambridge, Mass: Harvard University Press, 1978).
Doney, W. (ed.), *Descartes: A Collection of Critical Essays* (Garden City, NY: Doubleday, 1967).
Gaukroger, S. (ed.), *Descartes: Philosophy, Mathematics and Physics* (Totowa, NJ: Barnes & Noble, 1980).
—— *Cartesian Logic* (Oxford: Clarendon Press, 1989).
Hatfield, G., 'Force (God) in Descartes' Physics', *Stud. Hist. Phil. Sci.* 10 (1979), 113–40.
Hooker, M. (ed.), *Descartes: Critical and Interpretive Essays* (Baltimore: The Johns Hopkins Press, 1978).
Osler, M. J., 'Eternal Truths and the Laws of Nature: The Theological Foundations of Descartes' Philosophy of Nature', *J. Hist. Ideas* 46 (1985), 349–62.
Passmore, J. A., 'William Harvey and the Philosophy of Science', *Australasian J. Phil.* 36 (1958), 85–94.
Radner, D., 'Is There a Problem of Cartesian Interaction?', *J. Hist. Phil.* 23 (1985), 35–49.
Sebba, G., *Bibliographia Cartesiana: A Critical Guide to the Descartes Literature* (1800–1960). (The Hague: Martinus Nijhoff, 1964).
Sesonske, A., and Fleming, N. (eds.), *Meta-Meditations: Studies in Descartes* (Belmont, Calif.: Wadsworth, 1965).
Smith, W. K., *New Studies in the Philosophy of Descartes* (New York: Russell & Russell, 1966).

SUPPES, P., 'Descartes and the Problem of Action at a Distance', *J. Hist. Ideas* 15 (1954), 146–52.
WILLIAMS, B., *Descartes: The Project of Pure Enquiry* (Atlantic Highlands, NJ: Humanities Press, 1978).

8. 牛顿的公理方法

牛顿的著作

Isaac Newton's Papers and Letters on Natural Philosophy, ed. I. B. Cohen (Cambridge, Mass: Harvard University Press, 1958).
Newton's Mathematical Principles of Natural Philosophy and His System of the World, trans. A. Motte (1729), rev. F. Cajori, 2 vols. (Berkeley, Calif.: University of California Press, 1962).
Opticks, 4th edn. (1730) (New York: Dover Publications, 1952).
Unpublished Scientific Papers of Isaac Newton, ed. and trans. A. R. and M. B. Hall (Cambridge: Cambridge University Press, 1962).

关于牛顿的著作

BECHLER, Z., *Contemporary Newtonian Research* (Dordrecht: Reidel, 1982); essays by I. B. Cohen, R. S. Westfall, J. E. McGuire, *et al.*
BLAKE, R. M., 'Isaac Newton and the Hypothetico-Deductive Method' in R. M. Blake, C. J. Ducasse, and E. H. Madden, *Theories of Scientific Method: The Renaissance Through the Nineteenth Century* (Seattle: University of Washington Press, 1960), 119–43.
BOAS, M., and HALL, A. R., 'Newton's "Mechanical Principles"', *J. Hist. Ideas* 20 (1959), 167–78.
BRICKER, P., and HUGHES, R. I., *Philosophical Perspectives in Newtonian Science* (Cambridge, Mass.: MIT Press, 1990).
BUCHDAHL, G., 'Science and Logic: Some Thoughts on Newton's Second Law of Motion in Classical Mechanics', *Brit. J. Phil. Sci.* 2 (1951–2), 217–35.
BUTTS, R. E., and DAVIS, J. W. (eds.), *The Methodological Heritage of Newton* (Toronto: University of Toronto Press, 1970); a collection of critical essays.
COHEN, I. B., *Franklin and Newton* (Cambridge, Mass.: Harvard University Press, 1966).
—— *The Newtonian Revolution* (Cambridge: Cambridge University Press, 1980).
—— 'Newton's Third Law and Universal Gravity', *J. Hist. Ideas* 48 (1987), 571–93.
FAUVEL, J., *et al.* (eds.), *Let Newton Be* (Oxford: Oxford University Press, 1988); essays on Newton's achievements in mathematics, science, and theology.
FEHÉR, M., 'The Method of Analysis-Synthesis and the Structure of Causal Explanation in Newton', *Int. Stud. Phil. Sci.* 1 (1986), 60–84.

HALL, A. R., *Philosophers At War: The Quarrel Between Newton and Leibniz* (Cambridge: Cambridge University Press, 1980).
KOYRÉ, A., *Newtonian Studies* (Cambridge, Mass.: Harvard University Press, 1965).
LAYMON, R., 'Newton's Bucket Experiment', *J. Hist. Phil.* 16 (1978), 399–413.
MCMULLIN, E., *Newton on Matter and Activity* (Notre Dame, Ind.: University of Notre Dame Press, 1978).
MANUEL, F., *A Portrait of Isaac Newton* (Cambridge, Mass.: Harvard University Press, 1968).
The Texas Quarterly, 10 (Autumn 1967) (Austin, Tex.: University of Texas Press); contains articles on Newton by I. B. Cohen, A. R. and M. B. Hall, J. Herivel, R. S. Westfall, *et al.*
WESTFALL, R. S., *Force in Newton's Physics* (London: MacDonald, 1971).
—— *Never at Rest: A Biography of Isaac Newton* (Cambridge: Cambridge University Press, 1980).
WORRALL, J., 'The Scope, Limits, and Distinctiveness of the Method of "Deduction from the Phenomena." Some Lessons from Newton's "Demonstrations in Optics"', *Brit. J. Phil. Sci.* 51 (2000), 45–80.

9. 新科学对科学方法论的暗示

I 科学定律的认知地位

一般著作

BUCHDAHL, G., *Metaphysics and the Philosophy of Science* (Oxford: Blackwell, 1969).
WALLACE, W. A., *Causality and Scientific Explanation*, ii (Ann Arbor, Mich.: University of Michigan Press, 1972).

洛克的著作

An Essay Concerning Human Understanding, 1st edn. (1690), 2 vols. (New York: Dover Publications, 1959).
Works of John Locke, 10th edn., 10 vols. (London: J. Johnson, 1801).

关于洛克的著作

AARON, R. I., *John Locke*, 2nd edn. (Oxford: Clarendon Press, 1955).
GIBSON, J., *Locke's Theory of Knowledge* (Cambridge: Cambridge University Press, 1917).
HEIMANN, P. M., and MCGUIRE, J. E., 'Newtonian Forces and Lockean Powers: Concepts of Matter in Eighteenth-Century Thought', *Hist. Stud. Phys. Sci.* 3 (1971), 233–306.
LAUDAN, L., 'The Nature and Sources of Locke's Views on Hypotheses', *J. Hist. Ideas* 28 (1967), 211–23.

Lennon, J. M., 'Locke's Atomism', *Phil. Res. Archives* 9 (1983), 1–28.
Mandelbaum, M., *Philosophy, Science and Sense Perception: Historical and Critical Studies* (Baltimore: The Johns Hopkins Press, 1964), ch. 1.
Mattern, R. M., 'Locke on Active Power and the Obscure Idea of Active Power from Bodies', *Stud. Hist. Phil. Sci.* 11 (1980), 39–77.
Martin, C. B., and Armstrong, D. M., *Locke and Berkeley* (Garden City, NY: Doubleday & Co., 1968).
O'Connor, D. J., *John Locke* (New York: Dover Publications, 1967).
Yolton, J. W., *John Locke and the Way of Ideas* (Oxford: Clarendon Press, 1956).
Yost, R. M., 'Locke's Rejection of Hypotheses About Sub-Microscopic Events', *J. Hist. Ideas* 12 (1951), 111–30.

莱布尼茨的著作

Die philosophischen Schriften von G. W. Leibniz, 7 vols., ed. C. I. Gerhardt (Berlin: Weidmann, 1875–90).
Leibniz: Philosophical Papers and Letters, trans. and ed. L. E. Loemker (Dordrecht: D. Reidel Publishing Co., 1969); contains an extensive bibliography.
Leibniz Selections, ed. P. Wiener (New York: Charles Scribner's Sons, 1951).

关于莱布尼茨的著作

Aiton, E. J., *Leibniz: A Biography* (Bristol: Adam Hilger, 1985).
Frankfurt, H. G. (ed.), *Leibniz: A Collection of Critical Essays* (Garden City, NY: Doubleday, 1972).
Gale, G., 'The Concept of "Force" and Its Role in the Genesis of Leibniz' Dynamical Viewpoint', *J. Hist. Phil.* 26 (1988), 45–67.
Okruhlik, K., and Brown, J. R. (eds.), *The Natural Philosophy of Leibniz* (Dordrecht: Reidel, 1985).
Rescher, H., *The Philosophy of Leibniz* (Englewood Cliffs, NJ: Prentice Hall, 1967).
Russell, B., *A Critical Exposition of the Philosophy of Leibniz*, 2nd edn. (London: George Allen & Unwin, 1937).
Wilson, C., 'Leibniz and Atomism', *Stud. Hist. Phil. Sci.* 13 (1982), 175–200.
Winterbourne, A. T., 'On the Metaphysics of Leibnizian Space and Time', *Stud. Hist. Phil. Sci.* 13 (1982), 201–14.

休谟的著作

An Enquiry Concerning Human Understanding (1748) (Chicago: Open Court Publishing Co., 1927).
A Treatise of Human Nature (1739–40), ed. L. A. Selby-Bigge (Oxford: Clarendon Press, 1965).

Hume's Philosophical Works, ed. T. H. Green and T. H. Grose, 4 vols. (London: Longmans, 1874–5).

关于休谟的著作

BEAUCHAMP, T., and ROSENBERG, A., *Hume and the Problem of Causation* (Oxford: Oxford University Press, 1981).
BROUGHTON, J., 'Hume's ideas About Necessary Connection', *Hume Stud.* 13 (1987), 217–44.
COSTA, M., 'Hume and Causal Inference', *Hume Stud.* 13 (1987), 217–44.
FLEW, A., *Hume's Philosophy of Belief* (New York: Humanities Press, 1961).
Human Understanding: Studies in the Philosophy of David Hume, ed. A. Sesonske and N. Fleming (Belmont, Calif.: Wadsworth Publishing Company, 1965).
Hume, ed. V. C. Chappell (Garden City, NY: Doubleday & Co., 1966).
JESSOP, T. E., *Bibliography of David Hume and of Scottish Philosophy from Francis Hutcheson to Lord Balfour* (1938) (Nèw York: Russell & Russell, 1966).
MOORE, G. E., 'Hume's Philosophy', in *Philosophical Studies* (New York: Harcourt, Brace & Co., 1922). Repr. in *Readings in Philosophical Analysis*, ed. H. Feigl and W. Sellars (New York: Appleton-Century-Crofts, 1949), 351–63.
PRICE, H. H., *Hume's Theory of the External World* (Oxford: Clarendon Press, 1940).
SMITH, N. K., *The Philosophy of David Hume* (London: Macmillan, 1941).
WILL, F. L., 'Will the Future Be Like the Past?', *Mind*, 56 (1947), 332–47.
WILSON, F., *Hume's Defense of Causal Inference* (Toronto: University of Toronto Press, 1997).
YOLTON, J. W., 'The Concept of Experience in Locke and Hume', *J. Hist. Phil.* i (1963), 53–72.

康德的著作

Immanuel Kant's 'Critique of Pure Reason', trans. F. M. Muller, 2nd edn. (1896) (New York: Macmillan, 1934).
Kant's Gesammelte Schriften, ed. under the supervision of the Berlin Academy of Sciences, 23 vols. (Berlin: Georg Reimer, 1902–55).
Kant's Kritik of Judgement, trans. J. H. Bernard (London: Macmillan, 1892).
Metaphysical Foundations of Natural Science, trans. J. Ellington (Indianapolis: Bobbs-Merrill, 1970).

关于康德的著作

BECK, L. W., *Studies in the Philosophy of Kant* (Indianapolis: Bobbs-Merrill, 1965).
BENNETT, J. F., *Kant's Analytic* (Cambridge: Cambridge University Press, 1966).

BIRD, G., *Kant's Theory of Knowledge* (New York: Humanities Press, 1962).
BRITTAN, G. G., *Kant's Theory of Science* (Princeton, NJ: Princeton University Press, 1978).
BUCHDAHL, G., 'Causality, Causal Laws and Scientific Theory in the Philosophy of Kant', *Brit. J. Phil. Sci.* 16 (1965–6), 187–208.
—— 'The Kantian "Dynamic of Reason", with Special Reference to the Place of Causality in Kant's System', in L. W. Beck (ed.), *Kant Studies Today* (La Salle, III.: Open Court, 1969), 341–71.
—— 'The Conception of Lawlikeness in Kant's Philosophy of Science', *Synthèse*, 23 (1971), 24–46.
BUTTS, R. E., 'On Buchdahl's and Palter's Papers', *Synthèse*, 23 (1971), 63–74.
—— (ed.), *Kant's Philosophy of Physical Science* (Dordrecht: Reidel, 1986).
FRIEDMAN, M., 'Causal Laws and the Foundations of Natural Science', in P. Guyer (ed.), *The Cambridge Companion to Kant* (Cambridge: Cambridge University Press, 1992), 161–99.
GRAM, M. S. (ed.), *Kant: Disputed Questions* (Chicago: Quadrangle Books, 1967).
GUYER, P., 'Kant's Conception of Empirical Law', *Arist. Soc. Supp.* 64 (1990), 221–42.
KITCHER, P., 'Kant's Philosophy of Science', *Midwest Stud. Phil.* 8 (1983), 387–407; repr. in A. Wood (ed.), *Self and Nature in Kant's Philosophy* (Ithaca, NY: Cornell University Press, 1984).
KÖRNER, S., *Kant* (Harmondsworth: Penguin, 1960).
PALTER, R., 'Absolute Space and Absolute Motion in Kant's Critical Philosophy', *Synthèse*, 23 (1971), 47–62.
RESCHER, N., 'On the Status of "Things in Themselves" in Kant's Philosophy', *Synthèse*, 47 (1981), 289–99.
SMITH, N. K., *A Commentary to Kant's 'Critique of Pure Reason'*, 2nd edn. (1923) (New York: Humanities Press, 1962).
STRAWSON, P., *The Bounds of Sense: An Essay on Kant's 'Critique of Pure Reason'* (London: Methuen, 1966).
WALKER, R. C. S., *Kant* (London: Routledge & Kegan Paul, 1978).
WHITNEY, G. T., and BOWERS, D. F. (eds.), *The Heritage of Kant* (Princeton, NJ: Princeton University Press, 1939).
WOLFF, R. P. (ed.), *Kant* (Garden City, NY: Doubleday & Co., 1967).

II 科学程序理论

赫歇尔的著作

A Preliminary Discourse on the Study of Natural Philosophy (London: Longman, Rees, Orme, Brown & Green, and John Taylor, 1830).
Familiar Lectures on Scientific Subjects (New York: George Routledge & Sons, 1871).

Outlines of Astronomy, 2 vols. (New York: P. F. Collier & Son, 1902).

关于赫歇尔的著作

Ducasse, C. J., 'John F. W. Herschel's Methods of Experimental Inquiry' in R. M. Blake, C. J. Ducasse, and E. H. Madden (eds.), *Theories of Scientific Method: The Renaissance Through the Nineteenth Century* (Seattle: University of Washington Press, 1960), 153–82.

Cannon, W. F., 'John Herschel and the Idea of Science', *J. Hist. Ideas* 22 (1961), 215–39.

休厄尔的著作

Astronomy and General Physics Considered with Reference to Natural Theology (Philadelphia: Carey, Lea, & Blanchard, 1836).

The Historical and Philosophical Works of William Whewell, ed. G. Buchdahl and L. Laudan (London: Frank Cass 1967–).

History of the Inductive Sciences (1837), 3 vols. (New York: D. Appleton & Co., 1859).

The Philosophy of the Inductive Sciences, 2nd edn., 2 vols. (London: J. W. Parker, 1847), 3rd edn. expanded into 3 parts: *The History of Scientific Ideas*, 2 vols. (London: J. W. Parker & Son, 1858); and *On the Renovatum*, 3rd edn. (London: J. W. Parker & Son, 1858); and *On the Philosophy of Discovery* (London: J. W. Parker & Son, 1860).

William Whewell's Theory of Scientific Method, ed. R. E. Butts (Pittsburgh: University of Pittsburgh Press, 1968); contains selections from Whewell's writings, a bibliography of works by and about Whewell, and an introductory essay by Butts.

关于休厄尔的著作

Achinstein, P., 'Hypotheses, Probability, and Waves', *Brit. J. Phil. Sci.* 41 (1990), 73–102. An evaluation of the competing views of Whewell and Mill.

Butts, R. E., 'Necessary Truth in Whewell's Philosophy of Science', *Am. Phil. Quart.* 2 (1965), 161–181.

—— 'On Walsh's Reading of Whewell's View of Necessity', *Phil. Sci.* 32 (1965), 175–81.

—— 'Whewell's Logic of Induction', in R. N. Giere and R. S. Westfall (eds.), *Foundations of Scientific Method: The Nineteenth Century* (Bloomington, Ind.: Indiana University Press, 1973), 53–85.

Ducasse, C. J., 'Whewell's Philosophy of Scientific Discovery', *Phil. Rev.* 60 (1951), 56–69; 213–34; repr. in R. M. Blake, C. J. Ducasse, and E. H. Madden (eds.), *Theories of Scientific Method: The Renaissance Through the Nineteenth Century* (Seattle: University of Washington Press, 1960), ch. 9.

Fisch, M., 'Necessary and Contingent Truth in William Whewell's Antithetical Theory of Knowledge', *Stud. Hist. Phil. Sci.* 16 (1985), 275–314.

Heathcote, A. W., 'William Whewell's Philosophy of Science', *Brit. J. Phil. Sci.* 4 (1953–

4), 302–14.
Metcalfe, J., 'Whewell's Developmental Psychologism: A Victorian Account of Scientific Progress', *Stud. Hist. Phil. Sci.* 22 (1991), 117–39.
Morrison, M., 'Whewell on the Ultimate Problem of Philosophy', *Stud. Hist. Phil. Sci.* 28 (1997), 417–37.
Snyder, L., 'It's *All* Necessarily So: William Whewell on Scientific Truth', *Stud. Hist. Phil. Sci.* 25 (1991), 785–807.
Strong, E. W., 'William Whewell and John Stuart Mill: Their Controversy about Scientific Knowledge', *J. Hist. Ideas* 16 (1955), 209–31.
Walsh, H. T., 'Whewell and Mill on Induction', *Phil. Sci.* 29 (1962), 279–84.
—— 'Whewell on Necessity', *Phil. Sci.* 29 (1962), 139–45.

梅耶松的著作

De l'explication dans les sciences (Paris: Payot, 1927).
Du cheminement de la pensée, 3 vols. (Paris: F. Alcan, 1931).
Identity and Reality (1908), trans. K. Loewenberg (New York: Dover Publications, 1962).
La Déduction rélativiste (Paris: Payot, 1925).
Réel et determinisme dans la physique (Paris: Hermann, 1933).

关于梅耶松的著作

Boas, G. A., *A Critical Analysis of the Philosophy of Émile Meyerson* (Baltimore: The Johns Hopkins Press, 1930).
Hillman, O. N., 'Émile Meyerson on Scientific Explanation', *Phil. Sci.* 5 (1938), 73–80.
Kelly, T. R., *Explanation and Reality in the Philosophy of Émile Meyerson* (Princeton, NJ: Princeton University Press, 1937).
LaLumia, J., *The Ways of Reason: A Critical Study of the Ideas of Émile Meyerson* (New York: Humanities Press, 1966).
Zahar, E., 'Meyerson's "Relativistic Deduction": Einstein Versus Hegel', *Brit. J. Phil. Sci.* 38 (1987), 93–116.

Ⅲ 科学理论的结构

迪昂的著作

The Aim and Structure of Physical Theory, 2nd edn. (1914), trans. P. P. Wiener (New York: Atheneum, 1962).
Études sur Léonard de Vinci, 3 vols. (Paris: A. Hermann, 1906–13).
Le Système du monde: Histoire des doctrines cosmologiques de Platon à Copernic, 5 vols. (Paris: A. Hermann et fils, 1913–17); reissued, 6 vols. (1954).

To Save the Phenomena, trans. E. Doland and C. Maschler, (Chicago: University of Chicago Press, 1969).

关于迪昂的著作

ARIEW, R., 'The Duhem Thesis', *Brit. J. Phil. Sci.* 35 (1984), 313–25.
—— and BARKER, P. (eds.), 'Pierre Duhem: Historian and Philosopher of Science', *Synthèse*, 83 (1990), 179–453; essays by A. Brenner, A. Goddu, R. Maiocchi, R. S. Westman, *et al.*
HARDING, S. (ed.), *Can Theories Be Refuted? Essays on the Duhem–Quine Thesis* (Dordrecht: Reidel, 1976); essays by A. Grünbaum, M. B. Hesse, L. Laudan, *et al.*
KRIPS, H., 'Epistemological Holism: Duhem or Quine?' *Stud. Hist. Phil. Sci.* 13 (1982), 251–64.
TUANA, N., 'Quinn on Duhem: An Emendation', *Phil. Sci.* 45 (1978), 456–62; rejoinder by P. Quinn, ibid. 463–5.
VUILLEMIN, J., 'On Duhem's and Quine's Theses', in L. Hahn (ed.), *The Philosophy of W. V. Quine* (La Salle, III.: Open Court, 1986).

坎贝尔的著作

Foundations of Science, formerly Physics: The Elements (1919) (New York: Dover Publications, 1957).
What is Science? (1921) (New York: Dover Publications, 1952).

关于坎贝尔的著作

HEMPEL, C. G. *Aspects of Scientific Explanation and Other Essays in the Philosophy of Science* (New York: Free Press, 1965), 206–10, 442–7.
HESSE, M. B., *Models and Analogies in Science* (New York: Sheed & Ward, 1963).
SCHLESINGER, G., *Method in the Physical Sciences* (New York: Humanities Press, 1963), ch. 3, sect. 5.

赫西的著作

'An Inductive Logic of Theories', in M. Radner and S. Winokur (eds.), *Minnesota Studies in the Philosophy of Science*, iv (Minneapolis: University of Minnesota Press, 1970), 164–80.
'Analogy and Confirmation Theory', *Phil. Sci.* 31 (1964), 319–27.
'Consilience of Inductions', in I. Lakatos (ed.), *The Problem of Inductive Logic* (Amsterdam: North Holland, 1968), 232–46, 254–7.
Forces and Fields (London: Nelson, 1961).
'Is There an Independent Observation Language?', in R. Colodny (ed.), *The Nature and Function of Scientific Theories* (Pittsburgh: University of Pittsburgh Press, 1970), 35–77.

Models and Analogies in Science (Notre Dame, Ind.: University of Notre Dame Press, 1966).
'Models in Physics', *Brit. J. Phil. Sci.* 4 (1953–4), 198–214.
'Positivism and the Logic of Scientific Theories', in P. Achinstein and S. Barker (eds.), *The Legacy of Logical Positivism* (Baltimore: The Johns Hopkins Press, 1969), 85–114.
Revolutions and Reconstructions in the Philosophy of Science (Bloomington, Ind.: Indiana University Press, 1980).
Science and the Human Imagination (London: SCM Press, 1954).
The Structure of Scientific Inference (London: Macmillan, 1974).
'Theories, Dictionaries, and Observation', *Brit. J. Phil. Sci.* 9 (1958–9), 12–28.
'What is the Best Way to Assess Evidential Support for Scientific Theories?', in L. J. Cohen and M. B. Hesse (eds.), *Applications of Inductive Logic* (Oxford: Clarendon Press, 1980).

哈瑞的著作

The Anticipation of Nature (London: Hutchinson, 1965).
Causal Powers, with E. H. Madden (Oxford: Blackwell, 1975).
'Concepts and Criteria', *Mind*, 73 (1964), 353–63.
The Explanation of Social Behaviour, with Paul Secord (Oxford: Basil Blackwell, 1972).
An Introduction to the Logic of the Sciences (London: Macmillan, 1967).
Matter and Method (London: Macmillan, 1964).
Philosophies of Science (Oxford: Oxford University Press, 1972).
'Powers', *Brit. J. Phil. Sci.* 21 (1970), 81–101.
The Principles of Scientific Thinking (London: Macmillan, 1970).
Theories and Things (London: Newman History and Philosophy of Science Series, 1961).
Varieties of Realism (Oxford: Blackwell, 1986).

关于哈瑞的著作

Bhaskar, R. (ed.), *Harré and His Critics* (Cambridge: Blackwell, 1990).
Frankel, H., 'Harré on Causation', *Phil. Sci.* 43 (1976), 560–9.
Wilson, F., 'Dispositions Defined: Harré and Madden on Analysing Disposition Concepts', *Phil. Sci.* 52 (1985), 591–607.

10. 归纳主义和假说—演绎的科学观

密尔的著作

A System of Logic: Ratiocinative and Inductive, 6th edn. (London: Longmans, Green, 1865).

Works, ed. F. E. L. Priestley, J. M. Robinson, *et al.* (Toronto: University of Toronto Press, 1963–).

关于密尔的著作

Anschutz, R. P., *The Philosophy of J. S. Mill* (Oxford: Clarendon Press, 1953).
Bradley, F. H., *Principles of Logic*, 2nd edn. (Oxford: Oxford University Press, 1928); bk. 2, pt. II, ch. 3 includes a discussion of Mill's view of induction.
Ducasse, C. J., 'John Stuart Mill's System of Logic', in R. M. Blake, C. J. Ducasse, and E. H. Madden, *Theories of Scientific Method: The Renaissance through the Nineteenth Century* (Seattle: University of Washington Press, 1960), 218–32.
Jacobs, S., 'John Stuart Mill on Induction and Hypothesis', *J. Hist. Phil.* 29 (1991), 69–83.
Jevons, W. S., 'John Stuart Mill's Philosophy Tested', pt. 2 of *Pure Logic and Other Minor Works* (London: Macmillan, 1890).
Laine, M., *Bibliography of Works on John Stuart Mill* (Toronto: University of Toronto Press, 1982); selective, with many brief annotations.
Losee, J., 'Whewell and Mill on the Relation Between Philosophy of Science and History of Science', *Stud. Hist. Phil. Sci.* 14 (1983), 113–21.
Ryan, A., *The Philosophy of John Stuart Mill* (London: Macmillan, 1970).
Scarre, G., 'Mill on Induction and Scientific Method', in J. Skorupski (ed.), *The Cambridge Companion to Mill* (Cambridge: Cambridge University Press, 1998), 112–38.
Skorupski, J., *John Stuart Mill* (London: Routledge, 1989).

杰文斯的著作

The Principles of Science (1877) (New York: Dover Publications, 1958).

11. 数学实证主义和约定主义

贝克莱的著作

The Works of George Berkeley, Bishop of Cloyne, 9 vols., ed. A. A. Luce and T. E. Jessop (London: Thomas Nelson & Sons, 1948–57).

关于贝克莱的著作

Asher, W., 'Berkeley on Absolute Motion', *H. Phil. Quart.* 4 (1987), 447–66.
Atherton, M., 'Corpuscles, Mechanism and Essentialism in Berkeley and Locke', *J. Hist. Phil.*, 29 (1991), 47–67.
Myhill, J., 'Berkeley's *De Motu*—An Anticipation of Mach', in *George Berkeley: Lectures Delivered Before the Philosophical Union of the University of California* (Berkeley, Calif.: University of California Press, 1957), 141–57.

Newton-Smith, W. H., 'Berkeley's Philosophy of Science', in J. Foster and H. Robinson (eds.), *Essays on Berkeley: A Tercentennial Celebration* (Oxford: Clarendon Press, 1985).
Pitcher, G., *Berkeley* (London: Routledge & Kegan Paul, 1977).
Popper, K. R., 'A Note on Berkeley as Precursor of Mach', *Brit. J. Phil. Sci.* 4 (1953–4), 26–36.
Sosa, E. (ed.), *Essays on the Philosophy of George Berkeley* (Dordrecht: Reidel, 1987).
Urmson, J. O., *Berkeley* (Oxford: Oxford University Press, 1982).
Whitrow, G. J., 'Berkeley's Philosophy of Motion', *Brit. J. Phil. Sci.* 4 (1953–4), 37–45.
Winkler, K., 'Berkeley on Volition, Power, and the Complexity of Causation', *H. Phil. Quart.* 2 (1985), 53–69.

马赫的著作

The Analysis of Sensations (1886), trans. C. M. Williams (New York: Dover Publications, 1959).
History and Root of the Principle of the Conservation of Energy (1872), trans. P. E. Jourdain (Chicago: Open Court Publishing Co., 1910).
Popular Scientific Lectures (1896), trans. T. J. McCormack (Chicago: Open Court Publishing Company, 1943).
The Science of Mechanics (1883), trans. T. J. McCormack (La Salle, III.: Open Court Publishing Co., 1960).
Space and Geometry (1901–3), trans. T. J. McCormack (Chicago: Open Court Publishing Co., 1906).

关于马赫的著作

Alexander, P., 'The Philosophy of Science, 1850–1910', in D. J. O'Connor (ed.), *A Critical History of Western Philosophy* (New York: Free Press, 1964), 403–9.
Bradley, J., *Mach's Philosophy of Science* (London: Athlone Press, 1971).
Bunge, M., 'Mach's Critique of Newtonian Mechanics', *Am. J. Phys.* 34 (1966), 585–96.
Cohen, R. S., and Seeger, R. J. (eds.), 'Ernst Mach, Physicist and Philosopher', *Boston Studies in the Philosophy of Science*, vi (New York: Humanities Press, 1970); contains a bibliography of works by and about Mach.
Feyerabend, P., 'Mach's Theory of Research and Its Relation to Einstein', *Stud. Hist. Phil. Sci.* 15 (1984), 1–22.
Frank, P., *Modern Science and Its Philosophy* (New York: George Braziller, 1961), 13–62, 69–95.
Loparić, Z., 'Problem-Solving and Theory Structure in Mach', *Stud. Hist. Phil. Sci.* 15 (1984), 23–49.

彭加勒的著作

Mathematics and Science: Last Essays, Eng. trans. J. W. Bolduc of *Dernières pensées* (1913) (New York: Dover Publications, 1963).
Science and Hypothesis (1902), trans. G. B. Halsted (New York: Science Press, 1905).
Science and Method (1909), trans. F. Maitland (New York: Dover Publications, 1952).
The Value of Science (1905), trans. G. B. Halsted (New York: Science Press, 1907).

关于彭加勒的著作

Alexander, P., 'The Philosophy of Science, 1850–1910', in D. J. O'Connor (ed.), *A Critical History of Western Philosophy* (New York: Free Press, 413–17).
Krips, H., 'Atomism, Poincaré and Planck', *Stud. Hist. Phil. Sci.* 17 (1986), 43–63.
Stump, D., 'Henri Poincaré's Philosophy of Science', *Stud. Hist. Phil. Sci.* 20 (1989), 335–63.

波普尔的著作

Conjectures and Refutations (New York: Basic Books, 1963).
'The Demarcation Between Science and Metaphysics', in P. A. Schilpp (ed.), *The Philosophy of Rudolf Carnap*, (La Salle, Ill.: Open Court, 1963), 183–226.
'Indeterminism in Quantum Physics and in Classical Physics', *Brit. J. Phil. Sci.* 1 (1950–1), 117–33, 173–95.
The Logic of Scientific Discovery (New York: Basic Books, 1959); 1st edn., *Logik der Forschung* (1934).
'The Nature of Philosophical Problems and their Roots in Science', *Brit. J. Phil. Sci.* 3 (1952–3), 124–56.
'A Note on Natural Laws and So-Called "Contrary-to-Fact Conditionals"', *Mind*, 58 (1949), 62–6.
Objective Knowledge (Oxford: Clarendon Press, 1972).
The Open Society and Its Enemies, 2 vols., 4th edn., rev. (New York: Harper Torchbooks, 1963).
'Philosophy of Science: A Personal Report', in C. A. Mace (ed.), *British Philosophy in the Mid-Century* (London: George Allen & Unwin, 1957), 155–91.
'A Proof of the Impossibility of Inductive Probability', with D. Miller, *Nature*, 302 (1983), 687–8.
'The Propensity Interpretation of Probability', *Brit. J. Phil. Sci.* 10 (1959–60), 25–42.
The Self and Its Brain, with J. Eccles (London: Routledge & Kegan Paul, 1983).

关于波普尔的著作

Ackermann, R. J., *The Philosophy of Karl Popper* (Amherst, Mass.: University of

Massachusetts Press, 1976).
Agassi, J., 'To Save Verisimilitude', *Mind*, 90 (1981), 576–9.
Bunge, M. A. (ed.), *The Critical Approach to Science and Philosophy* (Glencoe, Ill.: Free Press, 1964); a collection of articles, with a bibliography of Popper's publications.
Chihara, C. S., and Gillies, D. A., 'An Interchange on the Popper–Miller Argument', *Phil. Stud.* 54 (1988), 1–8.
Derksen, A. A., 'The Alleged Unity of Popper's Philosophy of Science: Falsifiability as Fake Cement', *Phil. Stud.* 48 (1985), 313–36.
Fain, H., 'Review of *The Logic of Scientific Discovery*', *Phil. Sci.* 28 (1961), 319–24.
Newton-Smith, W. H., *The Rationality of Science* (London: Routledge & Kegan Paul, 1981), ch. 3.
Nola, R., 'The Status of Popper's Theory of Scientific Method', *Brit. J. Phil. Sci.* 38 (1987), 441–80.
O'Hear, A., *Karl Popper* (London: Routledge & Kegan Paul, 1980).
Salmon, W., 'Rational Prediction', *Brit. J. Phil. Sci.* 32 (1981), 115–25.
Sarkar, H., *A Theory of Method* (Berkeley, Calif.: University of California Press, 1983), ch. 2.
Schilpp, P. A. (ed.), *The Philosophy of Karl R. Popper*, 2 vols. (La Salle,
III.: Open Court Publishing Co., 1974); contains an 'Intellectual Autobiography' by Popper, numerous essays on Popper's philosophy, and a bibliography of his writings complied by T. E. Hansen.

12. 逻辑重建主义的科学哲学

逻辑重建主义传统的著作

Braithwaite, R. B., *Scientific Explanation* (Cambridge: Cambridge University Press, 1953).
Bridgman, P. W., *The Logic of Modern Physics* (New York: Macmillan, 1927).
—— *The Nature of Physical Theory* (Princeton, NJ: Princeton University Press, 1936).
—— *Reflections of a Physicist* (New York: Philosophical Library, 1950).
—— *The Way Things Are* (Cambridge, Mass.: Harvard University Press, 1959).
Brodbeck, M. (ed.), *Readings in the Philosophy of the Social Sciences* (Minneapolis: University of Minnesota Press, 1968).
Carnap, R., 'The Methodological Character of Theoretical Concepts', in H. Feigl and M. Scriven (eds.), *Minnesota Studies in the Philosophy of Science*, i (Minneapolis: University of Minnesota Press, 1956), 38–76.
—— *Logical Foundations of Probability*, 2nd. edn. (Chicago: University of Chicago Press, 1962).
—— *Philosophical Foundations of Physics*, ed. M. Gardner (New York: Basic Books, 1966).

DANTO, A., and MORGENBESSER, S. (eds.), *Philosophy of Science* (New York: Meridian Books, 1960).
FEIGL, H., and BRODBECK, M. (eds.), *Readings in the Philosophy of Science* (New York: Appleton-Century-Crofts, 1953).
FRANK, P., *Philosophy of Science* (Englewood Cliffs, NJ: Prentice-Hall, 1957).
HEMPEL, C., *Aspects of Scientific Explanation* (New York: Free Press, 1965).
—— *Philosophy of Natural Science* (Englewood Cliffs, NJ: Prentice Hall, 1966).
HEMPEL, C., 'Rudolf Carnap: Logical Empiricist', *Synthèse*, 46 (1973), 256–68.
—— 'Turns in the Evolution of the Problem of Induction', *Synthèse*, 46 (1981), 389–404.
HUTTON, E., *The Language of Modern Physics* (London: George Allen & Unwin, 1956).
NAGEL, E., *The Structure of Science* (New York: Harcourt, Brace & World, 1961).
—— 'Theory and Observation', in E. Nagel, S. Bromberger and A. Grünbaum, *Observation and Theory in Science*, ed. M. Mandelbaum (Baltimore: The Johns Hopkins Press, 1971), 15–43.
NEURATH, O., CARNAP, R., and MORRIS, C. (eds.), *Foundations of the Unity of Science*, 2 vols. (formerly, *International Encyclopedia of United Science*, 1938–69) (Chicago: University of Chicago Press, 1969, 1970); includes monographs by R. Carnap, P. Frank, C. Hempel, and others.
PAP, A., *An Introduction to the Philosophy of Science* (Glencoe, Ill.: Free Press, 1962).
RESCHER, N., *Scientific Explanation* (New York: Free Press, 1970).
SMART, J. J. C., *Between Science and Philosophy* (New York: Random House, 1968).
—— *Philosophy and Scientific Realism* (London: Routledge & Kegan Paul, 1963).

关于逻辑主义传统的著作

BROWN, H. I., *Perception, Theory and Commitment* (Chicago: University of Chicago Press, 1977).
FEIGL, H., 'Some Major Issues and Developments in the Philosophy of Science of Logical Empiricism', in H. Feigl and M. Scriven (eds.), *Minnesota Studies in the Philosophy of Science*, i (Minneapolis: University of Minnesota Press, 1956), 3–37.
GIERE, R. and RICHARDSON, A. (eds.), *Origins of Logical Empiricism. Minnesota Studies in the Philosophy of Science, XVI* (Minneapolis: University of Minnesota Press, 1996).
OLDROYD, D., *The Arch of Knowledge* (London: Methuen, 1986), ch. 6.
SCHEFFLER, I., *The Anatomy of Inquiry* (Indianapolis: Bobbs-Merrill, 1963).
SCHILPP, P. (ed.), *The Philosophy of Rudolf Carnap* (La Salle, III.: Open Court, 1963); contains an 'Intellectual Autobiography' by Carnap, numerous essays on Carnap's philosophy, and a bibliography of Carnap's writings.
SUPPE, F., 'The Search for Philosophic Understanding of Scientific Theories', in Suppe (ed.), *The Structure of Scientific Theories* (Urbana, Ill.: University of Illinois Press, 1974); contains an extensive bibliography.

13. 正统学说受到抨击

ACHINSTEIN, P., *Concepts of Science* (Baltimore: The Johns Hopkins Press, 1968).
BRANDON, R., *Adaptation and Environment* (Princeton: Princeton University Press, 1990).
—— *Concepts and Methods in Evolutionary Biology* (Cambridge: Cambridge University Press, 1996).
DUPRÉ, J., *The Disorder of Things* (Cambridge: Harvard University Press, 1993).
FEIGL, H., 'Existential Hypotheses', *Phil. Sci.* 17 (1950), 35–62; *Phil. Sci. 17 also contains criticisms of Feigl's paper by C. Hempel, E. Nagel, and C. W. Churchman, and a rejoinder by Feigl.*
—— and MAXWELL, G. (eds.), *Current Issues in the Philosophy of Science* (New York: Holt, Rinehart, and Winston, 1961).
FEYERABEND, P., 'Explanation, Reduction and Empiricism', in H. Feigl and G. Maxwell (eds.), *Minnesota Studies in the Philosophy of Science*, iii (Minneapolis: University of Minnesota Press, 1962), 28–97.
—— 'Problems of Empiricism', in R. Colodny (ed.), *Beyond the Edge of Certainty* (Englewood Cliffs, NJ: Prentice-Hall, 1965).
—— 'How To Be a Good Empiricist—A Plea for Tolerance in Matters Epistemological', in B. Brody (ed.), *Readings in the Philosophy of Science* (Englewood Cliffs, NJ: Prentice-Hall, 1970), 319–42.
—— 'Problems of Empiricism Part II', in R. Colodny (ed.), *The Nature and Function of Scientific Theories* (Pittsburgh: University of Pittsburgh Press, 1970), 275–353.
—— *Against Method* (London: NLB, 1975).
GOODMAN, N., *Fact, Fiction and Forecast*, 2nd edn. (Indianapolis: Bobbs-Merrill, 1965).
GRÜNBAUM, A., 'The Duhemain Argument', *Phil. Sci.* 27 (1960), 75–87.
—— 'The Falsifiability of Theories: Total or Partial? A Contemporary Evaluation of the Duhem–Quine Thesis', in M. Wartofsky (ed.), *Boston Studies in the Philosophy of Science*, i (Dordrecht: D. Reidel, 1963), 178–95.
—— 'Temporally Asymmetric Principles, Parity Between Explanation and Prediction, and Mechanism and Teleology', *Phil. Sci.* 29 (1962), 146–70.
HANSON, N. R., *Patterns of Discovery* (Cambridge: Cambridge University Press, 1958).
MAXWELL, G., 'The Ontological Status of the Theoretical Entities', in H. Feigl and G. Maxwell (eds.), *Minnesota Studies in the Philosophy of Science*, iii (Minneapolis: University of Minnesota Press, 1962).
MICHALOS, A., *The Popper–Carnap Controversy* (The Hague: Martinus Nijhoff, 1971).
MORICK, H. (ed.), *Challenges to Empiricism* (Belmont, Calif.: Wadsworth, 1972).
PUTNAM, H., 'The Analytic and the Synthetic', in H. Feigl and G. Maxwell (eds.), *Minnesota Studies in the Philosophy of Science*, iii (Minneapolis: University of Minnesota Press, 1962), 358–97.

—— 'What Theories Are Not', in E. Nagel, P. Suppes, and A. Tarski (eds.), *Logic, Methodology and Philosophy of Science* (Stanford, Calif.: Stanford University Press, 1962), 240–51; repr. in Putnam, *Mathematics, Matter and Method, Philosophical Papers*, i (Cambridge: Cambridge University Press, 1975), 215–27.

Quine, W., 'Two Dogmas of Empiricism', in *From a Logical Point of View* (Cambridge, Mass: Harvard University Press, 1953).

Schaffner, K. F., 'Correspondence Rules', *Phil. Sci.* 36 (1969), 280–90.

Scriven, M., 'Explanation and Prediction in Evolutionary Theory', *Science*, 130 (28 Aug. 1959), 477–82.

—— 'Explanations, Predictions, and Laws', in H. Feigl and G. Maxwell (eds.), *Minnesota Studies in the Philosophy of Science*, iii (Minneapolis: University of Minnesota Press, 1962), 170–230.

Sellars, W., 'The Language of Theories', in B. Brody (ed.), *Readings in the Philosophy of Science*, 343–53.

Sober, E. *The Nature of Selection* (Chicago: University of Chicago Press, 1984).

Spector, M., 'Models and Theories', *Br. J. Phil. Sci.* 16 (1965–6), 121–42.

Toulmin, S., *Foresight and Understanding* (New York: Harper Torchbooks, 1961).

14. 科学进步理论

Dilworth, C., *Scientific Progress* (Dordrecht: Reidel, 1981).

Gutting, G. (ed.), *Paradigms and Revolutions* (Notre Dame: University of Notre Dame Press, 1980).

Horwich, P. (ed.), *World Changes: Thomas Kuhn and the Nature of Science* (Cambridge: MIT Press, 1993).

Hoyningen-Huene, P., *Reconstructing Scientific Revolutions: Thomas Kuhn's Philosophy of Science* (Chicago: University of Chicago Press, 1993).

Kordig, C., *The Justification of Scientific Change* (Dordrecht: Reidel, 1971).

Kuhn, T. S., *The Essential Tension* (Chicago: University of Chicago Press, 1977).

—— *The Structure of Scientific Revolutions*, 2nd edn. (Chicago: University of Chicago Press, 1970).

Lakatos, I., 'Falsification and the Methodology of Scientific Research Programmes', in I. Lakatos and A. Musgrave (eds.), *Criticism and the Growth of Knowledge*, (Cambridge: Cambridge University Press, 1970).

—— 'History of Science and Its Rational Reconstructions', in *Boston Studies in the Philosophy of Science*, viii (Dordrecht: Reidel, 1971), 91–136; this volume contains criticism of Lakatos's position by T. S. Kuhn, H. Feigl, R. J. Hall, and N. Koertge, and a reply by Lakatos.

—— and Musgrave, A. (eds.), *Criticism and the Growth of Knowledge* (Cambridge: Cambridge University Press, 1970); includes essays critical of Kuhn's position by J.

Watkins, S. Toulmin, L. P. Williams, K. Popper, M. Masterman, and P. Feyerabend, and a reply by Kuhn.
LAUDAN, L., *Progress and Its Problems* (Berkeley), Calif.: University of California Press, 1977).
MCMULLIN, E., 'The History and Philosophy of Science: A Taxonomy', in R. Stuewer (ed.), *Historical and Philosophical Perspectives of Science (Minneapolis: University of Minnesota Press, 1970), 12–67.*
—— 'The Fertility of Theory and the Unit of Appraisal in Science', in *Boston Studies in the Philosophy of Sciences, xxxix* (Dordrecht: Reidel, 1976).
MUSGRAVE, A., 'Kuhn's Second Thoughts', *Brit. J. Phil. Sci.* 22 (1971), 287–97.
SANKEY, H., 'Kuhn's Changing Concept of Incommensurability', *Brit. J. Phil. Sci.* 44 (1993), 759–74.
SCHEFFLER, I., *Science and Subjectivity* (Indianapolis: Bobbs-Merrill, 1967); an attack on 'subjective' alternatives to orthodoxy.
SHAPERE, D., 'The Structure of Scientific Revolutions', *Phil. Rev.* 73 (1964), 383–94.

15. 解释、因果关系和统一

ACHINSTEIN, P., *The Nature of Explanation* (Oxford: Oxford University Press, 1983).
DOWE, P., 'Wesley Salmon's Process Theory of Causality and the Conserved Quantity Theory', *Phil. Sci.* 59 (1992), 195–216.
GLYMOUR, G., 'Causal Inference and Causal Explanation', in R. McLaughlin (ed.), *What? Where? When? Why?* (Dordrecht: Reidel, 1982), 179–91.
HUMPHREYS, P., 'Scientific Explanation: The Causes, Some of the Causes, and Nothing But the Causes', in Kitcher and Salmon (eds.), *Scientific Explanation*, xiii. 283–306.
KITCHER, P., 'Explanatory Unification and the Causal Structure of the World', in Kitcher and Salmon (eds.), *Scientific Explanation*, xiii. 410–55.
RAILTON, P., 'A Deductive–Nomological Model of Probabilistic Explanation', *Phil. Sci.* 45 (1978), 213–19.
SALMON, W., 'Causality: Production and Propagation', in P. D. Asquith and R. W. Giere (eds.), *PSA 1980*, ii (East Lansing Mich.: Philosophy of Science Association, 1981), 49–69.
—— *Scientific Explanation and the Causal Structure of the World* (Princeton, NJ: Princeton University Press, 1984).
—— 'Why Ask "Why"? An Inquiry Concerning Scientific Explanation', *Proc. Am. Phil. Soc.* 6 (1978), 685–701; per. in Kourany (ed.), *Scientific Knowledge*, (Belmont, Calif.: Wadsworth, 1987), 51–64.
—— "Four Decades of Scientific Explanation', in P. Kitcher and W. Salmon (eds.), *Scientific Explanation, Minnesota Studies in the Philosophy of Science*, xiii (Minneapolis: University of Minnesota Press, 1989); contains an extensive bibliography.

Woodward, J., 'The Causal Mechanical Model of Explanation', in Kitcher and W. Salmon (eds.), *Scientific Explanation*, xiii. 357–83.

16. 确证、证据支持和理论评价

Achinstein, P., 'Explanation v. Prediction: Which Carries More Weight?' *PSA 1994*, (East Lansing: Philosophy of Science Assn., 1995), 156–64.

Campbell, R., and Vinci, T., 'Novel Confirmation', *Brit. J. Phil. Sci.* 34 (1983), 315–41.

Chihara, C., 'Some Problems for Bayesian Confirmation Theory', *Brit. J. Phil. Sci.* 38 (1987), 551–60.

Earman, J. (ed.), *Testing Scientific Theories. Minnesota Studies in the Philosophy of Science*, x (Minneapolis: University of Minnesota Press, 1983); essays by P. Horwich, A. Edidin, R. Laymon, D. Garber, *et al.*

Garber, D., 'Old Evidence and Logical Omniscience in Bayesian Confirmation Theory', in J. Earman (ed.), *Testing Scientific Theories*, (Minneapolis: University of Minnesota Press, 1983), 99–131.

Glymour, C., *Theory and Evidence* (Princeton, NJ: Princeton University Press, 1980).

Horwich, P., 'An Appraisal of Glymour's Confirmation Theory', *J. Phil.* 75 (1978), 98–113.

Howson, C., and Urbach, P., *Scientific Reasoning, The Bayesian Approach* (La Salle, Ill.: Open Court, 1989).

Lakatos, I., 'Changes in the Problem of Inductive Logic', in Lakatos (ed.), *Inductive Logic* (Amsterdam: North-Holland, 1968), 375–90.

Mayo, D., *Error and the Growth of Experimental Knowledge* (Chicago: University of Chicago Press, 1996).

McAllister, J. *Beauty and Revolution in Science* (Ithaca: Cornell University Press, 1996).

Miller, R. W., *Fact and Method* (Princeton, NJ: Princeton University Press, 1987).

Musgrave, A., 'Logical versus Historical Theories of Confirmation', *Brit. J. Phil. Sci.* 25 (1974), 1–23.

Nolan, D., 'Is Fertility Virtuous In Its Own Right?' *Brit. J. Phil. Sci.* 50 (1999), 265–82.

van Fraassen, B., 'Theory Comparison and Relevant Evidence', in Earman (ed.), *Testing Scientific Theories* (Minneapolis: University of Minnesota Press, 1983).

—— *Laws and Symmetry* (Oxford: Clarendon Press, 1989).

Zahar, E., 'Why Did Einstein's Programme Supercede Lorentz's?' *Brit. J. Phil. Sci.* 24 (1973), 223–62.

17. 对评价标准的辩护

Brown, J. R. (ed.), *Scientific Rationality: The Sociological Turn* (Dordrecht: Reidel, 1984).

Doppelt, G., 'Relativism and the Reticulational Model of Scientific Rationality', *Synthèse*, 69 (1986), 225–52.
—— 'The Naturalist Conception of Methodological Standards in Science: A Critique', *Phil. Sci.* 57 (1990), 1–19.
Kuhn, T. S., 'Notes on Lakatos', in R. C. Buck and R. S. Cohen (eds.), *Boston Studies in the Philosophy of Science*, viii (Dordrecht: Reidel, 1971), 137–46.
Laudan, L., *Science and Values* (Berkeley: University of California Press, 1984).
—— 'Some Problems Facing Intuitionist Meta-Methodologies', *Synthèse*, 67 (1986), 115–29.
—— 'Progress or Rationality? The Prospects for a Normative Naturalism', *Amer. Phil. Quart.* 24 (1987), 19–31.
—— 'If It Ain't Broke, Don't Fix It', *Brit. J. Phil. Sci.* 40 (1989), 369–75; a reply to J. Worrall's 'The Value of a Fixed Methodology'.
—— 'Normative Naturalism', *Phil. Sci.* 57 (1990), 44–59.
Leplin, J., 'Renormalizing Epistemology', *Phil. Sci.* 57 (1990), 20–33.
Losee, J., *Philosophy of Science and Historical Enquiry* (Oxford: Clarendon Press, 1987).
Neurath, O., *Otto Neurath: Philosophical Papers*, ed. R. S. Cohen and M. Neurath (Dordrecht: Reidel, 1983).
Psillos, S., 'Naturalism Without Truth?' *Stud. Hist. Phil. Sci.* 28 (1997), 699–713.
Quine, W. V. O., *From A Logical Point of View* (Cambridge: Harvard University Press, 1953).
Rosenberg, A., 'Normative Naturalism and the Role of Philosophy', *Phil. Sci.* 57 (1990), 34–43.
—— 'A Field Guide to Recent Species of Naturalism', *Brit. J. Phil. Sci.* 47 (1996), 1–29.
Shapere, D., 'The Character of Scientific Change' in T. Nickles (ed.), *Scientific Discovery, Logic and Rationality* (Dordrecht: Reidel, 1980).
—— *Reason and the Search for Knowledge* (Dordrecht: Reidel, 1983).
Siegel, H., 'Philosophy of Science Naturalized? Some Problems with Giere's Naturalism', *Stud. Hist. Phil. Sci.* 20 (1989), 365–75.
—— 'Instrumental Rationality and Naturalized Philosophy of Science', *Phil. Sci.* 63, *Proceedings* (Suppl. 1996). S116–S124.
Worrall, J., 'The Value of a Fixed Methodology', *Brit. J. Phil. Sci.* 39 (1988), 263–75.
—— 'Fix It and Be Damned: A Reply to Laudan', *Brit. J. Phil. Sci.* 40 (1989), 376–88.

18. 关于科学实在论的争论

Boyd, R., 'Scientific Realism and Naturalistic Epistemology', in P.D. Asquith and R. N. Giere (eds.), *PSA 1980*, ii (East Lansing, Mich.: Philosophy of Science Association, 1981), 613–39.
Carrier, M., 'What Is Wrong with the Miracle Argument?' *Stud. Hist. Phil. Sci.* 22

(1991), 23–36.
Cartwright, N., *How the Laws of Physics Lie* (Oxford: Oxford University Press, 1983).
Churchland, P. M., and Hooker, C. A. (eds.), *Images of Science* (Chicago: University of Chicago Press, 1985); essays on van Fraassen's 'Constructive Empiricism', by C. Glymour, I. Hacking, A. Musgrave, *et al.*
Clendinnen, C. J., 'Realism and the Underdetermination of Theory', *Synthèse*, 81 (1989), 63–90.
Fine, A., *The Shaky Game* (Chicago: University of Chicago Press, 1986), chs. 7–9.
Hacking, I., *Representing and Intervening* (Cambridge: Cambridge University Press, 1983).
Harré, R., *Varieties of Realism* (Oxford: Blackwell, 1986).
Kukla, A., 'Scientific Realism, Scientific Practice, and the Natural Ontological Attitude', *Brit. J. Phil. Sci.* 45 (1994), 955–75.
—— 'AntiRealist Explanations of the Success of Science', *Phil. Sci.* 63 *Proceedings* (Suppl. 1996), S298–S305.
Laudan, L., 'A Confutation of Convergent Realism', *Phil. Sci.* 48 (1981), repr. in J. Leplin (ed.), *Scientific Realism*, 218–49.
Leplin, J. (ed.), *Scientific Realism* (Berkeley, Calif.: University of California Press, 1984); essays by R. Boyd, A. Fine, C. Glymour, L. Laudan, B. van Fraassen, *et al.*
McMichael, A. 'Van Fraassen's Instrumentalism', *Brit. J. Phil. Sci.* 36 (1985), 257–72.
Musgrave, A., 'The Ultimate Argument for Scientific Realism', in R. Nola (ed.), *Relativism and Realism in Science* (Dordrecht: Kluwer, 1988), 229–52.
Reiner, R. and Pierson, R., 'Hacking's Experimental Realism: An Untenable Middle Ground', *Phil. Sci.* 62 (1995), 60–9.
Rouse, J., 'Arguing for the Natural Ontological Attitude' (East Lansing, Mich.: Philosophy of Science Association, 1988), 294–301.
Smith, P., *Realism and the Progress of Science* (Cambridge: Cambridge University Press, 1981).
Sober, E., 'Constructive Empiricism and the Problem of Aboutness', *Brit. J. Phil. Sci.*, 36 (1985), 11–18.
—— 'Contrastive Empiricism' in C. W. Savage (ed.), *Scientific Theories, Minnesota Studies in the Philosophy of Science*, xiv (Minneapolis: University of Minnesota Press, 1990), 392–409.
van Fraassen, B., *The Scientific Image* (Oxford: Clarendon Press, 1980).
Worrall, J., 'Structural Realism: The Best of Both Worlds?' *Dialectica*, 43 (1989), 99–124.
Wylie, A., 'Arguments for Scientific Realism: The Ascending Spiral', *Am. Phil. Quart.* 23 (1986), 287–97.

19. 描述性科学哲学

Cohen, L. J., 'Is the Progress of Science Evolutionary?' *Brit. J. Phil Sci.* 24 (1973), 41–61.

Gooding, D., Pinch, T., and Schaffer, S. (eds.), *The Uses of Experiment* (Cambridge: Cambridge University Press, 1989).

Holton, G., *The Scientific Imagination* (Cambridge: Cambridge University Press, 1978).

—— 'Do Scientists Need a Philosophy?' *Times Literary Supplement*, 2 Nov. 1984, 1232–3.

—— *Thematic Origins of Scientific Thought*, rev. edn. (Cambridge, Mass.: Harvard University Press, 1988).

Hull, D. L., *The Metaphysics of Evolution* (Albany, NY: SUNY Press, 1989).

—— *Science as a Process* (Chicago: University of Chicago Press, 1988).

Ruse, M., *Evolutionary Naturalism* (London: Routledge, 1995).

—— *Taking Darwin Seriously* (Oxford: Blackwell, 1986).

Toulmin, S., *Human Understanding*, i (Oxford: Clarendon Press, 1972).

—— 'Rationality and Scientific Discovery', in R. S. Cohen and M. Wartofsky (eds.), *Boston Studies in the Philosophy of Science*, (Dordrecht: Reidel, 1974), 387–406.

图书在版编目(CIP)数据

科学哲学的历史导论:第四版/(美)约翰·洛西著;张卜天译.—北京:商务印书馆,2017(2020.12重印)
ISBN 978-7-100-13310-4

Ⅰ.①科… Ⅱ.①约… ②张… Ⅲ.①科学哲学 Ⅳ.①N02

中国版本图书馆CIP数据核字(2017)第073375号

科学哲学的历史导论
(第四版)
〔美〕约翰·洛西 著
张卜天 译

商务印书馆出版
(北京王府井大街36号 邮政编码100710)
商务印书馆发行
北京新华印刷有限公司印刷
ISBN 978-7-100-13310-4

2017年7月第1版 开本787×960 1/16
2020年12月北京第2次印刷 印张20

定价:88.00元